JN261671

作りながら理解する
ラジオと電子回路

JF1RNR
今井 栄 著

HAM TECHNICAL SERIES

はじめに

　著者が電子工作を始めたきっかけとなったのは，小学5年生のときにゲルマニウム・ラジオを作ったことです．はじめて組み立てたラジオから放送が聞こえてきたとき，とても感動した思い出があります．
　著者は，このときの感動をそのままに，現在まで無線機器の自作を続けているのかも知れません．
　これから電子工作を始めようという場合，ラジオ作りから入門することが最適であると考えます．完成したときに音が出たという成功の感激を，スイッチを入れたその瞬間から味わうことができるからです．
　本書は，ラジオや簡単な機器を作ることで高周波回路や電子回路の基礎が楽しみながら習得できるような構成となっています．
　製作例はどれもシンプルな回路で理解がしやすく，再現性の高いものばかりです．電子工作の上達のコツは簡単な回路を数多く組み立てることです．そして，何度も完成の喜びを味わうとよいでしょう！
　第1章は電子工作に必要なパーツの知識について説明してみました．第2章では電子工作を行うとき，特に高周波機器の自作に必要となる簡単な測定器を作ります．第3章は，ゲルマニウム・ラジオとその応用です．シンプルですが，工業製品のラジオでは味わえない音質のラジオ作りが楽しめます．第4章では，世の中に製品としてはほとんど存在しない再生（超再生）ラジオを深く研究してみます．調整次第でとても感度があがり，まさに究極の手作りラジオといったところでしょう！　そして，最後はラジオ工作の応用として，第5章で簡単なアマチュア無線機器などの製作を扱います．
　本書を片手に，多くの方に電子工作の楽しみを味わっていただきたいと祈っております．
　最後になりますが，執筆にあたり多くの助言をいただきました編集部の細野繁樹氏に厚くお礼申し上げます．

2010年盛夏　著者

作りながら理解するラジオと電子回路

はじめに ……………………………………………………………………… 2

~基本となる電子パーツ~
第1章 電子部品の知識と使い方
- 1-1 抵抗器 …………………………………………………………… 6
- 1-2 コンデンサ ……………………………………………………… 9
- 1-3 コイル …………………………………………………………… 13
- 1-4 ダイオード ……………………………………………………… 19
- 1-5 バイポーラ・トランジスタ …………………………………… 26
- 1-6 電界効果トランジスタ(FET) ………………………………… 33

~電子工作やラジオ作りに活躍するアイテム~
第2章 ラジオ製作に必要な測定器と,手作りする高周波用ツール
- 2-1 電子工作とラジオ作りのための測定器 ……………………… 38
- 2-2 RFプローブの製作 ……………………………………………… 42
- 2-3 同調型RFプローブの製作 ……………………………………… 47
- 2-4 ディップ・メータの製作 ……………………………………… 51
- 2-5 インダクタンス・メータの製作 ……………………………… 56
- 2-6 10dB ATTとステップ式可変アッテネータ ………………… 61
- 2-7 万能VXO発振器の製作 ………………………………………… 64

~ラジオの基本であるゲルマニウム・ラジオを題材に~
第3章 ストレート・ラジオの動作と製作
- 3-1 ゲルマニウム・ラジオの基本と応用 ………………………… 68
- 3-2 実用的なゲルマニウム・ラジオの実験 ……………………… 72
- 3-3 検波にMOS FETを使うストレート・ラジオ ………………… 76

CONTENTS

第4章　再生ラジオと超再生ラジオ
～少ない増幅素子を，極限まで活用する知恵～

- 4-1　再生式中波ラジオの製作 …………………………………… 82
- 4-2　超再生FMラジオの製作 ……………………………………… 89
- 4-3　超再生方式のエアバンド・レシーバの製作 ……………… 94
- 4-4　7～16MHz用再生式（オートダイン）受信機の製作 ……… 98
- 4-5　オートダイン受信機のグレードアップ方法 ……………… 103
- 4-6　3.5～4MHz用オートダイン受信機の製作 ……………… 108

第5章　アマチュア無線機器と周辺アイテムの製作
～ラジオ受信のためのオプションと電波を出す楽しみ～

- 5-1　親受信機に使うBCLラジオとアクセサリの製作 ………… 118
- 5-2　2石29MHz FM送信機の製作 ……………………………… 123
- 5-3　50MHzクリスタル・コンバータの製作 …………………… 128
- 5-4　50MHz AM送信機の製作 …………………………………… 133
- 5-5　「あゆ40」7MHz CW送信機の製作 ………………………… 138
- 5-6　7MHz 2Wパワーアンプとクリスタル・コンバータ …… 148
- 5-7　6U8×2 ステレオ・アンプの製作 …………………………… 154

索引 …………………………………………………………………… 158
著者略歴・参考文献 ………………………………………………… 160

● Column ●

- ランド法による基板づくり ………………………………………… 60
- アンテナ・カップラとLED式マッチング計 …………………… 80
- FETで構成するオートダイン1-T-2 …………………………… 116
- 製作に必要な電子パーツの購入先 ……………………………… 159

第1章　電子部品の知識と使い方
～基本となる電子パーツ～

　ラジオや電子機器を構成する要素は，一つひとつの電子パーツです．その電子パーツには多くの種類があり，よく使われるもの，あまり使われないもの，汎用のもの，特殊なものなどに分類することができます．

　また，別な分類としては，半導体と非半導体，増幅作用を持つもの，持たないものなどの分類も可能です．

　ここでは，前半で非半導体の電子パーツ，後半では半導体素子について，その基本原理と使い方について考えてみます．

1-1 電気の流れを制限する 抵抗器

もっとも基本的な電子パーツの一つである抵抗ですが，どなたでも一度や二度は見たことがあると思います．いったい，この抵抗とはどんな働きをしているのでしょうか？
抵抗の働きの一つは，電流の流れを制限することがあげられます．しかし，考えてみると，電気はいつもスムーズに流れたほうがよさそうなものです．
ではなぜ，電流を制限する必要があるのでしょうか？

図1を見てみましょう．図1(a)は山に降った雨や湧き水が集まり，川になっていくようすです．どこにでも見られる自然豊かな日本の川の姿でしょうか？ ここで山に大雨が降って，その水がいっきに川に流れ込んだらどうなるでしょうか？ 川の水位があがり，氾濫して災害になるかもしれません．そこで，図1(b)ではダムを作って大雨が降っても大量の雨が川に流れ出さないように，水の流れを制限しています．

これと同じように，電気の流れを制限する堰のような役目をしているのが抵抗です．ICやトランジスタに流れる電流を調節して，適正な動作をさせる役目があるのです．

この電流を制限するというのは，抵抗のもっとも基本的な働きですが，ほかにも分圧して元の電圧よりも低い電圧を得る，負荷として目的の信号を取り出すなどの働きもあります．これらはおいおい，本書の中にも出てくるので，その折にまた解説したいと思います．

抵抗の単位と色表示（カラー・コード）

抵抗が電流をどれぐらい流れにくくするかを表す単位として，オーム（Ω）が使われています．この数字が大きくなるほど電流が流れにくくなります．1Ωよりも100Ωのほうが流れにくい，すなわち抵抗値が大きいということです．なお，重さgや長さmにkg（キロ・グラム）やmm（ミリ・メートル）などの補助単位があるように，抵抗値にもkΩ（キロ・オーム，kは1000の略）やMΩ（メガ・オーム，Mは100万の略）のような補助単位があります．

抵抗に実際，記入されている抵抗値は，数字ではなく，色で表示される場合がほとんどです．それがカラー・コード表示です．表示の規則は表1のように決められています．すべてを覚える必要はありませんが，ポイントだけ覚えておくと，そのたびにテスターで抵抗値を測らなくてすみます．

カラー・コードは，最初の2桁で抵抗の有効数字を表しています．筆者は語呂合わせで色と数字の関係を覚えました．参考にしてください．

(a) 何も抵抗のない自然状態
大雨が降ると川があふれて災害が発生することも

(b) ダム（抵抗）を作り，水量を調節して下流に流れる水を制限して災害を防ぐ

図1 抵抗を川の流れの中で考えると…

表1 抵抗値を色で表すカラー・コードを覚えよう

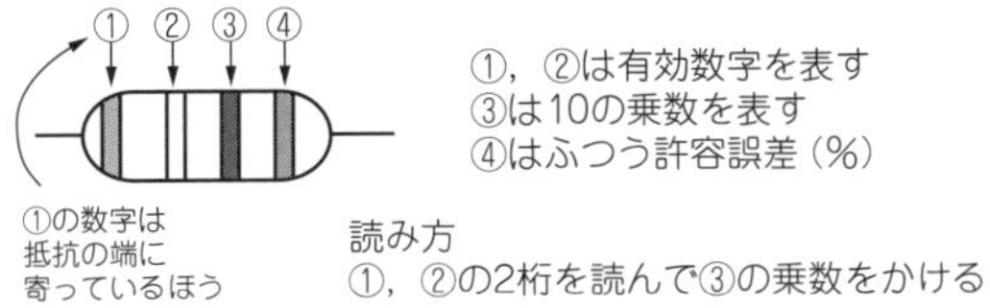

①，②は有効数字を表す
③は10の乗数を表す
④はふつう許容誤差(%)

①の数字は抵抗の端に寄っているほう

読み方
①，②の2桁を読んで③の乗数をかける

色	数字	語呂合わせによる覚え方	10の乗数③
黒	0	黒い礼服	10^0
茶	1	お茶を一ぱい	10^1
赤	2	赤いニンジン	10^2
だいだい	3	第3の男	10^3
黄	4	岸恵子	10^4
緑	5	みどり子(赤ちゃんのこと)	10^5
青	6	青二才のロクデナシ(人に向かって言ってはいけない)	10^6
紫	7	紫式部がなまって「むらさき7ぶ」	10^7
灰	8	ハイヤー	10^8
白	9	ホワイト・クリスマス	10^9
金	5〔%〕	金五郎さん	10^{-1}

参考：CQ ham radio誌1998年1月号　JA1AMH 高田OMの「やさしい工作教室」より

カラー・コードの読み方の例

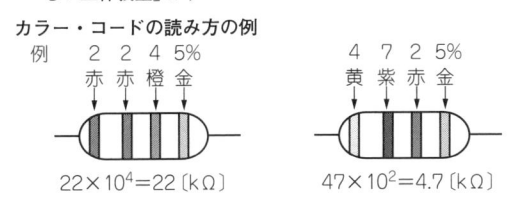

例　2 2 4 5%
赤赤橙金
$22 \times 10^4 = 22$〔kΩ〕

4 7 2 5%
黄紫赤金
$47 \times 10^2 = 4.7$〔kΩ〕

図2 オームの法則

$E = I \times R$　　E：電圧〔V〕
$I = \dfrac{E}{R}$　　I：電流〔A〕
$R = \dfrac{E}{I}$　　R：抵抗〔Ω〕

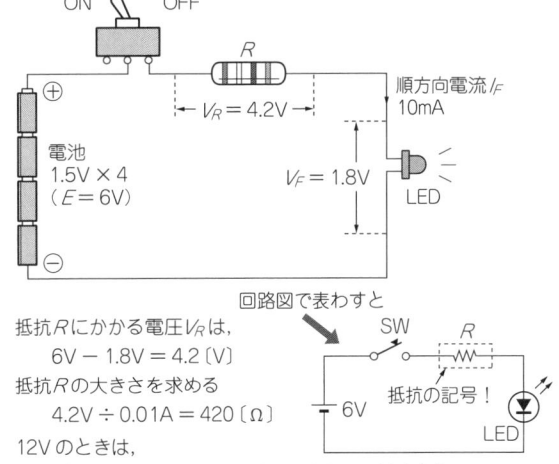

回路図で表わすと

抵抗Rにかかる電圧V_Rは，
$6V - 1.8V = 4.2$〔V〕
抵抗Rの大きさを求める
$4.2V \div 0.01A = 420$〔Ω〕
12Vのときは，
・抵抗にかかる電圧V_R…$12V - 1.8V = 10.2$〔V〕
・抵抗の大きさはR…$10.2V \div 0.01 = 1,080 ≒ 1$〔kΩ〕

図3 LEDを点灯させるときの電流制限抵抗の値

第3数字は，2桁の有効数字に乗じる値を，10を定数にもつ乗数として表してます．ちなみに，10の0乗(黒)は1，10の1乗(茶)は10です．

第4数字は許容誤差を表しますが，私たちが電子工作で使う抵抗は誤差±5%のものがほとんどなので，金色と覚えておけばよいと思います．

もし手許に壊れたラジオなどがあったら，中を開けて抵抗を取り出して実際に抵抗値を測ってみて，実際の色分けから読んだ抵抗値と同じかどうかを確かめて，読み方の練習をしてみましょう．

簡単な実験とオームの法則

電気を扱う世界でもっとも基礎になる法則は，有名な「オームの法則」です．中学校の理科の時間に習ったことですから，皆さんご存じだと思います．

図2のように，電圧(E)と電流(I)と抵抗(R)間の関係を表す法則です．この法則は，抵抗だけでなく電子回路を扱ううえでとても大切な法則ですから，この機会にもう一度思い出して，よく理解しておきたいものです．

図3は，発光ダイオードを点灯させているところです．発光ダイオードは電球などと異なって，応答特性や寿命，低消費力などの多くの面で有利で，現在さまざまな用途で使われています．

発光ダイオードは適正な電流を流すと光らせることができて，順方向電圧V_Fは1.6〜2.0V(ここでは1.8Vとする)，順方向電流I_Fは10mA前後の電流で点灯します．つまり，LEDを乾電池1本の1.5Vで光らせることができないのは，このV_F 1.8Vに0.3Vだけ足りないからです．

さて，通常のLEDでは電流が20mAを越えると壊れてしまいます．4本直列の乾電池6Vに直接LEDをつなぐと，電流が20mAを越えてしまい壊れます．そこで登場するのが電流を流れにくくする

抵抗です．どのくらいの大きさの抵抗を入れればよいか，オームの法則を使って計算してみましょう．

図3のように，電源Eは6V，LEDの順方向電圧V_Fが1.8V必要になります．次に，抵抗Rには4.2Vの電圧V_Rがかかることになります．10mAの電流を流すとすると，抵抗は420Ωということになります．420Ωという値は一般的には入手しづらいので，近い値である390Ωを使うことになります．では，電源を12Vにしたときはどうでしょう？同じようにオームの法則を使って計算すると840Ωとなり，これに近い値の1kΩ（＝1000Ω）を使えばよいということになります．

図3の回路中，抵抗がギザギザの波線で表されていますが，これはぜひ覚えておきましょう．

抵抗の種類と規格

抵抗器にはいろいろな種類があります（**表2**）．私たちが電子工作で使う抵抗器としては，小型で安価な炭素皮膜抵抗器が一般的です．抵抗にはE系列という規格があり，入手できる抵抗の値はほぼ決まっています．

通常は，**図4**にあるE12系列の抵抗で事足りますが，もっと細かい区切りの値をもつ抵抗が欲しいときにはE24系列の抵抗を使います．電子回路を設計しても，必要な抵抗値がすべてそろうことは実はまれです．そのときはE系列の中から，目的の値に近い抵抗を選ぶということになります．

われわれの電子工作でよく使う抵抗値は，だいたい決まっています．たとえば，100，330，470，1k，3.3k，4.7k，10k，33k，47kΩ，100kΩなどです．秋葉原の電子部品店や通信販売を利用すると，100本で100円という低価格で入手できるので，これから電子工作を始めようと考えている方は，よく使う抵抗はまとめて購入するとよいでしょう．

定格電力も大事

抵抗値と並んで大切なのが，定格電力です．抵抗は電流の流れを妨げますが，その抵抗に電流が流れた分だけ（$P = I^2 \times R$），電気エネルギーが熱として消費されることになります．そのため抵抗器には，消費電力に応じた電力容量が必要になります．1/8，1/4，1/2，1，2W～などの定格電力の抵抗があります．必要な電力容量Pは，

$$P = E \times I \quad P = I^2 \times R$$

の公式から計算することができます．私たちの電子工作では電圧は12V以下，電流も数十mAという場合がほとんどですから，1/4Wといった小さな抵抗器を用意しておけば十分です．電源回路など，大きな電流を扱うときにだけ電力容量に気をつけます．

以上のように，抵抗値が決まっている固定抵抗器のほかに，抵抗値が連続して変えられる可変抵抗器（ボリューム）や半固定抵抗器があります．これはラジオやCDなどの音量調節や製作後の調整に使われています．

表2 固定抵抗器の種類と特徴，用途

名称	誤差	特徴
炭素皮膜抵抗器（カーボン抵抗器）	±5%	安価で，一般に固定抵抗器といえばこの抵抗が使われる
金属皮膜抵抗器	±1% ±2%	誤差が少なく高精度．抵抗器で発生するノイズが少なく温度特性が良好
炭素系混合体抵抗器（ソリッド抵抗器）	±5% ±10%	高周波特性が良い．最近は入手難
セメント抵抗器（巻線型）	±5%	電力用，周波数特性は悪い

・E24系列（丸数字はE12系列）

| ⓵.0 | 1.1 | ⓵.2 | 1.3 | ⓵.5 | 1.6 | ⓵.8 | 2.0 | ⓶.2 | 2.4 | ⓶.7 | 3.0 |
| ⓷.3 | 3.6 | ⓷.9 | 4.3 | ⓸.7 | 5.1 | ⓹.6 | 6.2 | ⓺.8 | 7.5 | ⓼.2 | 9.1 |

一般的に市販されている抵抗の値．たとえば2.2については，2.2Ω，22Ω，220Ω，2.2kΩ，22kΩ，220kΩ，2.2MΩがある販売店ですべての数値のE24系列抵抗がそろうとは限らない

その場合，近い数値で代用する．

・定格電力について，$P = I \times E = I^2 \times R$

（例）$I = 0.01$A
$R = 390$Ωでは
$P = I^2 R = (0.01)^2 \times 390$
$= 0.039$〔W〕
この場合1/4Wの抵抗でOK

図3のLEDを点灯する例では

図4 E系列と定格電力

1-2 直流は通さず，交流を通す
コンデンサ

> コンデンサのもっとも基本的な働きは，電気を蓄えるということです．たとえば水力発電所などのダムを考えるとコンデンサの働きがよくわかります．ダムには水量調節とともに，水の有効利用のために水を蓄えるというもう一つの大切な役目もあります．

貯水を行うダムの働きの中で電気で考えると，電流（水量）の調節をするのが抵抗で，電気（水）を蓄える働きをするのがコンデンサと考えることができます（図1）．

コンデンサの電気記号は，図2(a)のように2枚の電極を向かい合わせたように表します．図2(b)は，中に斜線が引いてあり容量の大きい電解コンデンサを表しています．電解コンデンサには⊕⊖の極性があり，回路上にそのことがわかるように記入します．ただ例外もあり，無極性の電解コンデンサ［図2(c)］もあります．

ダムを電気回路で表すと図3のようになるのではないでしょうか？ 電子回路ではコンデンサで電気をためて，電流を抵抗で調節するというダムと同じ働きの回路がたくさん使われていて，回路を適正に，安定にするというとても大切な役目をしています．

実験で確かめるコンデンサの働き

さて，図4はコンデンサが挿入された，LEDを点灯させる回路です．スイッチ(SW)を入れると，まずコンデンサに電気が蓄えられます．コンデンサ両端の電圧はごく短い時間の間に電源電圧Eに近づきます．LEDの順方向電圧V_Fを超える電圧になると，今度は電流が流れてLEDが点灯します．

次に，SWを切ってみます．LEDはSWを切ってもすぐには消えません．しばらくしてからスーッと消えるのです．SWを切るとコンデンサに貯まっ

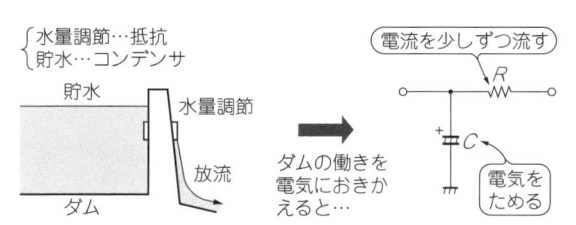

図1 コンデンサの役割をダムと水の関係で表すと…

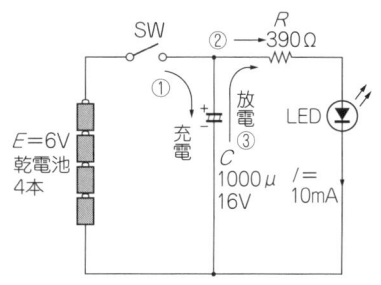

図4 LEDの点灯回路に電解コンデンサを追加する

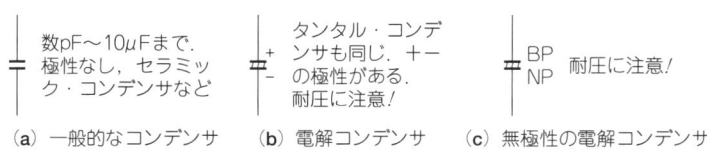

①SWを入れるとコンデンサの充電が始まる．②コンデンサ両端の電圧が上がってくるとLEDが点灯する．③次にSWを切っても，コンデンサに蓄えられていた電気が流れて，しばらくLEDは点灯し続ける．

(a) 一般的なコンデンサ　数pF〜10μFまで．極性なし，セラミック・コンデンサなど
(b) 電解コンデンサ　タンタル・コンデンサも同じ．＋ーの極性がある．耐圧に注意！
(c) 無極性の電解コンデンサ　BP NP 耐圧に注意！

図2 コンデンサを表す電気記号

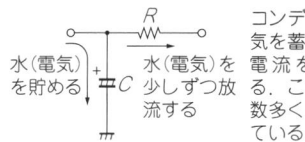

図3 電気を蓄えて，少しずつ送り出す

コンデンサで電気を蓄え抵抗で電流を調節する．この回路は数多く利用されている

ていた電気が流れ出して，それがある程度なくなるまでLEDが点灯し続けるのです．このような現象はコンデンサの電気を蓄える性質によるものです．

コンデンサの構造

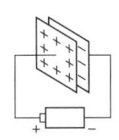

2枚の金属板を狭い間隔で向かい合わせておいて，2枚の金属間に電圧を加えると金属板に向かって電流が流れます．そして，2枚の金属間の電圧が加えた電圧と等しくなると電流が止まり電気が蓄えられます．電気が蓄えられる量は2枚の金属板の間隔が狭いほど，また金属板の面積が広いほど大きくなります．

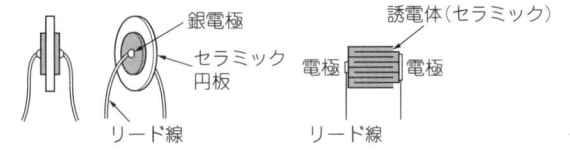

金属板の間に挟まれている絶縁物を誘電体といいます．図5(a)は絶縁体にセラミックを使ったコンデンサの構造を示しています．電極の間に誘電体である円盤型のセラミックが挟まれています．誘電体がセラミックなので，セラミック・コンデンサと呼びます．静電容量は小さいのですが，後述する高周波特性に優れています．

図5(b)は積層セラミック・コンデンサです．誘電体のセラミックが何層も重ね合わせてあり，静電容量を図5(a)よりも大きくすることができます．

図5(c)の電解コンデンサは，⊕と⊖のアルミ箔の間に電解液をしみ込ませた紙をはさんで絶縁し，全体をアルミ・ケースに入れた構造になっています．静電容量が大きいのが特徴ですが，熱に弱く，電解液を使うため寿命があり，月日とともに劣化する場合があります．

誘電体として使われる物質としては，フィルム系のポリエステル，マイラー，スチロール，ポリカーボネート，ポリプロピレン，また空気(エア)などがあり，さまざまなコンデンサがあります（写真1）．また，静電容量を変化させることのできる

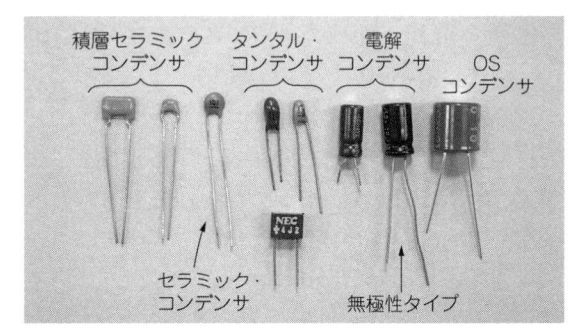

写真1　コンデンサには構造や材質の違いによって多くの種類がある
外形が大きくなると容量，あるいは耐圧が上がる．しかし，形が一定なら，容量と耐圧は反比例の関係にある

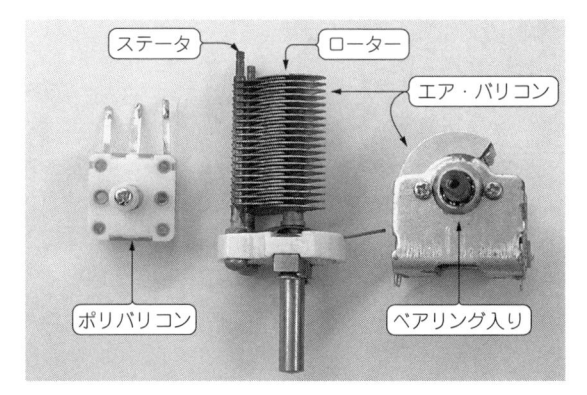

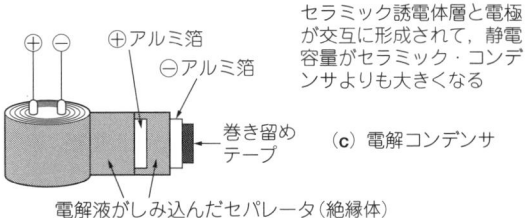

図5　セラミック/電解コンデンサの構造

写真2　静電容量を連続して変えることができるバリコン
数pFから，大きくても数百pFのものがほとんど

バリアブル・コンデンサ（通称バリコン，**写真2**）や半固定トリマといった種類もあります．

多くの種類がある中で，私たちが電子工作で使うコンデンサとしては，セラミック，積層セラミック，電解コンデンサが主になります．

コンデンサの単位と表示

コンデンサに蓄えられる電気の量を静電容量といいます．静電容量が大きいほど多くの電気を蓄えられるということになります．単位はファラド（F）を使います．このファラドという単位は非常に大きく，実際に使われるのは図6のように μF マイクロ・ファラド，pF ピコ・ファラドという単位です．その間にはnF ナノ・ファラド（10^{-9}F）があります．容量が大きいほど多くの電気を蓄えることができます．コンデンサには，それぞれの容量が表示されていますが，図7のような表し方があります．

ところでコンデンサには，何ボルトの電圧まで使えるかという耐圧が表示されている場合があります．耐圧以上の電圧をかけると壊れることもあります．特に電解コンデンサでは，耐圧を超えて電圧をかけると，発熱したり，煙が発生したり，電解液が漏れ出したりすることがあります．こうなると多くの場合，規定の容量が得られなくなり，ひどいときには破裂します．また電解液は銅箔などを腐食させるので，注意が必要です．

電解コンデンサには一部を除いて ⊕，⊖ の極性があります．これを逆に接続しても過電圧のときと同様の現象が起こるので，耐圧と ⊕，⊖ の極性には十分に気をつけたいものです．

電子工作ではほとんどの場合，12 V 以下の電圧を扱いますから，コンデンサの耐圧は 16 V 以上のものを，できればもう少し余裕を見て 25 V 耐圧のものを使いたいところです．

並列と直列接続

コンデンサは，図8のように並列に接続すると単純に合計した容量になります．欲しい容量のコンデンサがないときは，何個かを並列につないで必要な容量を得ることができます．

一方，直列に接続すると容量は小さくなります．その代わり，耐圧を上げることができます．耐圧が電源電圧より低い場合は，直列に接続すると全体の耐圧を上げることができるのです．しかし，容量のアンバランスなどから，個々のコンデンサにかかる電圧が異なることが多いので，実際に使う場合には注意が必要です．

図6 コンデンサ容量の単位

ファラド(F)
1F = 1000000 (μF)
1μF = 1000000 (pF)
1μF = 10^{-6}F
1pF = 10^{-12}F

図8 並列接続と直接接続

並列接続: $C = C_1 + C_2 + C_3$

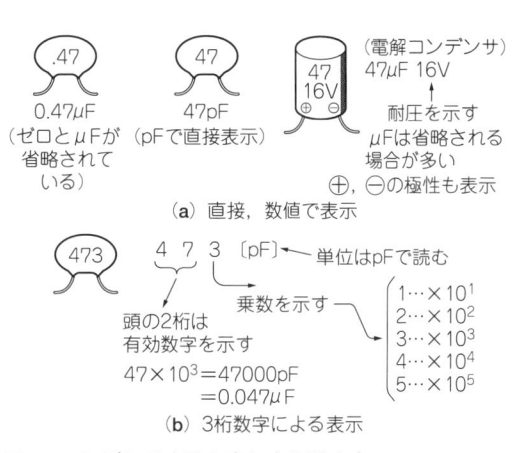

直列接続: $\dfrac{1}{C} = \dfrac{1}{C_1} + \dfrac{1}{C_2} + \dfrac{1}{C_3}$

$C = \dfrac{1}{\dfrac{1}{C_1} + \dfrac{1}{C_2} + \dfrac{1}{C_3}}$

(a) 直接，数値で表示

.47 → 0.47μF（ゼロとμFが省略されている）
47 → 47pF（pFで直接表示）
47 16V →（電解コンデンサ）47μF 16V　耐圧を示す　μFは省略される場合が多い　⊕，⊖ の極性も表示

(b) 3桁数字による表示

473 → 4 7 3 [pF] 単位はpFで読む
頭の2桁は有効数字を示す
乗数を示す
1…×10^1
2…×10^2
3…×10^3
4…×10^4
5…×10^5

47×10^3 = 47000pF = 0.047μF

図7 コンデンサ容量の表し方と読み方

もう一つの働き

　コンデンサが電気を蓄えるという働きは，電池や安定化電源などの直流に対しての働きです．この直流に対して，交流があります．交流は⊕と⊖が瞬時に入れ替わり，1秒間に何回振動するかという振動数（周波数）を持つものです．

　もっとも身近なところでは，家庭に送られてくる50/60 Hzの100 Vの商用電源が交流ですね．そのほかには，私たちの声（音声信号），そしてラジオ，テレビや携帯電話に使われているような電波もその仲間です．電子工作で扱うのは，音声信号である低周波や，ラジオなどの高周波信号です．

　図9を見てください．コンデンサは直流に対して電気を蓄えるだけで電流は流れませんが，交流に対しては電流を流す性質があります．静電容量が一定の場合，周波数が高いほどよく流れるという性質があります．また，容量の大小により，損失が少なく通過できる周波数が異なります．

　たとえば，0.01 μFのコンデンサは，高周波信号は自由に通過させることができますが，低周波信号はなかなか通過することができないのです．10 μFの電解コンデンサでは，低周波信号を損失なく通過させることができます．同じ容量のコン

- 直流に対しては，電気を蓄えるが，電流は流れない．
- 交流では，コンデンサを通過して電流が流れる．※

※ 低周波（音声など）…1μF以上を使って通過させる
　　（電解コンデンサ，積層セラミック・コンデンサ）
　　高周波（中波，短波）…0.1μF以下を使って通過させる
　　（高周波は特性のよいセラミック・コンデンサ）

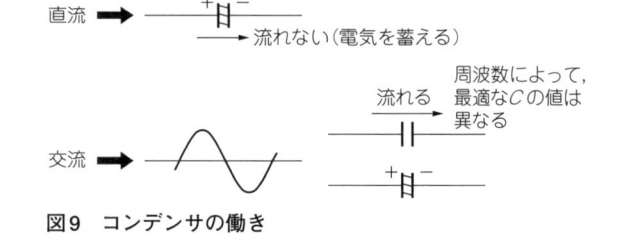

図9　コンデンサの働き

デンサでも，周波数によってスムーズに通過させたり，逆に通過を阻止したりする働きがあります．

　少し極端な分け方ですが，0.1μより小さいコンデンサは高周波で使い，それよりも大きいコンデンサは低周波で使うということができます．高周波特性のよいセラミック・コンデンサを高周波で使い，容量の大きい電解コンデンサは低周波領域で使うということです．

　実は，その両方のいいところを持った性質を持つのが積層セラミック・コンデンサです．このコンデンサは高周波特性がよくて，なおかつ容量も10 μF程度までと低周波でも使えるものです．

1-3 直流を通して，交流は妨げる
コイル

抵抗やコンデンサと並んで，基本的な電子パーツの一つがコイルです．電線がぐるぐると巻かれただけの簡単な構造ですが，電気と密接に関係する磁界を作り出したり，交流を阻止したり，共振回路を構成したりと多くの重要な働きがあります．

図1のように，鉄ボルトにエナメル線をぐるぐると巻いて電流を流すと，磁石になる —— この電磁石は皆さんご存じのことと思います．著者は初心に返り，遠い昔に習ったことを思い浮かべながら，電磁石を作ってみました．鉄ボルトに巻いた電線に電流を流すとボルトにクリップがピタッとくっつくのを見て，とても新鮮な感動を覚えました．ぜひ，皆さんも実験してみてください．

電磁石の原理

なぜ鉄製のボルトに電線を巻いて電気を流すと，磁石になるのでしょうか？

1本の電線に電流を流すと，時計回りに磁界が発生するということは，中学校の理科の時間やハムになるための無線工学でも習ったように，これは右ネジの法則と呼ばれます（図2）．

単線1本では強くない磁界でも，コイル状にエナメル線を巻くと，何本も束ねられた状態になるので磁力が強くなります．さらにその内側に鉄の棒を挿し込むと，鉄の棒が磁化されて磁力が強くなります．これが電磁石です．

また，反対に，磁石を向かい合わせた磁界の中を電線が横切るように動かすと，電線に電流が流れることも理科の時間に習いました（図3）．

磁界と電流と導体を動かす方向には一定の法則がありましたね．そうです．これがフレミングの右手の法則（図4）です．

以上をまとめると，電線に電流を流すと磁界が発生します．また，反対に磁界の中に電線を通過

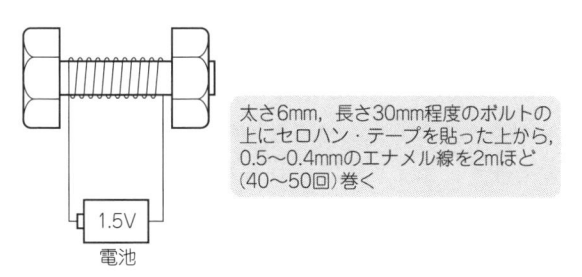

図1 電磁石を作ってみる

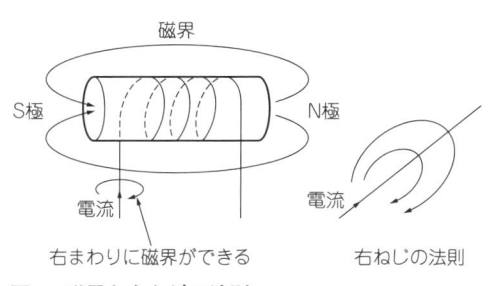

太さ6mm，長さ30mm程度のボルトの上にセロハン・テープを貼った上から，0.5～0.4mmのエナメル線を2mほど（40～50回）巻く

図2 磁界と右ネジの法則

図3 磁界の中で電線（導体）を動かすと電流が流れる

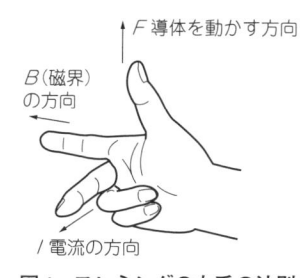

図4 フレミングの右手の法則

させると，電流が流れます．ただし，電線が静止している状態，すなわち磁界の変化のないところでは電圧は発生しません．つまり，電流が流れるためには，磁界の強さの変化が必要ということです．

以上の原理でモータを回したり，反対に発電したりと，現代ではあらゆるところでこの原理が応用されています．たまには，こういったことを思い出して電気が使えることに感謝したいですね．

逆起電力について

電磁石に電池をつないだ回路，図5を見てください．スイッチを入れるとコイルに電流が流れて，電磁石になります．スイッチを入れる瞬間と切れる瞬間に，それまで流れていた方向とは逆方向の起電力が発生します．

電磁石のスイッチを入れるとコイルに電流が流れてボルトは磁化されますが，電流のように瞬時に流れるのではなく，徐々に磁力が強くなっていきます．この徐々に強くなる磁力というのは，磁界の変化のことなので，コイルに電圧が生じてきます．この向きは電流を流そうとする方向と反対になります．しかし，磁化されていく過程では反対の力が働いたとしても打ち消されてしまいます．

これとは反対に，電源スイッチを切ると電流はストップしますが，磁化されたボルトの磁力はすぐにゼロにならずに徐々に小さくなります．つまりこれも磁力の変化であり，同様にコイルに電圧が発生します．

このスイッチを切ったときに発生する電圧は，コイルへ流れる電流とは逆向きなので，逆起電力と呼ばれます．逆起電力は，スイッチを入れるときと切ったときに発生します．しかし，スイッチを入れるときは打ち消されてしまいはっきりとわかりませんが，電源スイッチを切ったときは電流が流れていませんから，はっきりと観察することができます．

このような逆起電力を起こす現象を自己誘導作用といいます．この自己誘導用の大きさを示す定数がインダクタンスです．電磁石はコイルの巻き数が多くなるほど磁力が強くなります．このとき，逆起電力も大きくなりますから，インダクタンスも大きいということになります．

毎秒1Aの電流変化を与えたときに発生する逆起電力が1Vのときのインダクタンスが1H，と決められています．インダクタンスの単位はヘンリー（H）で表されます．1Hの$\frac{1}{1000}$が1mH，$\frac{1}{1000000}$が1μHとなります．

逆起電力を見る

さて，逆起電力は見えないものでしょうか？実験してみましょう．図6のように電磁石の回路を組み，コイルと並列に逆方向に高輝度LEDを接続します．スイッチを入れるとコイルの周囲に磁界が発生します．そして，スイッチを切ると一瞬，LEDがかすかに光ります．これが逆起電力による

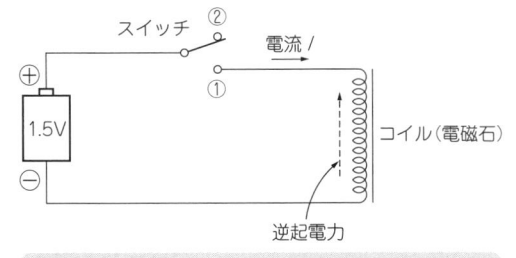

スイッチを入れて①，次に切った②瞬間に，逆起電力が発生する

図5 逆起電力の発生とは

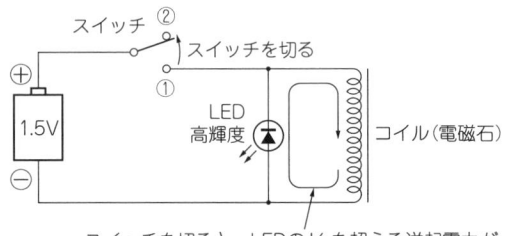

スイッチを切ると，LEDのV_Fを超える逆起電力が発生して，瞬間的に逆向きのLEDが点灯する

図6 高輝度LEDで逆起電力を観察してみる

点灯です．

通常，高輝度LEDは順方向電圧V_Fが2Vかそれ以上にならないと点灯しませんが，ここでは逆起電力で2V以上の電圧が発生したことになります．ただし，光り方は非常に弱いので，普通のLEDでは観測できません．高輝度LEDがかすかに光ったというくらいです．

交流では抵抗として働くコイル

ここまでは直流とコイルの関係でした．では，コイルに交流を流した場合(図7)，どうなるでしょうか？ 交流は時間とともに電圧が変化します．この交流をコイルに流したとき，流れる電流は常に変化して，それに伴って磁界も変化するということになり，逆起電力(誘導起電力)が常に発生します．

逆起電力は，電流が流れようとする方向とは逆ですから，電流の流れを妨げてしまいます．電流を制限するということであり，交流にとっては抵抗と同じように考えることができます．

しかし，抵抗器と違って，同じインダクタンスのコイルでも，扱う交流の周波数によって，抵抗として表れる度合いが変化するところが面白いところでもあり，ややこしいところでもあります．

コイルを通過しようとする交流信号の周波数が高くなるほど，抵抗性が高くなります．すなわち，高い周波数の信号ほど，コイルを通りにくくなるということです．

ここで，コンデンサのことを思い出してください．コンデンサは同じ容量であれば，周波数が高くなるほど通過しやすいという性質がありました．コイルはコンデンサとまったく逆の性質で，同じインダクタンスなら，周波数が高くなるほど通りにくいという性質があります．

コイルの構造と表示の読み方

コイルが持つ特性をインダクタンスと呼びますが，その単位はヘンリー(H)を使います(図8)．扱う信号の周波数によりいろいろな種類のコイルがあり，チョーク・コイルやRFC(写真1)，インダクタなどとも呼ばれています．また巻き線だけの

ヘンリー(H)
1H=1000mH　　$1\mu H=10^{-6}H$
1mH=$1000\mu H$　　$1mH=10^{-3}H$

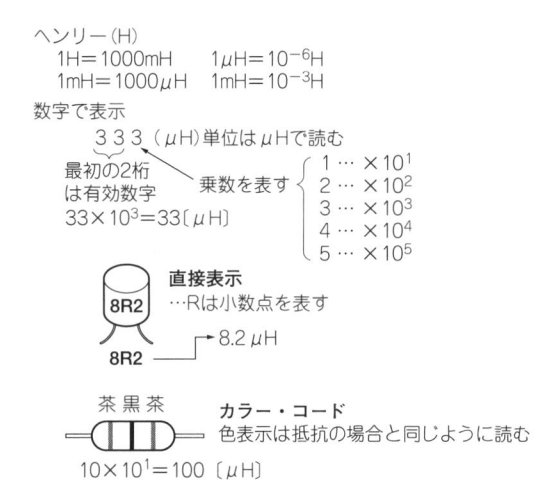

数字で表示

３３３ (μH)単位はμHで読む

最初の2桁は有効数字　　乗数を表す
$1 \cdots \times 10^1$
$2 \cdots \times 10^2$
$3 \cdots \times 10^3$
$4 \cdots \times 10^4$
$5 \cdots \times 10^5$

$33 \times 10^3 = 33 (\mu H)$

直接表示
8R2 → $8.2 \mu H$　…Rは小数点を表す

茶 黒 茶　カラー・コード
色表示は抵抗の場合と同じように読む
$10 \times 10^1 = 100 (\mu H)$

図8 インダクタンスの単位と表示の読み方

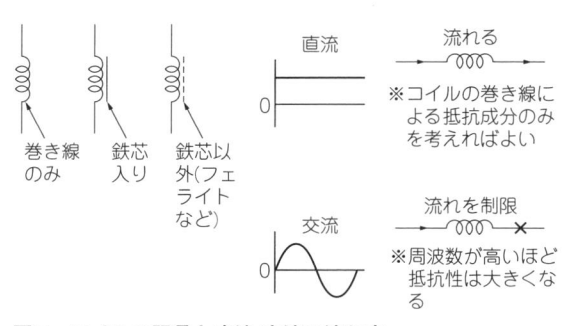

図7 コイルの記号と直流/交流の流れ方

写真1 RFCや単にインダクタと呼ばれるコイル
RFCはRF(高周波)Choke(チョーク)の意味．主に信号用で，高周波を阻止したり，逆に高周波を取り出す際の負荷として使われることもある．右端のコイルは電力用としても使用される

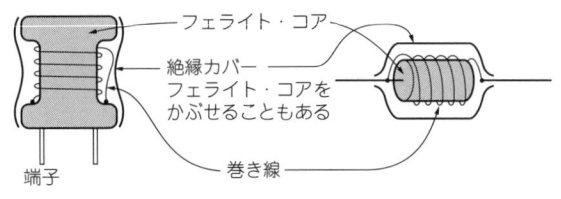

図9 コイルの構造例

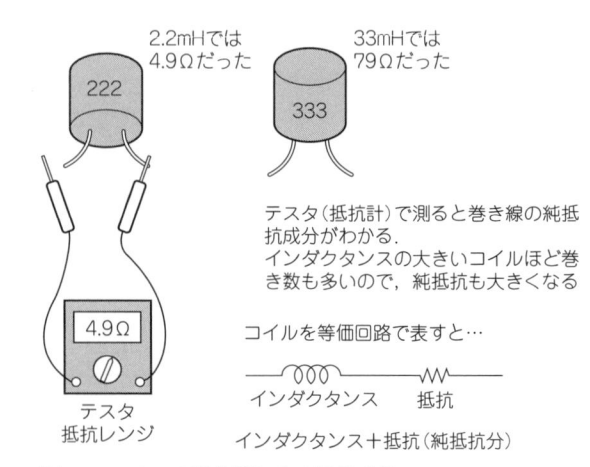

ものや，コアとして磁性体を持つものなど構造や特性もさまざまです．

図9はコイルの構造例です．フェライト・コアに細い電線を巻いて，必要なインダクタンスを得ています．細い電線を小さなコアに巻いていますから，電線そのものの純抵抗成分(**図10**)があります．この抵抗というのは，交流に対するコイルの抵抗性というのではなくて，コイルを巻くための電線の純粋な抵抗成分ということです．これを直流抵抗と呼んで区別する場合もあります．

コイルを等価回路で表すと，抵抗(直流抵抗)＋インダクタンスということになります．特にインダクタンスが大きいコイルでは，巻き数も多くなり，抵抗分が無視できなくなることもあります．

インダクタンスを示す表示は通常3桁の数字で表され，**図8**のように値を読みます．パーツとして一般に入手できるインダクタは，500 mH以下が大半でしょう．私たちの電子工作の分野で使われるコイルを大ざっぱに分けると，1 mH以下が

図10 コイルの巻き線による抵抗成分

高周波で使われ，1 mH以上は低周波やスイッチングなどの用途で使われるといったところです．

チョーク・コイルの使い方

コイルとコンデンサの性質をうまく組み合わせることで，いろいろな働きをさせることができます．

図11にその主な使い方をまとめてみました．**図11(a)** は，100 Vの商用電源を使い，トランスにより200 Vに電圧を上げて，ダイオードと平滑回路(コンデンサ＋チョーク・コイル)で直流に変換する回路です．ダイオードは，交流のうちのプラスの部分だけを直流にするので，直後の電圧は一定した直流ではなく電圧の変動があります．そこ

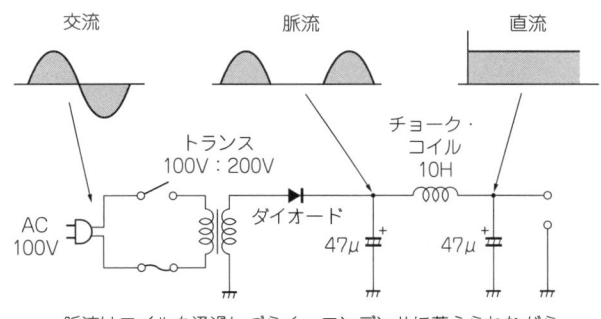

(a) チョーク・コイルとしての働き

(b) 低周波信号のみを通過させる

(c) 高周波信号のみを通過させる

図11 コイルの使い方

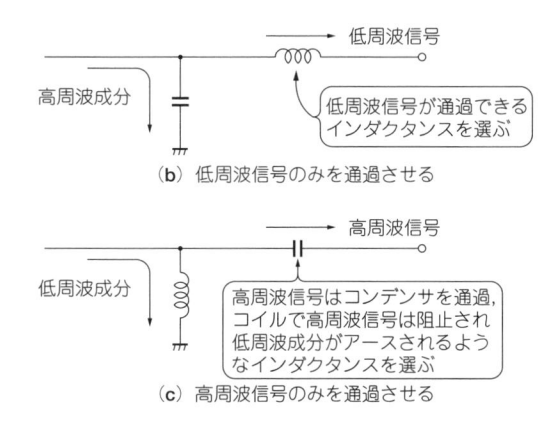

で，コイルが持つ交流成分を通さないという性質を利用します．また，コイル手前と直後の電解コンデンサに一時，電荷を溜め込んでおいて，電圧を安定化させて，出力を作り出しています．

このような目的で使われるコイルを，チョーク・コイルといいます．電源回路ですから，大きな電流を通過させることを考えると，このコイルには太い電線を使い，交流成分を通過しにくくするためには，インダクタンスも大きなものが必要になります．そのため，コイルとして物理的に大きな構造となっています．

図11(b)は，図11(a)の回路と似ていますが，一緒に通過している高周波成分と低周波信号のうちから，高周波成分だけをコンデンサによりアースして，低周波成分を取り出しています．

図11(c)は，図11(b)と反対に，高周波成分のみを通過させて，低周波成分はコイルによってアースしています．

このように直流と交流を分離したり，ある周波数以上を通過させたり，またはある周波数以下のみを取り出すといった動作をさせることができます．

トランスについて

図12を見てみましょう．二つのコイルを近づけた状態で，片方のコイル(1次側)に電流を流すと磁界が発生します．直流を流すと電磁石になるだけですが，交流を流すと電圧の変化によって，生じる磁界の強さも常に変化します．その磁界の強さの変化によって，もう一方のコイル(2次側)に電圧が発生します．このような現象を電磁誘導といいます．

交流電圧を加える側を1次コイル(L_1)といい，電圧が発生する側を2次コイル(L_2)といいます．L_1とL_2の巻き数の比を変えることによって，2次コイルに表れる電圧を変えることができます．

このように，図12のようなものをトランスといい，用途によってさまざま種類があります(写真2)．100Vの商用電源(交流)を12Vに変換してから直流を取り出すACアダプタで使われたり，高周波の用途ではアンテナのマッチングを取るときなどに使われています．100Vの商用電源(50/60Hz)という低い周波数の交流から，低周波用トランス，高周波用トランスまで，幅広く応用されています．

共振回路について

交流において，コンデンサは電気をよく通す性質があり，コイルは逆に通過させにくい抵抗と同じような働きがあることがわかりました．

コンデンサの容量が一定であれば，周波数が高

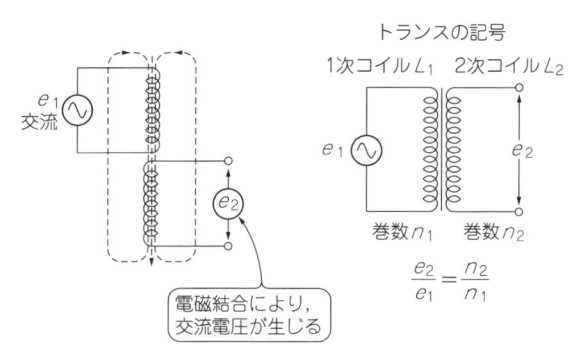

図12 トランスの働き

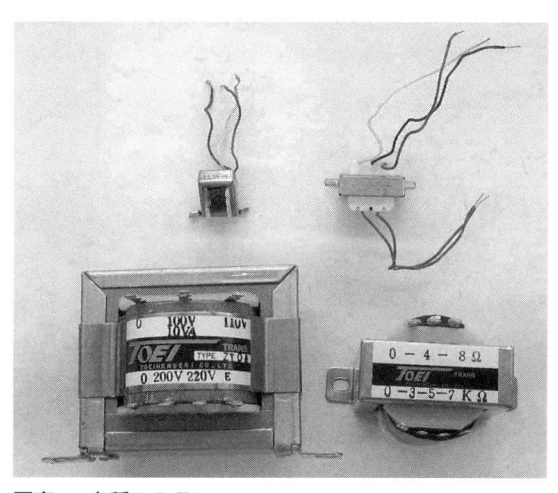

$$\frac{e_2}{e_1} = \frac{n_2}{n_1}$$

写真2 各種のトランス
電源用(電圧変換)や低周波のインピーダンス変換用など種類が多い．1次側，2次側ともにタップを持つタイプもある

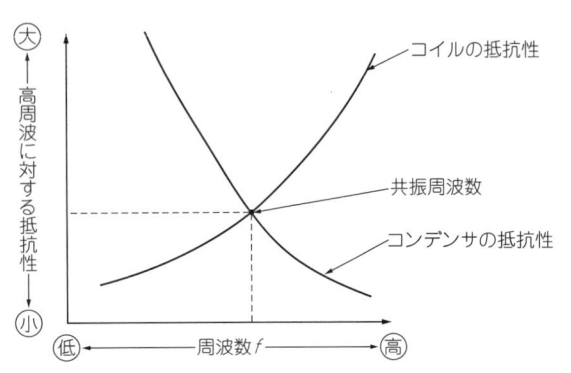

図13 コイルとコンデンサによる共振回路の特性

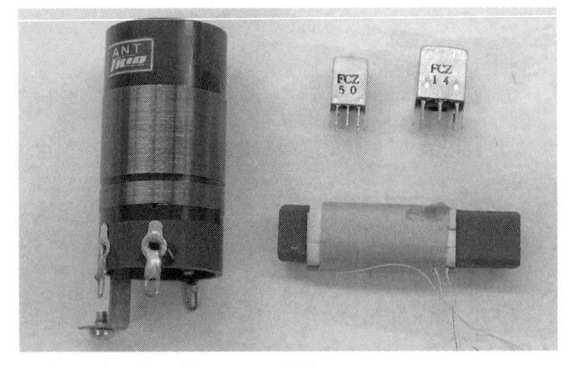

写真3 高周波で使われる同調用コイル
1次コイルだけのもの，トランス構造になっているもの，同調周波数が固定のものや調整可能なもの，シールドの有無など，用途によってさまざまな種類がある

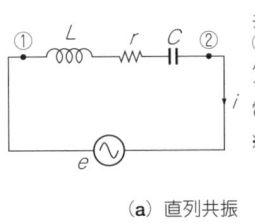

(a) 直列共振
共振周波数で①②間の電圧が最小となる．そして最大の高周波電流 i が流れる
※ e のインピーダンスは有限の値

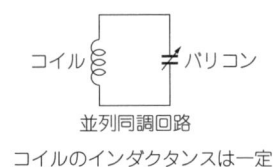

(b) 並列共振
共振周波数で①②間の電圧が最大となる．このとき高周波電流 i は最小となる

並列同調回路
コイルのインダクタンスは一定として，バリコンで容量を連続的に変化させて，多くの周波数に共振させて同調をとる

図14 直列共振と並列共振

くなるほど通過しやすくなります．また，コイルは逆に周波数が高くなるほど通過しにくくなる，すなわち抵抗性が大きくなります．これをグラフに表したのが図13です．

ここでコンデンサの抵抗性曲線と，コイルの抵抗性曲線が交差している点に注目してみます．コイル，コンデンサともに同じ抵抗性のバランスが取れた周波数にあたります．このときの周波数を共振周波数といいます．コイルとコンデンサを流れる電流が最大になる周波数です．

図14 (a) のように，コイルとコンデンサを直列にして交流電圧を加えると，グラフ上で交差した周波数において，コイルにもコンデンサにも同じように電流が流れます．その電流はほかの周波数のときよりも大きくなります．そして共振した周波数で，最大の電流を取り出すことができます．この共振回路のことを，コイルとコンデンサが直列に接続されているので，直列共振回路といいます．

また，コイルとコンデンサを図14 (b) のように並列に接続すると，高周波電源 e の周波数 f を変えていってそれが LC の共振周波数になったとき，①点と②点間のインピーダンス Z が最大になります．つまり，このとき①点と②点間の電圧も最大になり，高周波電流 i は最小になります．これは，共振させた周波数では，並列共振回路の両端から最大の電圧を取り出せるということです．これを，直列共振回路に対して並列共振回路といいます．

これらのことを利用したのが同調回路で，ラジオの選局などに使われている仕組みです（写真3）．コイルは固定されたインダクタンスとして，コンデンサには容量を可変することができるバリアブル・コンデンサ（バリコン）を使い，幅広い周波数の中からある周波数に共振させて，多くの放送局から目的局だけを選局することができるのです．

1-4 もっとも素朴な半導体 ダイオード

もっともシンプルな構造をしているダイオードは，半導体の仲間でありながら増幅作用がなく，地味な存在に思われがちです．ところが，実際の回路中では多種多様な使い方がされており，その種類も多く，電子回路になくてはならない存在です．

金属などの電気をよく通す物質を導体といい，プラスチックや空気などの電気を通さない物質を絶縁体または不導体といいます．

図1は，物質の電気の通りやすさという性質に注目したものです．図中，右に行くほど電気を通しやすく，左に行くほど電気抵抗が大きくなります．

中央付近の黄鉄鉱，ゲルマニウム，シリコン，セレン，亜酸化銅などは，導体と不導体の中間に属する物質で，半導体と言われています．これらの物質は，純粋な結晶では，電気がやや流れにくいという性質しかありませんが，ある物質をごくわずかに混ぜると電気の流れが格段によくなります．純粋な半導体にほんのちょっとの不純物を混ぜた物で，不純物半導体とも言われます．

混ぜる不純物により，N型半導体，P型半導体という二つのタイプがあります．不純物としてはN型では砒素，アンチモン，リンなどがあり，またP型ではイリジウム，ガリウム，ボロンなどが使われています．

N型半導体とP型半導体の違いは，電気の運び手の違いです．N型では電気の運び手となるのが電子($-$，Negative)で，P型は電気の運び手が正孔(ホール)と呼ばれ，電子が飛び出した抜け殻のことで，別の電子を引き寄せて埋めようとして，見かけ上プラス($+$，Positive)の性質を示します．

N型，P型半導体を接合して電極を付けたのがダイオードで，もっとも素朴な半導体です．N型とP型の接合方法により，接合型ダイオードと点接触ダイオードに分かれます．端子の呼び方はP型側がアノード(A)，N型側がカソード(K)になります．

接合型ダイオード

図2のようにP型半導体とN型半導体を接合したものを，接合型(ジャンクション)ダイオードと呼びます．P型からN型半導体に向かって電流が流れますが，N型からP型には電流は流れません．電流が流れる方向を順方向(Forward)といい，電流が流れない向きを逆方向(Reverse)といいます[注1]．

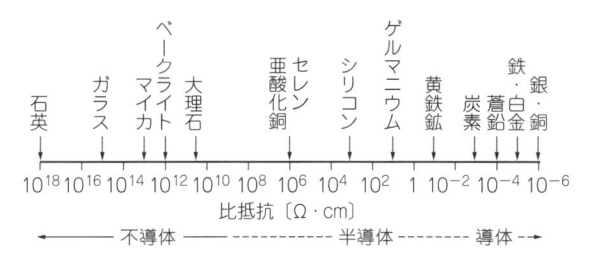

図1 いろいろな物質の電気の通りやすさ

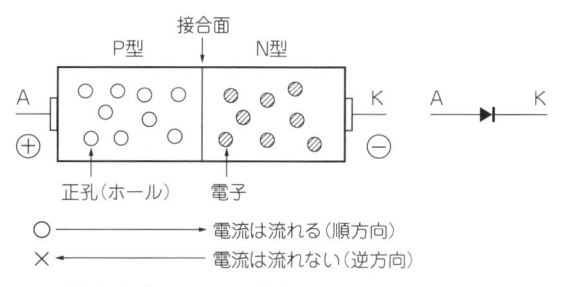

図2 接合型ダイオードの構造

注1) 厳密には，ダイオードに逆方向の電圧をかけると，わずかながら電流が流れる．漏れ電流とか逆方向電流などと呼ばれる．

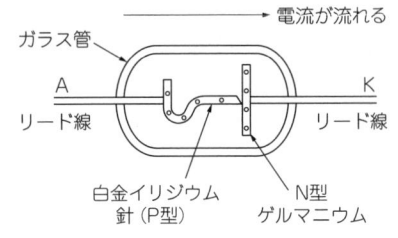

図3 ゲルマニウム・ダイオード(点接触型)の構造

接合型の代表がシリコン・ダイオードです．接合面が小さく，流せる電流が数10mA程度のダイオードから，大きな接合面を持ち大電流を流すことができる整流用ダイオードなど，さまざまです．

点接触ダイオード

図3は，N型ゲルマニウムに白金イリジウム(P型)の金属針が点接触するようにしたダイオードです．ピンポイントの接合のために，接合面における静電容量が小さく，また高周波特性がよいため検波，変調などに使われます．これにはゲルマニウム・ラジオに使われている1N60などがあり，これが点接触の構造です．

ダイオードの基本的な動作と働き

ダイオードは一定の方向にしか電流を流さないという作用を利用して，整流や検波という大切な働きをします．

(1) 整流作用

交流のプラスの部分だけダイオードを通過させ，マイナス部分は阻止して，脈流(直流)にするのが整流です．コンデンサとチョーク・コイルや抵抗を組み合わせることによって，脈流を電圧変動の少ない直流にします[図4(a)]．

(2) 検波作用

図4(b)は，ゲルマニウム・ラジオの回路です．ラジオ放送(AM)は，音声信号を高周波にのせた振幅変調という方法により行われています．高周波も交流の一種なので，ダイオードによって＋の部分だけを取り出すことができます．このように変調された高周波から音声信号(情報)を取り出すことを検波といいます．しかし，この状態では，高周波成分も含まれています．必要なのは音声電圧なので，不要な高周波成分はバイパス・コンデンサによりアースに流してしまうと，元の音声信号だけを得ることができます[図4(b)]．

ダイオードの極性を調べる

ダイオードは，一定方向にしか電流が流れないということを，テスタを使って確かめてみましょう．その前に，アナログ・テスタの抵抗計[注2]は，黒リード棒(＋)から赤リード棒(－)に向かって電流を流してメータを振らせて，抵抗値を測定するということを頭に入れておいてください．対象と

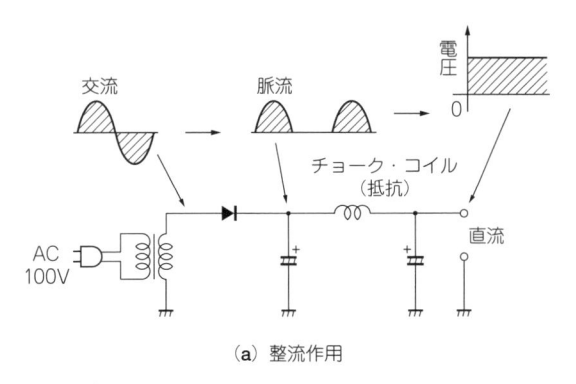

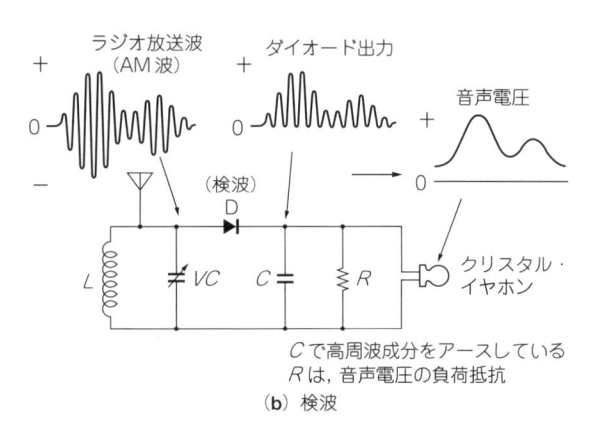

(a) 整流作用

(b) 検波

Cで高周波成分をアースしている
Rは，音声電圧の負荷抵抗

図4 ダイオードの働き

注2) アナログ式テスタの抵抗計では，黒がプラス(⊕)に，赤がグラウンド(⊖)になる．デジタル式ではその逆になる．

するダイオードは，汎用の1S2076Aです．

テスタ棒をあてたとき，図5(b)では，抵抗値が無限大となり電流が流れない状態です．ダイオードの向きを反対にした図5(a)では，33Ωを示しました．まったく抵抗がないというわけではありません．抵抗値はダイオードの種類により数10Ω～数100Ωを示しますが，このように，テスタの抵抗計で，ダイオードの極性を知ることができます．

電流が流れる方向を順方向図5(a)といいます．また，図5(b)のように，電流が流れない方向を逆方向と区別します．

順方向電圧について

簡単な実験をしてみましょう．図6のような回路でボリュームを調整して，ダイオードに加える電圧を0Vから上げていくと，およそ0.6Vを越えたところからダイオードに電流が流れ始めます．さらに電圧を上げていっても電流は増加しますが，ダイオードにかかる電圧V_Fは電流増加に比べて，ほんのちょっとだけしか上がりません．

ダイオードにかかる電圧が0.6V以下では電流が流れず，およそ0.6～0.8V程度で電圧は落ち着きます．ちなみに，さらに電圧を上げていくとダイオードに流れる電流が急激に増えて，ダイオードの定格電流を越えて，破壊されます．

ダイオードに電流が流れ出す(ONになる)電圧を順方向電圧V_Fといいます．順方向電圧以下では，ダイオードに電流は流れません．また，順方向電圧を越えて電流が流れ出したとき，電圧は図7のようになり，電流が倍増してもダイオードにかかる電圧はほとんど変化しません[注3]．

順方向電圧は，ダイオードの種類により異なります．シリコン・ダイオードの場合は0.6～0.8V程度で，ゲルマニウム・ダイオードやショットキー・バリア・ダイオードでは，0.1～0.3V程度です．

ちなみに，発光ダイオード(LED)の順方向電圧は1.6～1.7V以上です．この電圧以上にならないと，発光ダイオードには電流が流れません．つまり1.5Vの乾電池1個で，発光ダイオードを点灯させることはできないというわけです．

順方向-逆方向の特性を使った応用

ダイオードの逆方向へは電流を流さないという性質は大切です．このことを利用して，電源の極性違いから電子回路(無線機など)の保護をすることができます[図8(a)-①]．ただし，電流の大小にかかわらず順方向電圧分だけ電圧が低くなって

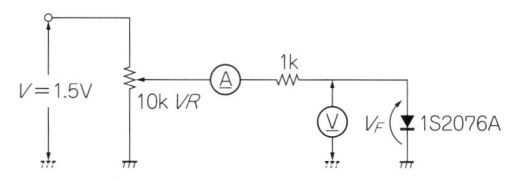

図6 順方向電圧V_Fを測定する

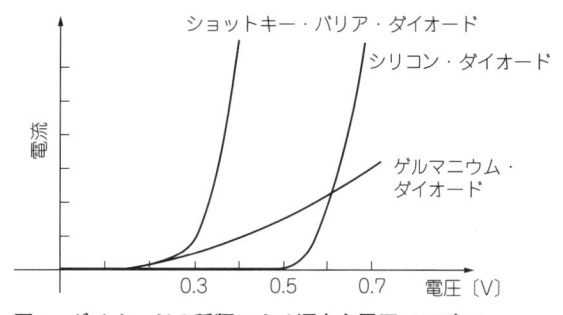

図7 ダイオードの種類による順方向電圧V_Fの違い

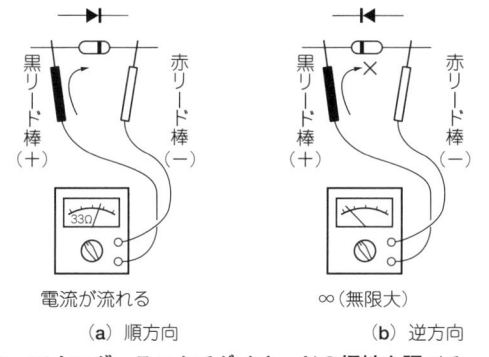

図5 アナログ・テスタでダイオードの極性を調べる
(a) 順方向　(b) 逆方向

注3) ダイオードに流す順方向電流I_Fを増やしていくと，V_Fは若干，増加する

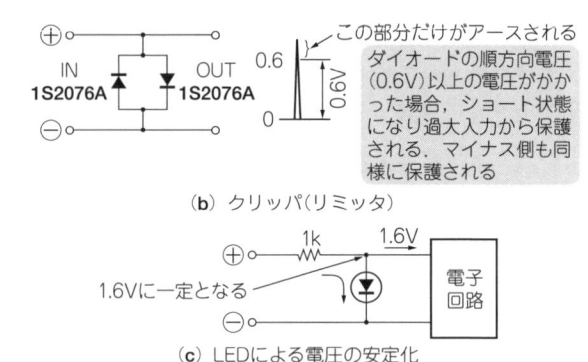

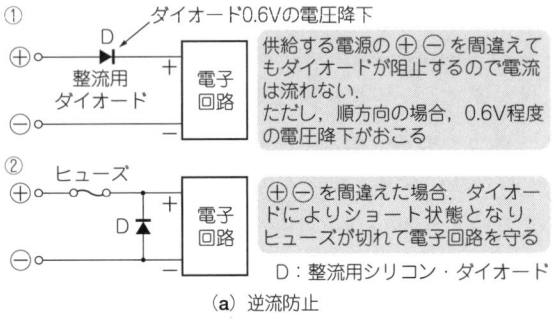

図8 ダイオードの順方向電圧 V_F の利用

(a) 逆流防止
① ダイオード0.6Vの電圧降下
供給する電源の ⊕ ⊖ を間違えてもダイオードが阻止するので電流は流れない。ただし、順方向の場合、0.6V程度の電圧降下がおこる
② ⊕ ⊖ を間違えた場合、ダイオードによりショート状態となり、ヒューズが切れて電子回路を守る
D：整流用シリコン・ダイオード

(b) クリッパ(リミッタ)
この部分だけがアースされる
ダイオードの順方向電圧(0.6V)以上の電圧がかかった場合、ショート状態になり過大入力から保護される。マイナス側も同様に保護される

(c) LEDによる電圧の安定化
1.6Vに一定となる

しまいます．電圧降下を起こさないようにするには，**図8(a)-②**のようにします．逆方向電圧が加わるとダイオードでショートされて，ヒューズが切れて電子回路の保護することができます．

図8(b)は，ダイオード2個を，方向を逆にして並列に接続したものです．順方向電圧0.6V以上の電圧がかかると，回路はダイオードを通してショート状態になるので，過大な入力信号からそれ以降の回路を保護することができます．

図8(c)は，ダイオードにかかる電圧が多少変動しても，順方向電圧はほぼ一定になることを利用して，発光ダイオードを使って電圧を1.6Vに保っている例です．

ダイオードの種類と用途

表1にダイオードの種類を紹介します．

① ゲルマニウム・ダイオード

ゲルマ・ラジオでおなじみのように，高周波の検波，変調，混合などに使われています．残念なことに現在，製造はされていませんが，1N60，1K60などは入手することができます．最近は，ショットキー・バリア・ダイオードがこのゲルマニム・ダイオードの代わりに使われています．

② シリコン・ダイオード

接合型のダイオードで，接合面が比較的大きく，耐圧も比較的高いものまであります．また，許容電流も数mAから数十Aと大きな規格のものまでさまざまがあり，電子回路ではもっとも多く使われるダイオードです．整流や逆流防止の保護回路などに使われるダイオードです．1N4007や10D-1，10D-10などがよく使われます．

③ スイッチング・ダイオード

シリコン・ダイオードの中で，小信号汎用ダイオードをスイッチング・ダイオードとして区別しています．接合面が比較的小さいので，大きな電流は流せませんが，順方向電圧を利用したクリッパやリレーなどの逆起電力からの保護などに使われます．1S1588や1S2076Aなどが一般的です．欧米では1N4147が有名で，日本でも安価に入手できるようになりました．

④ ショットキー・バリア・ダイオード

N型半導体に金属の接触面にできるバリア(ショットキー効果)で，逆方向の電圧を阻止して，点接合ダイオードと同じような働きをするダイオードです．ゲルマニウム・ダイオードの代わりとして，高周波の検波，混合に使われるようになりました．

耐圧ですが，逆方向に関しては，一般的なダイオードよりも低い耐圧のものが多く，実際の使用には注意が必要です．一方，電流については，中には大電流(数十A程度)を流せるものもあります．スイッチング電源，低電圧の整流などにも使われています．

順方向電圧が小さい(0.3V程度)ので，太陽電

表1　一般的なダイオードの種類

分類	品番例	図記号	主なパッケージの形状など	
ゲルマニウム・ダイオード	1N○○	▶⊦	ガラス・パッケージ　1N60（1K60）などが有名　帯が赤や黒など	1N60
整流用ダイオード	10D○○　1N○○	▶⊦	プラスチック・パッケージ　金属パッケージ　順方向電圧 = 0.6V　品番の記入	1N4007
一般ダイオード（スイッチング用／検波器）	1S○○　1SS○○　IN○○	▶▶⊦	ガラス・パッケージ　順方向電圧 = 0.6V　品番の記入がない	1S2076A
ショットキー・バリア・ダイオード	1SS○○	▶⌐	ガラス・パッケージ　品番の記入がない　順方向電圧が0.1～0.3V	1SS99
定電圧ダイオード（ツェナー）	RD○○　○Z○	▶⌐	ガラス・パッケージ　数字がある	RD6.2E
PINダイオード	1SS○○　1SV○○　MI○○	▶▶⊦	ガラス・パッケージ　品番の記入がない場合がほとんど	1SV80
可変容量ダイオード（バリキャップ）	1S○○　1SV○○	▶⊦⊦	ガラス・パッケージ　プラスチック・パッケージ　角型やトランジスタと同様　ガラス	1S2208　1SV149
発光ダイオード（LED）	—	▶⊦ (LED記号)	長いアノード(A)　短いカソード(K)　電極小さい A　電極大きい K	

池の逆流防止などに使われることもあります．

⑤ ツェナー・ダイオード

ダイオードは逆方向に電流は流れませんが，電圧を上げると急に電流が流れ始める電圧があります．これを逆耐圧（ブレーク・ダウン電圧）といいます．この電圧を正確に作ってあるのが定電圧ダイオード（ツェナー・ダイオード）です．電圧が細かく設定されていて，たくさんの種類があります．

電流はあまり取れないけれども，基準になる電圧が欲しい，電源電圧より低い電圧がほしい，といった場合に使われます．なお，ツェナー・ダイオードが故障するとショート・モードの場合が多く，使う箇所によっては注意が必要です．

⑥ PINダイオード

P型，N型半導体の間に純粋な半導体の層がある構造で順方向に流れる電流を変化させると，高周波抵抗が変化するダイオードです．

ドライブ電流により高周波信号の強さをコントロールすることができるので，高周波アッテネータなどに使われます．1SV80，1SV34などは小信号用の高周波アッテネータなどに使われます．また，MI-301，MI-402など，やや大きめの高周波電力も通過させることが可能な種類もあり，トランシーバなどの送信，受信の切り替えに使われます．

1-4 ダイオード

⑦ 可変容量ダイオード

普通のダイオードとは違い逆方向に電圧をかけると，電圧により端子間の容量が変化するダイオードです．別名，バリキャップとも呼ばれています．バリコンの代わりに同調回路に使われることが多く，中波用の数百pFのものから，数十pFのFM用や数pFのUHF/CATV用などいろいろな規格のものがあります．また，FM変調などにも使われています．

⑧ 発光ダイオード

電流を流すと光るダイオードで，今では，いろいろなところで応用されるようになりました．順方向電圧が1.8V程度ですから，使用する電圧に応じて，電流制限抵抗を入れます．またより明るく発光する高輝度LED，超高輝度LEDなどもあり，順方向電圧もそれぞれ異なります．

なお，乾電池1本では，LEDの順方向電圧に達しないため，LEDを点灯させることはできません．

⑨ その他のダイオード

このほかに，一定の電圧を越えると電気抵抗が低くなるバリスタ・ダイオード，電圧をかけるほどに電気抵抗が高くなるエサキ・ダイオード（トンネル・ダイオード），マイクロ波の発振に使うガン・ダイオード，定電流ダイオードなど，たくさんのダイオードがあります．また意外なところでは太陽電池もダイオードの一種と考えられます．発光ダイオードとは反対に，接合面に光をあてると電気エネルギーに変換されるダイオードです．

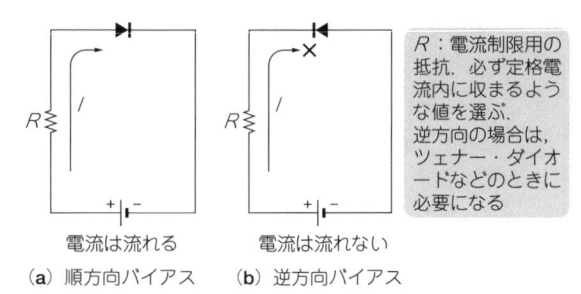

(a) 順方向バイアス　電流は流れる
(b) 逆方向バイアス　電流は流れない

図9　ダイオードに加える電圧の方向

R：電流制限用の抵抗．必ず定格電流内に収まるような値を選ぶ．逆方向の場合は，ツェナー・ダイオードなどのときに必要になる

ダイオードの使い方

① ダイオードの規格を調べよう

いろいろなダイオードの性能は規格表[注4]により知ることができます．

規格表を見るときに大切なのは，最大定格の電圧や電流，消費電力などです．これらの最大定格を越えないようにして，使う必要があります．電圧を加えるとき，定格以上の電流が流れないように必ず電流制限抵抗を入れることです．

② バイアスについて

ダイオードに直流電圧を加えて使うことをバイアスをかけるといいます．図9(a)のように電流が流れるように電圧を加えたのが，順方向バイアスで，図9(b)のように電流が流れないように電圧を加えるのが逆方向バイアスといいます．ダイオードの種類により，順方向バイアスで使うもの，逆方向バイアスで使うものがあります．

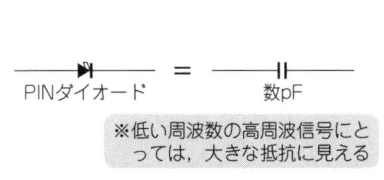

(a) バイアスを加えない場合は，数pFのコンデンサと同等と考えられる

PINダイオード ＝ 数pF
※低い周波数の高周波信号にとっては，大きな抵抗に見える

(b) 高周波スイッチ（アッテネータ）としての使い方

図10　PINダイオードの使い方

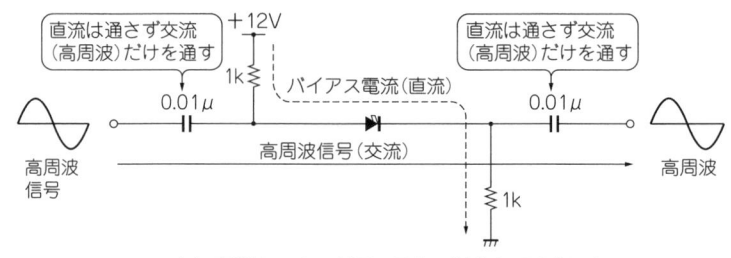

注4）「最新ダイオード規格表」CQ出版社．

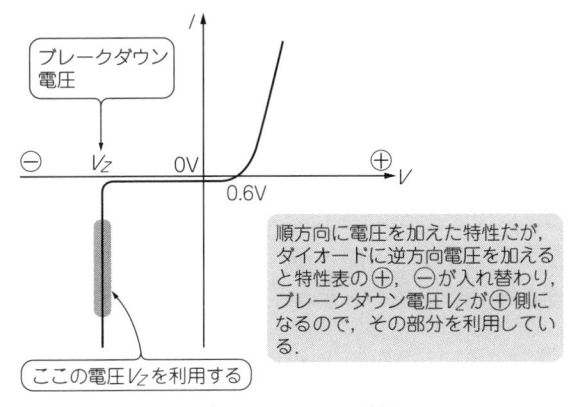

図11 ツェナー・ダイオードのV-I特性

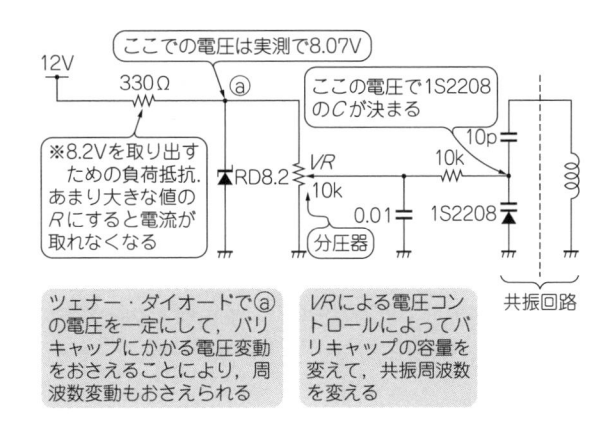

図12 可変容量ダイオードを使用した周波数可変の共振回路

● 順方向バイアスで使うダイオード

　この種類としては，PINダイオード，スイッチング・ダイオード，ショットキー・バリア・ダイオード，発光ダイオードなどがあります．

　その中のPINダイオードについて説明します．図10を見てください．電圧を加えない状態では，数pFの容量を示してコンデンサと同じと考えられますが，順方向バイアスをかけると，高周波信号が減衰なく通過できるようになります．

　回路ではダイオードの両端に1kΩを介し12Vの電圧を加えて，バイアス電流を流しています．この2本の抵抗は，定格電流を越えないように，電流制限していると同時に高周波信号が電源やアースに流れないようにするための抵抗となっています．

　バイアスをかけたときだけ，高周波信号がダイオードを通過することができます．加える電圧を低くして，ダイオードに流れる電流を減らすと，電流量に応じて高周波の通過量を制限することが可能になります．

　また，高周波電力を扱うことができるダイオードMI-301などは，トランシーバの送信受信の切り替えに使われています．なお，1S1588などのスイッチング・ダイオードでも，小さな高周波信号ならばPINダイオードの代わりに使うこともできます．

　ちなみに，バイアスをかけずに高周波電力を直接ダイオードに入力した場合，ダイオードで信号が歪み，高調波を発生させるので注意が必要です．

● 逆方向バイアスで使うダイオード

　ツェナー・ダイオード，可変容量ダイオード，フォト・ダイオードなどがあります．図11は，ツェナー・ダイオードのV-I特性です．逆バイアスの電圧を上げていくと，V_Zで急激に電流が流れ出して電圧がそれ以上，上がらなくなる，つまり電圧が一定になることがわかります．

　また，可変容量ダイオードは，逆バイアスをかけると，ダイオードには電流が流れずに，電極に電荷が引き寄せられて電極板を形成してコンデンサの働きをします．印加する電圧の大小により静電容量が変化する特徴を利用します．

　図12は可変容量ダイオードによる，周波数可変の共振回路例です．まずツェナー・ダイオードを使って電圧を一定にします．このとき，必ず負荷抵抗を入れて電流制限を行い，定格最大電流$V_{R(\max)}$を越えないようにします．これにより，可変容量ダイオードに加わる電圧の変動が少なくなります．

　その後VRによって分圧された電圧が1S2208に与えられ，その電圧に応じた静電容量が得られます．

1-4 ダイオード

1-5 バイポーラ・トランジスタ
動作時，必ず $V_{BE}=0.6\,\text{V}$ となる不思議

電子工作でもっとも活躍するのが，このバイポーラ・トランジスタ（以下，トランジスタと表記）です．スイッチングと増幅作用を中心に，その動作や働きをみてきましょう．

　半導体には，N型半導体とP型半導体があることは，ダイオードのところで説明しました．ダイオードは，**図1**のようにP型半導体からN型半導体の方向に電流が流れます．逆に，N型からP型には電流は流れません．このとき，電流が流れる方向を順方向と呼びました．

　トランジスタは，**図2**のようにN型半導体とP型半導体がサンドイッチの構造になっています．N型とP型半導体の組み合わせにより，npn型［**図2(a)**］とpnp型［**図2(b)**］の二つのタイプがあります．サンドイッチの中央にあたるP型あるいはN型半導体が，とても薄い構造になっていることがポイントです．

　まず，**図2(a)** のnpn型について考えてみます（**図3**）．よく見るとトランジスタの中に，ダイオードが入っていることに気がつくと思います．サンドイッチの真ん中の薄いP型半導体から，両側のN型半導体に対して，それぞれ，PN接合のダイオードを形成している構造です．

　図3(a) のように，ベースをオープンにして，コレクタ側のN型半導体に＋の電極を，エミッタ側のN型半導体に－の電極を付けて電圧をかけます．

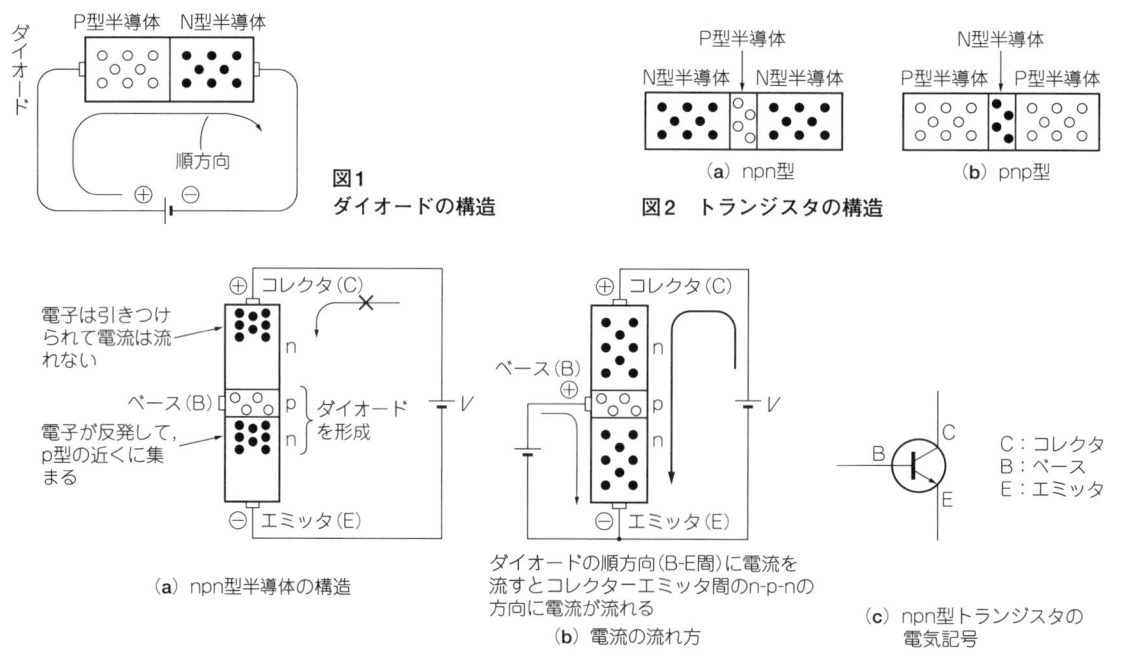

図1　ダイオードの構造

図2　トランジスタの構造
(a) npn型　(b) pnp型

図3　npn型トランジスタの電流
(a) npn型半導体の構造
(b) 電流の流れ方　ダイオードの順方向(B-E間)に電流を流すとコレクターエミッタ間のn-p-nの方向に電流が流れる
(c) npn型トランジスタの電気記号　C：コレクタ　B：ベース　E：エミッタ

この状態では，＋側のN型半導体では電子が電極に引きつけられて，電流は流れません．ところが，図3(b)のようにトランジスタ中のPN接合ダイオードに順方向電流を流すと，＋N型半導体から−N型半導体の電極へと，薄い構造のP型半導体を突き抜けて，ダイオード(B-E間)に流れる電流の数十倍〜数百倍もの電流(C-E間)が流れます．トランジスタ中のダイオードに小さな電流を流して，大きな電流を取り出すことができるのです．

電極は図3(b)の上から，コレクタ(C)，ベース(B)，エミッタ(E)と呼びます．電気記号は，図3(c)に示します．

pnp型，npn型トランジスタと電極

さて，その反対，pnp接合の場合はどうでしょうか？ 図4をご覧ください．トランジスタの中のダイオードを探すと，今度は，サンドイッチ構造の真ん中がN型半導体になっています．両側のP型半導体から，中央のN型半導体に向かって，ダイオードの順方向になりますが，上側のP型半導体と中央のN型半導体をPN接合ダイオードと考えてみましょう．

順方向では，N型の電極は⊖になります．すなわち，ここから電流が流れ出すことになります．この中央の電極がベース(B)になります．上側はエミッタ(E)，下側がコレクタ(C)です．pnpではエミッタに⊕，npnではコレクタに＋となり，電圧のかけ方が逆になります．

トランジスタ中のダイオードの順方向電流をベース電流といいます．npn型では，ベースから電流が流れ込み，pnp型ではベース電流が流れ出します．

まとめると，トランジスタ中のダイオードに順方向電圧をかけて小さな電流を流すと，pnp型ではエミッタからコレクタへ，npn型ではコレクタからエミッタへ向かって大きな電流が流れるということです．

トランジスタをpnp型とnpn型に分けて，用途別にまとめたのが図5です．型番で低周波と高周波に分類されていますが，最近では，2SAタイプや2SCタイプのもので，小信号用途では低周波から高周波まで使える汎用のトランジスタもあります．

よく使われるトランジスタ

トランジスタには，ゲルマニウム・トランジスタ，小信号汎用トランジスタ，パワー・トランジスタ，フォト・トランジスタなど多くの種類があります．《1-6》項で紹介するFETもトランジスタの仲間です．型番がとても多く，どのトランジスタを使えばよいのか困ります．しかし，電子工作では，それほど多くの型番のトランジスタを使わなくとも十分に楽しめます．

図6に，電子工作でよく使われるトランジスタの形状とピン配置図を示します．そのうち，小信号汎用トランジスタの2SA1015や2SC1815(写真1)は，いろいろな回路で活用することが可能です．逆に言えば，この二つのトランジスタを使いこなすことができるようになるのが，電子工作の達人になる早道です．価格も安いので，まとめて購入しておくとよいでしょう．

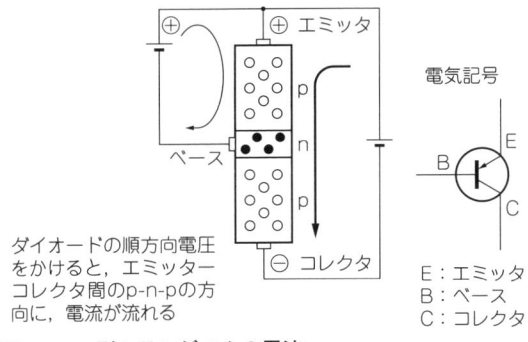

図4 pnp型トランジスタの電流
ダイオードの順方向電圧をかけると，エミッタ－コレクタ間のp-n-pの方向に，電流が流れる

E：エミッタ
B：ベース
C：コレクタ

図5 トランジスタの用途と分類(EIAJ)

用途	pnp型	npn型
高周波	2SA○×△	2SC○×△
低周波	2SB○×△	2SD○×△
半導体	シリコン	シリコン

写真1 スイッチングや低周波，高周波の増幅まで幅広く使える2SC1815

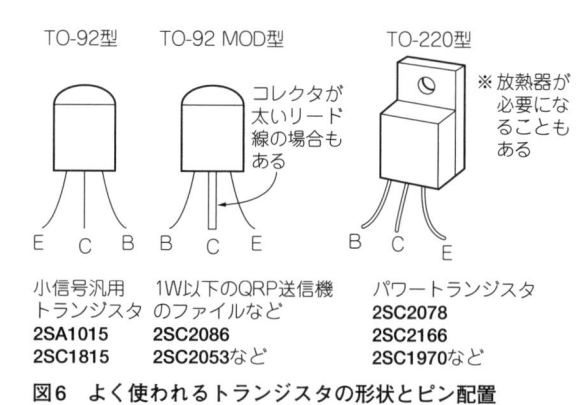

TO-92型　　TO-92 MOD型　　TO-220型

※コレクタが太いリード線の場合もある

※放熱器が必要になることもある

E C B　　B C E　　B C E

小信号汎用トランジスタ
2SA1015
2SC1815

1W以下のQRP送信機のファイルなど
2SC2086
2SC2053など

パワートランジスタ
2SC2078
2SC2166
2SC1970など

図6　よく使われるトランジスタの形状とピン配置

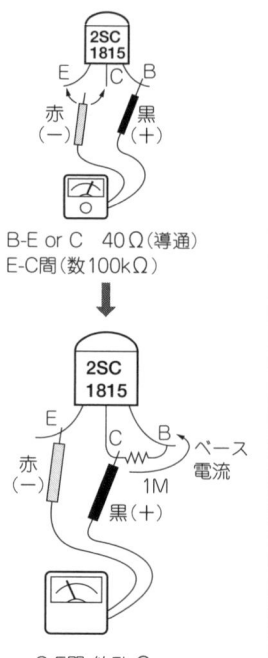

B-E or C　40Ω（導通）
E-C間（数100kΩ）

E, C-B間　40Ω（導通）
E-C間（数100kΩ）

C-E間　約5kΩ
1MΩの抵抗でベース電流が流れて，C-E間の抵抗値は数100kΩ→約5kΩへと下がる

E-C間　約5kΩ
1MΩを介してBからCへベース電流が流れて，E-C間の抵抗値が数100kΩ→約5kΩへと下がる

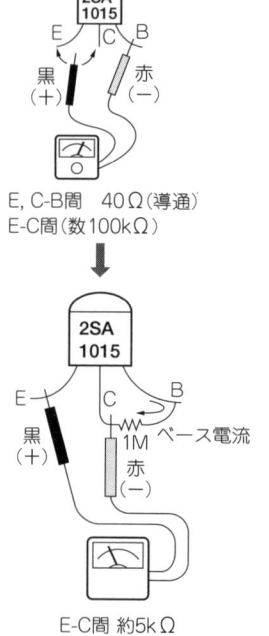

(a) 2SC1815（npn）　　(b) 2SA1015（pnp）

※ アナログ・テスタは黒棒が⊕，赤棒が⊖となる

図7　テスタを使ってトランジスタの電圧，電流を調べる

アナログ・テスタで調べてみる

それでは，2SA1015と2SC1815をアナログ・テスタの抵抗計を使って調べてみましょう！

npn型とpnp型の電極間の抵抗値を調べた結果（**図7**）をご覧ください．ベースとエミッタ，コレクタ間の抵抗値は40Ω程度を示し，2SA1015と2SC1815ではテスタ棒の電極へのあてかたで順方向が逆になっています．

次は，**図7**の下側のように，ベース電流が流れるように1MΩの抵抗を入れると，2SA1015ではエミッタ-コレクタ間がそれまでの数百kΩから約5kΩへ，2SC1815ではコレクタ-エミッタ間が数百kΩから同じく約5kΩ程度に下がります．

このようにテスタの抵抗計で調べると，ベース，エミッタ，コレクタ間の抵抗値がおよそ決まっていることがわかります．このようにテスタを使って調べることで，トランジスタが正常か壊れているかを知ることができます．手元にトランジスタがある方は，ご自分でテスタ棒をあてて，それぞれの電極間の導通をトランジスタの中のダイオード構造を考えながら，調べるとよいでしょう．

増幅の原理

まず2SC1815を使って，ベース電流，ベース電圧，コレクタ電流を測ります．自分でデータを取ってみると理解が深まります．

図8の回路をランド方式で組み立てて，ベース-エミッタ間電圧V_{BE}，ベース電流I_B，コレクタ電流I_Cを測ります．V_{BE}を0Vから増加させていくと，およそV_{BE}が0.6Vになるあたりからベース電流（μAオーダー）が流れ出します．さらにボリュー

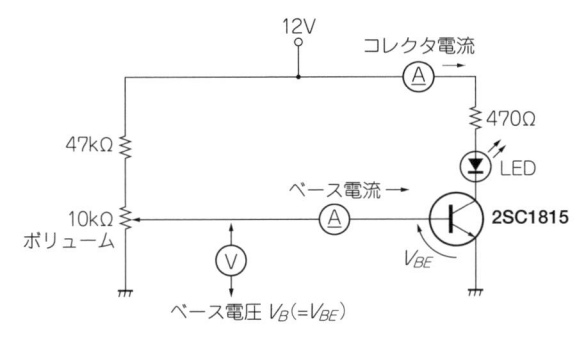

図8 ベース電流とコレクタ電流の関係を調べる

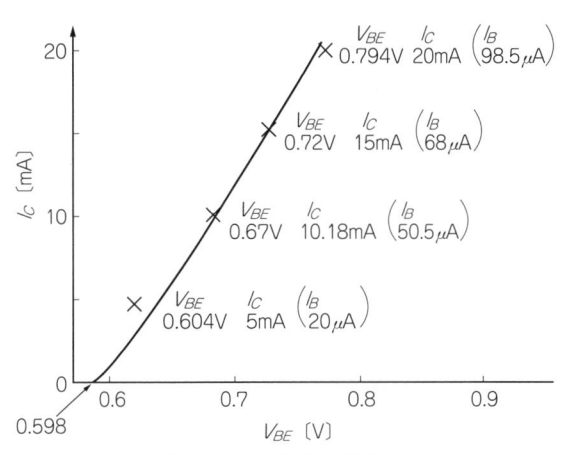

図9 2SC1815GRのI_C-V_{BE}特性（実測値）

表1 2SC1815（東芝）のh_{FE}ランク分け

ランク	h_{FE}
O（オレンジ）	70～140
Y（イエロー）	120～240
GR（グリーン）	200～400
BL（ブルー）	300～700

ムを回して，ベース電流を増加させていくと，それに伴ってコレクタ電流（mAオーダー）が増加します．さらに，ベース電流を増やしていくとLEDが点灯します．このように，ベース電流の変化により，LEDの点灯，消灯や若干ですが明るさをコントロールすることができます．

このことは，一定のベース電流を流しておいて，交流（高周波あるいは低周波）を入力すると，コレクタ側から大きな交流信号として取り出せるということです注1)．これがトランジスタによる増幅の原理です．

図9は実験結果のグラフです．これからわかることは，ベース-エミッタ間電圧V_{BE}が0.6V以上にならないと，ベース電流は流れないということです．ベース-エミッタ間はダイオードと考えてよいのですから，シリコン・ダイオードの順方向電圧と同じ0.6Vであることもうなずけます．

また，ベース電流I_BのμAオーダーの変化に応じて，コレクタ電流I_CがmAの単位で変化することもわかりました．ここで，コレクタ電流I_Cをベース電流I_Bで割った値が重要になります．この値を直流電流増幅率h_{FE}といいます．

直流電流増幅率h_{FE}について

ここで使った2SC1815のh_{FE}を計算してみると，10.18 mA ÷ 50.5 μA = 201.5という値になり，ベース電流I_Bの約200倍のコレクタ電流が流れるとい

うことです．2SC1815のパッケージをよく見ると，2SC1815の後に「GR」という記号があります．この「GR」が，トランジスタ固体のh_{FE}ランクです．

表1を見てください．2SC1815のh_{FE}は，O～BLまでの4段階に分けられています．通常の使い方ではどのランクのものでもほぼ同じように使えますが，GRランクが入手しやすいようです．

トランジスタ・スイッチについて

簡単な実験から，2SC1815GRのh_{FE}は200となりました．これをもとに**図10**をご覧ください．ベース電流はコレクタと共通な電源から供給されますが，抵抗を入れてベース電流が流れ過ぎないように制限しています．ベース電流I_Bを0.1 mA流したとき，h_{FE} 200×0.1 mAで20 mAのコレクタ

注1) エミッタ接地の場合，ベースから信号を入力，負荷を入れたコレクタから出力を取り出すと，交流信号は反転することに注意．

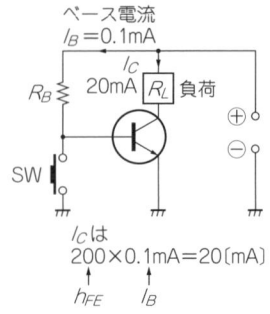

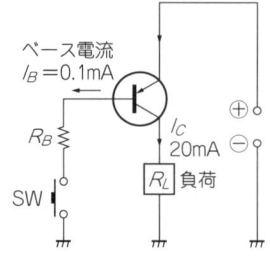

図10 2SC1815GRを使ったトランジスタ・スイッチ

図11 2SA1015GRを使ったトランジスタ・スイッチ

電流I_Cを負荷R_Lに流すことができます．図のようにスイッチを入れると，スイッチがONで，ベースがグラウンド電位になりベース電流は流れず，コレクタ電流もストップします．回路がOFFになったということです．小さなベース電流のON/OFF（変化）で，コレクタ電流のコントロールができます．このような使い方をトランジスタ・スイッチと言います．

図11はnpn型トランジスタ2SA1015GRによるトランジスタ・スイッチです．2SC1815の場合とは，電流の流れ方が逆になります．ベース電流I_Bはベース抵抗がグラウンドに落ちたときに流れ出し，と同時にコレクタ電流I_Cが負荷R_Lに流れます．SWをONにしたときだけ，負荷に電源が供給されます．

ここで注意しておきたいのですが，トランジスタを通過するとき，pnp型の2SA1015では0.1～0.3V，npn型の2SC1815では0.6V程度の電圧降下（V_{CE}）が起こります．これはpnp型のほうが少ないので，用途によってはpnp型が使われます．

バイアス電流と増幅級

トランジスタの増幅作用の基本は，小さなベース電流の変化を大きなコレクタ電流の変化にするということです．

ベース電流をどの程度，流すかによって増幅の仕方が変わります．ベース電流を流すことをバイアスとかバイアスをかけると言いますが，
① バイアス電流を常に流しておく
② バイアス電流が流れ始めるところ（$V_{BE}=0.6$ V）で動作させる
③ バイアス電流を流さない
というようにバイアス設定の仕方により，
① A級増幅，② B級増幅，③ C級増幅
と三つの異なる増幅動作に分けられます．

動作級とI_C-V_{BE}特性の関係

図8と**図9**で，ベース電流が流れない0.598V以下にベース抵抗を設定した場合がC級増幅です．ベース-エミッタ間電圧V_{BE}として，ベース電流が流れ始める0.6Vに設定したのがB級増幅になります．V_{BE}に対して，コレクタ電流が比例的に増加する点，例えば，コレクタ電流I_Cが10mA程度になるように，V_{BE}を0.67Vに設定する場合がA級増幅です．

ここで，B級の動作点よりもバイアス電流を軽く流したA級とB級の中間に動作点を設定したAB級増幅というのがあります．この動作級では，出力の下半分の波形が歪みますが，信号としては正常に聞こえるもので，信号がないときのコレクタ電流がA級に比べて少ないため効率がよく，SSB用電力アンプなどによく使われています．

信号を入力したときの増幅と動作点について，まとめたのが**図12**です．それぞれの用途としては，以下のようになります．

A級　……小信号増幅（AF，RF），RFリニア・アンプなど
AB級……SSB用アンプなどの電力増幅回路に
B級　……低周波，高周波の電力増幅（プッシュプル動作）に利用される
C級　……高周波のCW，AM，FM，逓倍器など

小信号増幅回路

さて，次は電子回路でよく使われる，小信号増

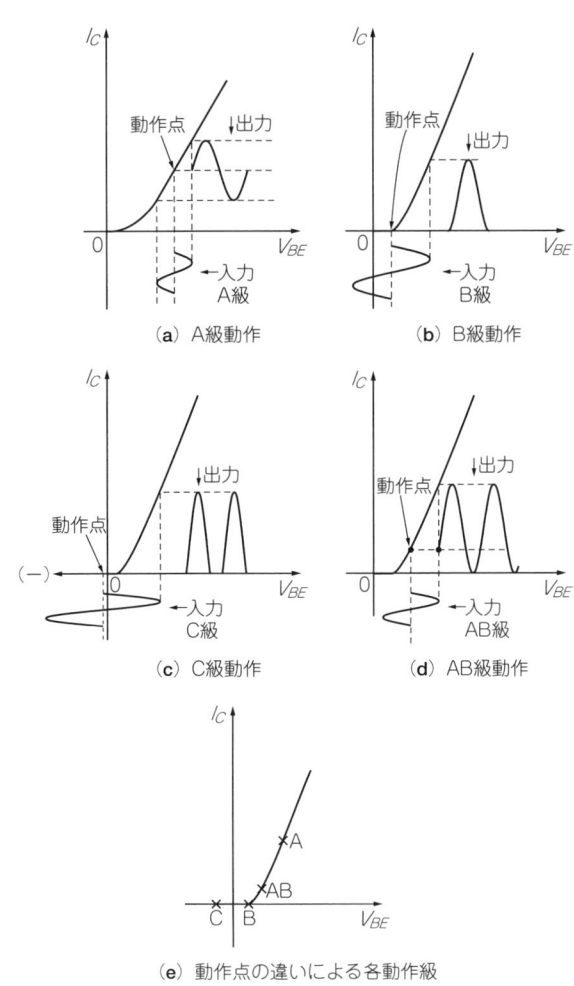

(a) A級動作
(b) B級動作
(c) C級動作
(d) AB級動作
(e) 動作点の違いによる各動作級

図12 トランジスタの動作級

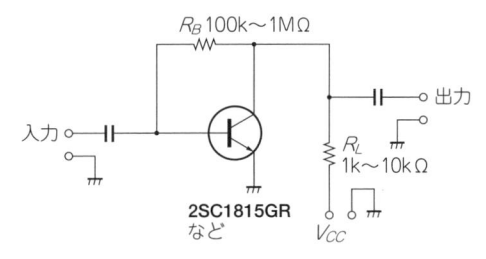

図13 自己バイアス回路

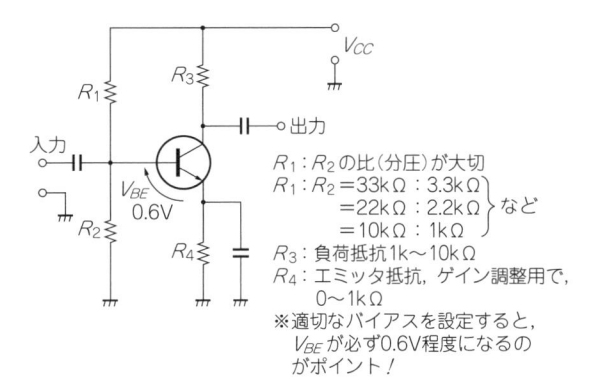

R_B 100k～1MΩ
2SC1815GR など
R_L 1k～10kΩ

図14 電流帰還バイアス回路

$R_1:R_2$の比（分圧）が大切
$R_1:R_2 = 33\text{k}\Omega:3.3\text{k}\Omega$
　　　　$= 22\text{k}\Omega:2.2\text{k}\Omega$ など
　　　　$= 10\text{k}\Omega:1\text{k}\Omega$
R_3：負荷抵抗 1k～10kΩ
R_4：エミッタ抵抗，ゲイン調整用で，0～1kΩ
※適切なバイアスを設定すると，V_{BE}が必ず0.6V程度になるのがポイント！

幅回路のA級動作について説明します．低周波から高周波の小信号を幅広く増幅する回路です．バイアス電流を流して，A級動作になるように決めなければなりません．ベース-エミッタ間電圧V_{BE}はおよそ0.6～0.8Vとなります．コレクタ-エミッタ間電圧V_{CE}が，電源電圧の1/2程度になるように設定します．

図13は自己バイアス回路で，マイク・アンプや低周波のゲインがちょっと足りないときによく使われます．アマチュア的にはベース抵抗R_Bは100k～1MΩ，コレクタ抵抗R_Cは1k～10kΩくらいに選べばOKです．

図14は，電流帰還バイアス回路です．R_1とR_2の組み合わせにより，ベース電圧がエミッタ電圧より0.6～0.8V高くなるように設定します．入力インピーダンスなども関係しますが，$R_1=33\text{k}\Omega$，$R_2=3.3\text{k}\Omega$でよいでしょう．ここは，電源電圧に対して，ベース電圧を求める比ですから，22kΩ：2.2kΩや10kΩ：1kΩでもOKです．負荷抵抗は自己バイアスと同じように1k～10kΩでよいでしょう．

エミッタ抵抗R_4は全体のゲイン調整用といったところで，0Ω～1kΩの間で決めます．このR_4が小さいほど，全体のゲインが得られます．

以上，二つの回路はトランジスタ増幅の基本の回路です．通常の増幅回路では，バイアス抵抗，コレクタに入る負荷抵抗は，紹介したような定数でほとんどの回路が構成されています．ベース電圧（バイアス）を決める抵抗値，コレクタ負荷抵抗など丸ごと回路を覚えておくと，電子回路の理解がはやまります．

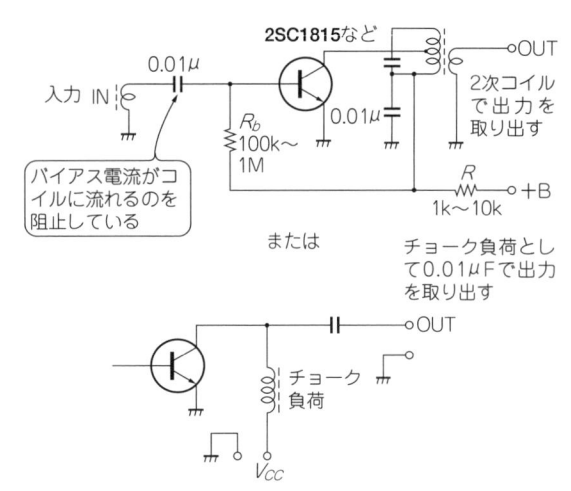

図15 自己バイアス回路による高周波増幅

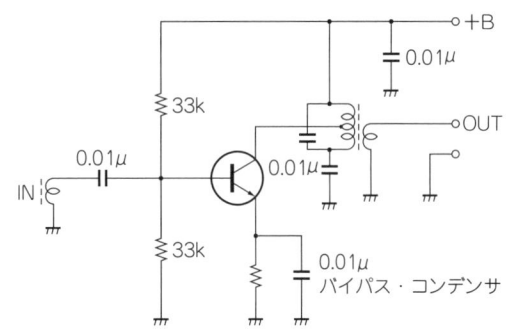

図16 電流帰還バイアス回路による高周波増幅

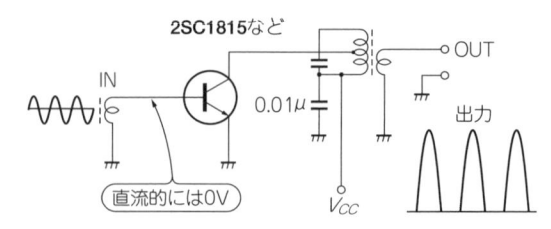

図17 C級増幅回路の動作

高周波増幅回路

　高周波増幅回路でも，同様にこれらの応用ができます．低周波では抵抗負荷ですが，高周波では共振回路やコイルが負荷になることがあります．

　図15，**図16**に示すように，入力回路，コレクタ負荷がコイルになります．実際に出力として取り出すときは，トランスとして2次側から取り出したり，チョーク・コイルを負荷として0.01μFのコンデンサを介し，直流分をカットして，高周波信号成分のみを出力として取り出します．

　A級増幅はバイアスの設定で，コレクタ電流を常時，流して動作させますが，高周波電力増幅などでは無負荷のときのコレクタ電流をアイドリング電流とも言います．

　たとえば高周波送信機の電力増幅回路では，ベース電流を一定にするための工夫などで回路が複雑になりますが，小信号増幅でも大電力増幅でも，バイアスがその回路の動作を決めていることでは，変わりありません．

C級増幅回路の動作を見る

　図17にC級増幅の回路を示します．**図15**，**図16**のA級動作とは違って，入力はトランジスタのベースにコイルが直接つながれています．直流的にはベースはグラウンド電位と同じですから0Vで，ベース電流は流れません．

　高周波信号が入力されて，コイル両端に0.6Vを越えた信号が現れてベース電流が流れ始めると，コレクタ電流が流れて増幅動作を行います．しかし，**図12(a)**のように出力波形が歪みますが，変調波の含まれないキャリアだけの増幅には，信号が入力されたときにだけ動作をするので，効率の良い増幅回路です．

　CW送信機や高調波成分を取り出すための逓倍回路，FM，AMのファイナル(変調前)に用いられます．高周波でよく使われるA級とC級動作について説明しましたが，AB級はA級と同じ回路で，ベース電流を少なめに設定します．なお，B級の回路については触れませんが，半分の波形しか出力に表れないので，反対側波形のために同じ増幅回路を設けて，最後に波形を合成するプッシュプル回路に使われることだけは知っておいてください．

1-6 真空管に似た動作が特徴
電界効果トランジスタ（FET）

バイポーラ・トランジスタが入力電流を増幅する素子だとすれば，この電界効果トランジスタ（FET）は入力電圧によって増幅作用を行う半導体素子と言えます．

図1は半導体に電極を付けて，電圧をかけて電流を流した状態を示します．このような電流の通路部分にあたる半導体をチャネルといい，N型半導体でできているものをNチャネル，P型半導体ならばPチャネルといいます．

図2は電界効果トランジスタ，いわゆるFETの原理を表したものです．チャネルにコントロール用の電極を付けた構造になっています．電極はNチャネルではP型半導体を，PチャネルにはN型半導体を接合した構造になっており，このタイプを接合型FET（J-FET）と呼んでいます．

チャネルの＋電極をドレイン（D），－電極をソース（S），チャネル・コントロール用の電極をゲート（G）と言います．それぞれはトランジスタのコレクタ，エミッタ，ベースに相当します．

Nチャネル接合型FETのドレイン（D），ソース（S）に電圧をかけると，図3の方向に電流が流れますが，P型半導体が接合されたゲートに－電圧をかけると，正孔がゲート（G）の電極に引き寄せられるために空乏層ができて，そのため電流の流れる道が狭められて流れが悪くなります．反対にゲート電圧が0V電位に近づく（＋電位方向へ）とチャネルの通路が広くなり，大きな電流が流れるようになります．このときゲートから交流信号を入力すると，その変化がドレイン電流I_Dの変化として現れます．これが，FETによる増幅の原理です．

図4をご覧ください．チャネルに薄い酸化亜鉛層の上に，コントロール用の電極，ゲート（G）をのせた構造のFETをMOS型FET（Metal Oxide Semiconductor FET＝絶縁ゲート型FET）と呼んでいます．動作原理は接合型FETと同じですが，PN接合部がなく，チャネルとゲートが絶縁されているために，接合型より大きな電力を扱うこと

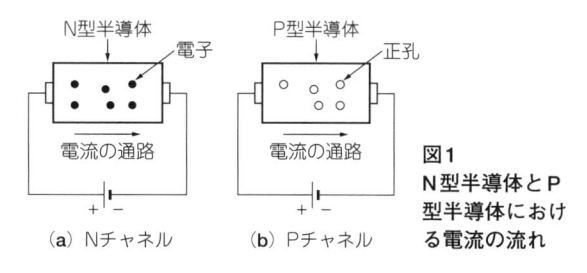

図1 N型半導体とP型半導体における電流の流れ
(a) Nチャネル
(b) Pチャネル

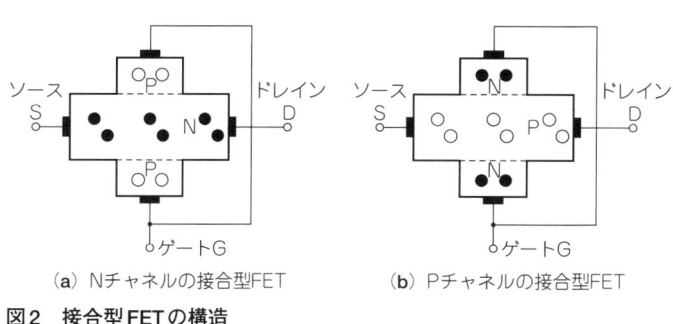

図2 接合型FETの構造
(a) Nチャネルの接合型FET
(b) Pチャネルの接合型FET

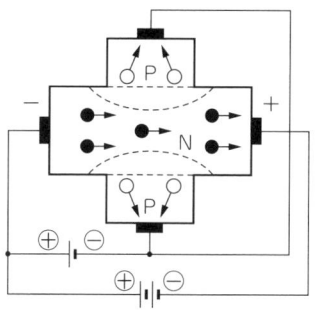

図3 J-FET（Nチャネル）の動作原理

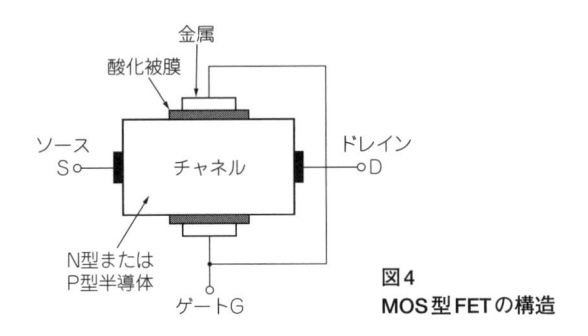

図4 MOS型FETの構造

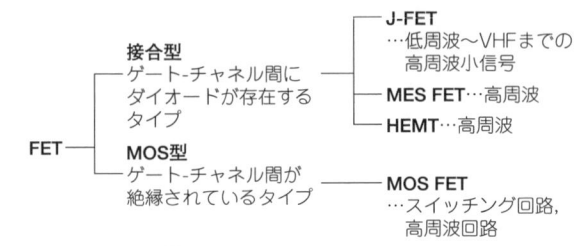

図5 FETの分類

図6 FETの名称と読み方（EIAJによる分類）

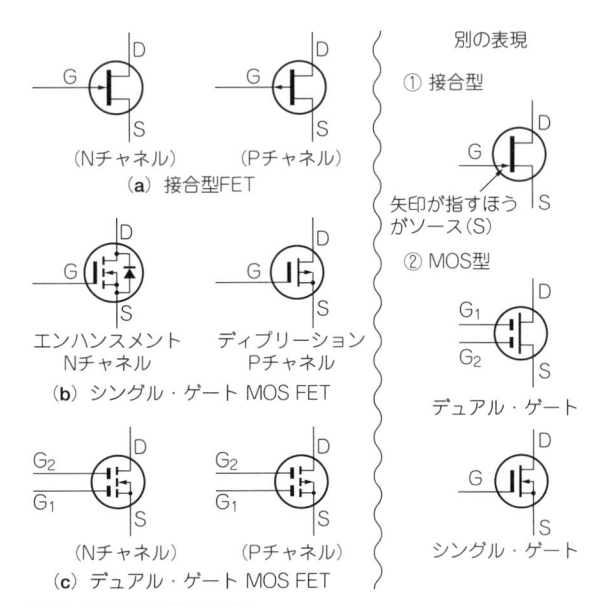

ができます．また，接合型よりもゲートから他電極へ電流が流れにくいため，入力インピーダンスが高いという特徴もあります．

大電力用のMOS FETはパワーMOS FETと呼ばれていて，スイッチング電源やDC-DCコンバータなどに使われています．また，小電力用では多くの高周波増幅回路で使われています．ただし，静電気に弱い面があり，扱いには注意が必要です．

FETの種類と型番

FETを大別すると，接合型とMOS型に分けられます．接合型では，一般的な接合型のほかにショットキー型や高電子移動度型があり，UHFやSHFなどの非常に高い周波数で使われるものもあります（図5）．FETには実に多くの種類がありますが，それぞれのFETには型番が付けられています（図6）．

EIAJ（日本電子機械工業会）によるFETの名称として，大別すると「2S」と「3S」があります．2Sはゲートが一つでシングル・ゲート，3Sはゲートが二つあるデュアル・ゲートFETです．

3項目は「J」あるいは「K」と続きます．「J」はPチャネル，「K」はNチャネルを表し，その後に数字の一連番号が付けられます．数字の後に改良されたことを示す記号が付くこともあります．また，後述しますが，FETの重要なパラメータであるI_{DSS}を表した記号を付ける場合もあります．

図7にFETの回路図記号を示します．回路図中では名称を記入することで，Nチャネル，Pチャ

図7 FETの回路図記号

ネルの区別はわかるので，FETとして簡単に表示されることもあります．

FETの使い分け

2Sタイプ…小信号増幅（低周波，高周波）用途，Nチャネル接合型，MOS型

3Sタイプ…ゲートを二つ持つデュアル・ゲートFETで，主に高周波増幅に適している．ほとん

写真1 電子回路の自作でよく使われるFET
左から，2SK30（J-FET）は低周波用，2SK125（J-FET），2SK192（J-FET），2SK241（MOS型カスケード）の三つは高周波用

図8 2SK241GRのゲート-ソース間電圧 V_{GS}-ドレイン電流 I_D の関係を調べる

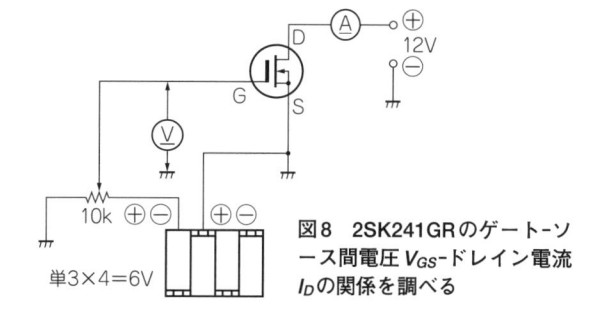

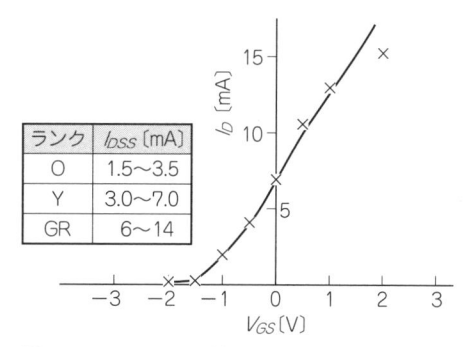

ランク	I_{DSS} [mA]
O	1.5〜3.5
Y	3.0〜7.0
GR	6〜14

図9 2SK241GRのゲート-ソース間電圧 V_{GS}-ドレイン電流 I_D の関係

どがMOS型である．ミキサやAGC用などとして使われる．種類は少ない．

パワーFET…NチャネルとPチャネルのコンプリメンタリ増幅用．MOS型では，高電圧のスイッチング電源などに使われる．

写真1は，高周波小信号回路でよく使われるFETです．その中でも，MOS型FET（内部がカスケード接続である2SK241は，高周波回路の万能選手といったところです．

FETの特性を取ってみよう

高周波増幅の定番である2SK241を使って，簡単な実験をしてみましょう！　図8のように，ゲート-ソース間電圧 V_{GS} を変化させたときのドレイン電流 I_D のデータをとります．ゲート-ソース間電圧 V_{GS} は，乾電池4本直列を使って＋，－を入れ替えられるようにします．そして－2.0〜＋2.0V程度までボリュームで V_{GS} 電圧を変えて，そのときのドレイン電流 I_D を読みます．その結果を図9に示します．およそ V_{GS} が－1.5V程度からドレイン電流が流れ始めて，＋2V程度になるとドレイン電流は約15mA，ゲート電圧に対して，ほぼ比例してドレイン電流が増加していることがわかります．

ここで，V_{GS} 電圧が0Vにしたときのドレイン電流は約7.2mAほどです．このように，ゲートとソースを0Vにしたときのドレイン電流をドレインしゃ断電流＝I_{DSS} と呼び，FETの特性を表すパラメータとして利用されています．I_{DSS} は同じ2SK241でも多少，個体差があります．

2SK241のように，ゲート電圧が－電位から＋電位をまたぐようにドレイン電流が流れるFETをディプリーション・タイプといいます．また，ゲート電圧が＋の一定以上の電圧がかかるとドレイン電流が流れるFETを，エンハンスメント・タイプとして区別することもあります（図10）．ちなみに，接合型FET（J-FET）では，V_{GS} が－電位〜0Vのときにだけ I_D が流れ，I_{DSS} がそのFETが流せる最大のドレイン電流となります．

バイポーラ・トランジスタとFETとの違い

2SC1815や2SA1015などのバイポーラ・トランジスタは，入力信号の電流が増幅されて出力電流が得られる電流増幅素子です．ところがFETは，入力信号の電圧が増幅されて出力電力になる電圧増幅素子です．言い換えると，トランジスタではベース電流でコレクタ電流をコントロールして，FETではゲート電圧でドレイン電流をコントロー

ディプリーション・タイプ …… ゲート電圧が＋－電位をまたぐ
ようにドレイン電流が流れる
エンハンスメント・タイプ …… ＋のゲート電圧をかけないと
ドレイン電流が流れない

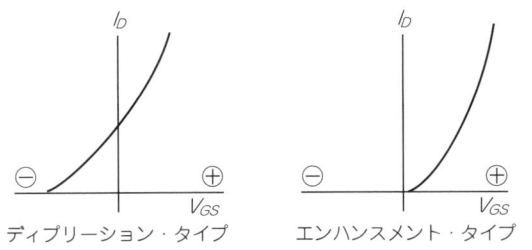

図10 ゲート-ソース間電圧 V_{GS}-ドレイン電流 I_D の関係によるFETの分類

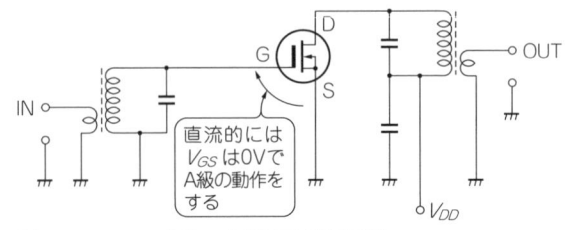

図11 2SK241を使った高周波増幅回路

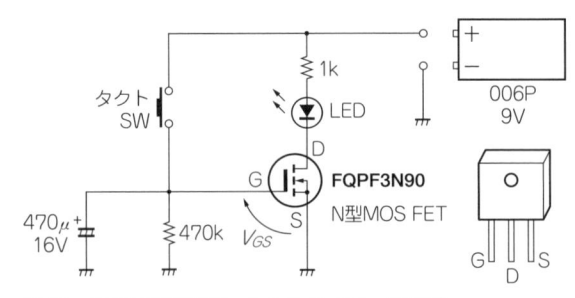

直流的には V_{GS} は０Ｖで A級の動作をする

図12 MOS FETを使った3分タイマーの回路

写真2
エンハンスメント・タイプのNチャネルMOS FET，FQPF3N90
$V_{DS(max)}=900\,V$ という高電圧を扱うことができる．$I_{D(max)}=2.1\,A$ で，飽和したときのドレイン・ソース間のオン抵抗 $R_{DS(ON)}=4.5\,\Omega$（@$V_{GS}=10\,V$）

ルします．FETはバイポーラ・トランジスタに比べて，① 入力インピーダンスが高い ② 電流雑音が低い ③ スイッチングのスピードが速い ④ 利得はトランジスタより少ないが出力の直線性が良い，などの特徴があります．このような利点から，高周波増幅回路や，大電流を扱う直流電源系では，欠かせない存在になっています．

FETの増幅級について

トランジスタでは，A，B，AB，C級の各増幅級が動作点の違いにより分けられましたが，FETでも同じように V_{GS}-I_D 曲線上で，ゲート-ソース間電圧 V_{GS} の設定により，A～C級の増幅動作級が決まってきます．

図11は，2SK241を使った高周波増幅回路です．図9のように，ゲート電圧０Ｖは，ドレイン電流が流れてA級の動作点上にありますから，特にバイアス回路をおかなくとも，入力側や出力側の負荷として共振回路を入れるだけで，高周波増幅回路にすることができます．小信号の高周波増幅は，FETの得意とするところです．

パワーMOSで作る3分タイマー

図12の回路をご覧ください．タイマーSWを押すと，ゲート電圧が９Ｖになりドレイン電流が流れて，直列に接続されている発光ダイオードが点灯します．ここで注目したいのは，ゲートに接続されている 470 μF のコンデンサ C と 470 kΩ の抵抗 R の働きです．SWを押して V_{GS} が９Ｖになると同時に，470 μF のコンデンサに電流が流れ込み電荷が蓄えられます．スイッチを切ると，コンデンサに蓄えられた電荷が並列につながっている 470 kΩ の抵抗を介して放電され，ゲート電圧が下がります．V_{GS} が４Ｖを切ったとき，ドレイン電流はゼロとなりLEDは消えます．

コンデンサの容量と抵抗の値（時定数）で，FETの動作時間が決まります．470 μF と 470 kΩ の組み合わせで V_{DD} が９Ｖの場合，ちょうど3分後にLEDが暗くなり始めて，約3分30秒後に消灯しました．

第2章　ラジオ製作に必要な測定器と，手作りする高周波用ツール

～電子工作やラジオ作りに活躍するアイテム～

　どこのご家庭にも，テスタは常備されていると思います．電池の消耗度を測ったり，クルマのバッテリ電圧をチェックしたりと活躍していると思います．

　ラジオ作りや電子工作でも，このテスタは必須の測定器であり，できればアナログ式テスタとデジタル式テスタの2台はそろえておきたいところです．それに，ラジオや無線機器という電波を相手にする電子工作では，テスタ以外にもどうしても必要な測定器というものが出てきます．

　肉眼で直接観察することができない電波を，メータの振れやデジタルな値として読み取るための機器が必要になります．たとえば，基準となる電波を発信する装置，信号の周波数を知るための機器，共振周波数を知るための装置など，ラジオ作りや高周波装置を扱ううえで必要な機器を本章では紹介します．

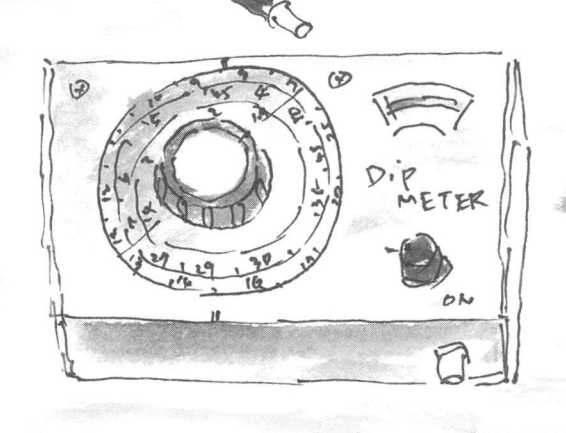

2-1 これだけは揃えたい 電子工作とラジオ作りのための測定器

高周波を扱う電子工作では，直流をはじめとして，高周波・低周波の信号を確認するための測定器が必要です．ここでは，ラジオの製作や調整に必要な測定器について説明します．

アナログ・テスタ

電子工作を始めるにあたって最初に手に入れる測定器はテスタでしょう．アナログ・テスタ(**写真1**)は，表示がアナログ・メータ式なので数値を目で確かめながら測定するときにとても便利です．

電子回路が正常に働いているかどうかは，まず，**図1**のように回路電流を測るのが基本です．

テスタの電流を測定しながら電源を入れたとき，過大な電流が流れる場合は，すぐに電源を切ることができます．こんなときは，どこかでショートしたり抵抗値の誤りがないか回路をよく見直します．また，反対に電流が少ないときは，はんだ付け不良などが考えられます．

このようにアナログ・テスタは，回路電流の測定に適します．また，抵抗値の測定や導通を見るのにとても便利です．

デジタル・テスタ

デジタル・テスタには，電圧・電流のほかに容量や周波数カウンタなど，さまざまな測定ができるものまであります．

デジタル・テスタで便利な点は，電圧・電流の値が細かく読めるところです．小数点以下の電圧や μA クラスの小電流の測定には，デジタル・テスタが適しています．

筆者は，秋月電子通商で販売されているP-16というデジタル・テスタ(**写真2**)を使っています．これは，電圧・電流計のほかに周波数カウンタ機能を持っています．60 MHzまでの測定が可能で，周波数を測定するときにとても重宝しています．

RFプローブ

高周波信号を見る測定器として欠かせないのが，

写真1 アナログ・テスタ

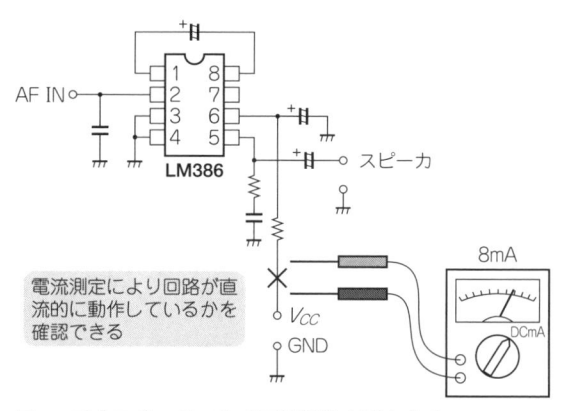

図1 アナログ・テスタで直流電流を測定する

電流測定により回路が直流的に動作しているかを確認できる

RFプローブ(**写真3**)です．**図2**に示すように，ダイオード検波を利用して，高周波電圧の有無や信号の大小を比較するのに便利な測定器です．

発振回路を作った場合，発振しているかどうかをRFプローブで調べることができます．簡単に製作できるので，お持ちでない方はぜひ作ってみてください．

パワー計

パワー計は，RFプローブと同じようにダイオードの検波作用を利用して送信機の出力を測る測定器です．**図3**のような回路で，50Ωのダミーロードの両端に現れた高周波電圧を検波してメータを振らせます．

自作する場合，トランシーバの出力表示を頼りにメータのフルスケールを設定しておけば，おおよそのパワーを知ることができます．

送信機の最大出力の調節など，相対的なパワー調整はできますが，やはり，送信出力は正確に測りたいものです．そのためには，校正をしてメータに目盛りを付けなければなりません．ここは，キットを利用したほうが手っ取り早いでしょう．

そこで，FCZ研究所[注1]のキットのパワー計(**写真4**)を利用するのがよいでしょう．送信機やトランシーバの自作をするときにとても重宝しますから，そろえておきたい測定器です．

HFトランシーバ(BCLラジオ)

多くのHFトランシーバはゼネラルカバレッジ受信が可能です．この機能は電子工作にもとても便利に使うことができます．発振回路を作ったときの信号を受信して周波数を確認したり，変調音をモニタしたりと，幅広く活用できます．

また，Sメータで発振出力を最大にするなどの

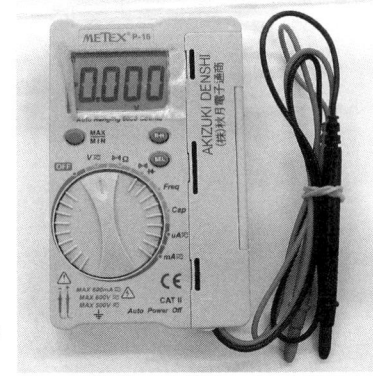

写真2 デジタル・テスタ P-16

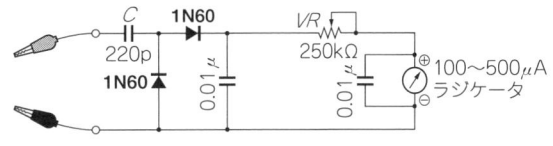

図2 RFプローブの回路

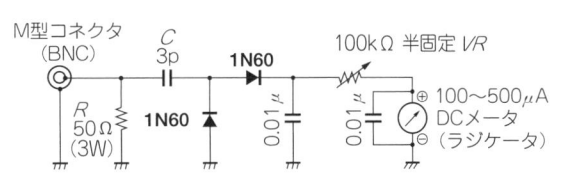

図3 パワー計の回路

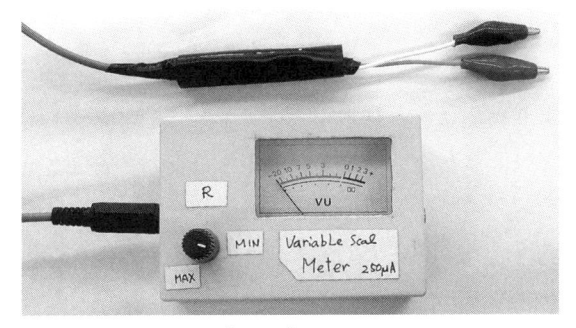

写真3 自作したRFプローブ

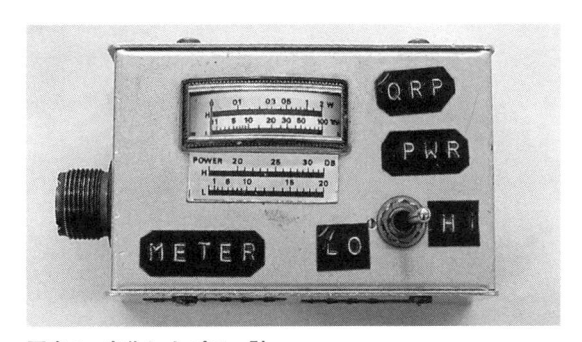

写真4 自作したパワー計

注1) FCZ研究所が扱っていたパーツやキットなどの一部は現在，キャリブレーションが販売を行っている．
キャリブレーション 〒533-0013 大阪市東淀川区豊里6-21-11
電話06-6326-5564，FAX 06-6325-0330 http://calibration.skr.jp/

調整もできます．HFトランシーバは，測定器としても十分に利用価値があります．もし，HFトランシーバがない場合には，BCLラジオで代用することもできます．

最近は，中国製の高性能なBCLラジオが安価に入手できるようになりました．500 kHzから30 MHzまでカバーして，周波数がデジタル表示でSSBやCWの受信も可能なものがあります．

再生式中波ラジオやオートダインの製作のときに，再生を強くかけてHFトランシーバやBCLラジオでビートを取って受信周波数を調べる方法は，本書の中にも登場します．筆者の工作机は煩雑なのでいざ，周波数を確認という場合にBCLラジオの出番です．BCLラジオは場所を選ばずにどこでも置けるのでとても重宝しています．

短波ラジオは，ソニー製や中国製など，たくさんの機種が市販されています．BCLラジオを選ぶときは，デジタル表示でCW，SSBが検波できるものを必ず選んでください．筆者の使っているラジオは，中国製のDEGEN DE1103愛好者3号（**写真5**）という機種です．高感度で，価格も1万円程度とお手ごろです．

写真5　筆者愛用のBCLラジオ，DE1103

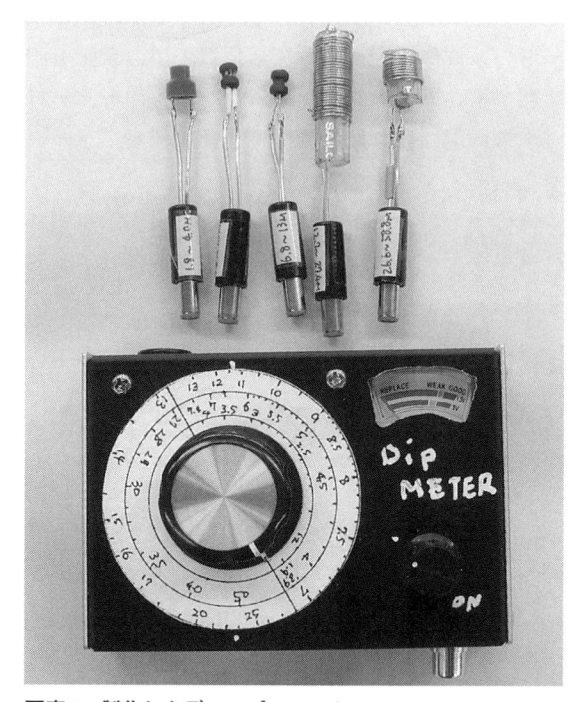

写真6　製作したディップ・メータ

ディップ・メータ

ディップ・メータは，同調周波数を調べたり，発振を利用して受信機の調整をしたりするときにとても便利な測定器です（**写真6**）．

① 同調周波数を測る

コイルとコンデンサで同調する周波数を調べることができます．図4（a）のようにちょうどコンデンサとコイルの足の間にディップ・メータのコイルを差し込んで，ディップ（ピクンと一瞬，メータの振れが下がる）するところが同調周波数と見ます．結合度が浅いほど正確な値になりますが，おおよその目安と考えたほうがよいでしょう．

② アンテナの共振周波数を調べる（調整）

ダイポール・アンテナのエレメントの長さを決めるときに，図4（b）のように給電点にワンターンを作り，ディップ・メータでディップ点を探すと共振周波数がわかります．また，短縮アンテナでは，エレメントとラジアルをつないで延長コイルにディップ・メータを近づけて共振周波数を探すこともできます．しかし，ディップ点がわかりにくい場合があり，多少，慣れが必要です．

アンテナを調整する場合，ディップ・メータで共振周波数を目的の波長よりも低めになるように

(a) 同調周波数を調べる

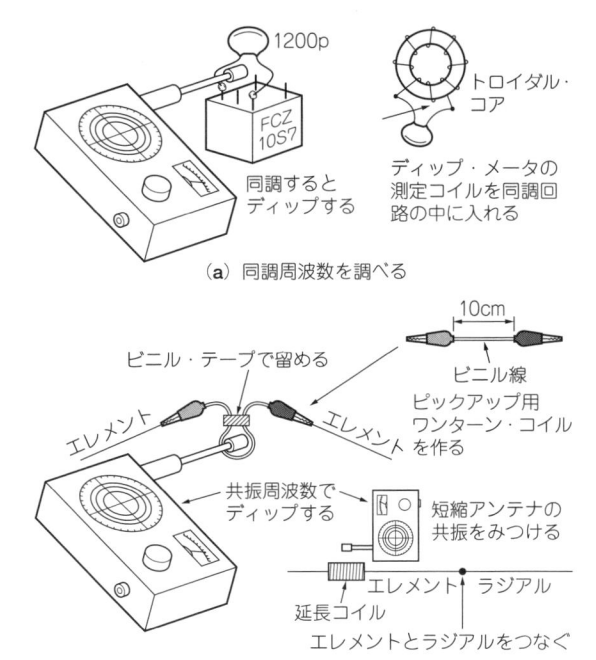

1200p
FCZ 10S7
同調するとディップする
トロイダル・コア
ディップ・メータの測定コイルを同調回路の中に入れる

(b) アンテナ・エレメントの共振周波数を調べる

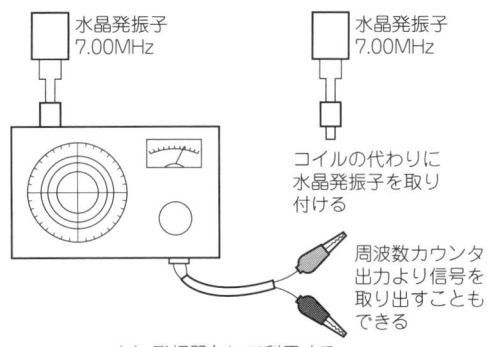

ビニル・テープで留める
10cm
ビニル線
ピックアップ用ワンターン・コイルを作る
エレメント
共振周波数でディップする
短縮アンテナの共振をみつける
延長コイル
エレメント ラジアル
エレメントとラジアルをつなぐ

(c) 発振器として利用する

水晶発振子 7.00MHz
水晶発振子 7.00MHz
コイルの代わりに水晶発振子を取り付ける
周波数カウンタ出力より信号を取り出すこともできる

図4 ディップ・メータの使い方と応用

写真7 キットを利用して筆者が自作した周波数カウンタ

ウンタ出力から信号が取り出せるので，その信号を利用して高周波回路の調整などに利用することもできます．

周波数カウンタ

発振周波数の確認は，RFプローブとBCLラジオでも30MHzまでの確認をすることができます．また，デジタル・テスタP-16では，10kHzの桁までしか読めませんが，60MHzまでの周波数カウンタがあるので，最初はなくとも大丈夫です．

もし，欲しくなったら，組み立てキットもあるので，利用してもよいでしょう（写真7）．

電子回路をうまく働かせるコツ

テスタ（アナログ，デジタル），RFプローブ，パワー計やディップ・メータなど，簡単な測定器があれば，送信機や受信機などの多くの高周波回路の製作はできるのです．

回路を組み立てたが動かないという場合には，回路電流（直流）の測定が基本です．直流的な動作が確認できたら，RFプローブやBCLラジオを頼りに調整していきます．もし，電流値に異常があったなら，まず，基板をしっかりと目で確かめるということが基本です．動作しない多くのトラブルは，はんだ付け不良や抵抗，コンデンサの取り付けミスがほとんどです．基板を目で見て，手で触って確認することがとても大切です．

エレメント長を決めて，あとはSWRメータでバンド内に追い込むのがよいでしょう．

③ ディップ・メータの発振の利用

ディップ・メータは発振器ですから，その発振を信号源として受信機の調整をすることができます．

図4（c）のように，コイルの代わりに水晶発振子をプラグに取り付けることで，安定した発振器としても利用することができます．また，周波数カ

2-2 テスタに付加して高周波を見る
RFプローブの製作

ゲルマニウム・ダイオードによる検波器の応用として，RFプローブを製作します．テスタでは直接，測定できない高周波信号を見るための必携ツールです．
自作の発振回路が発振しているかの確認や，電界強度計／オンエア・モニタなどとしても利用できます．

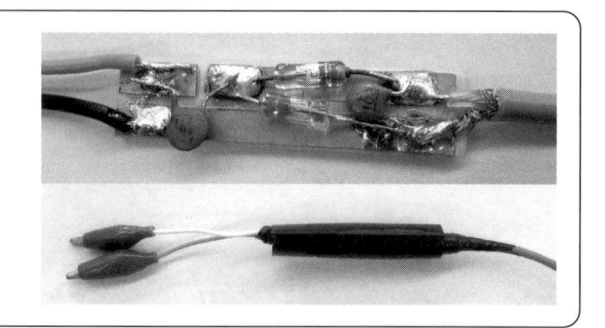

図1に直線検波の原理を示します．ゲルマニウム・ダイオードに順方向の電圧をかけると，V_Fが0.3V付近から電流が流れ始めます．そして，その後は入力電圧と出力電流が直線的な関係で増加していきます．

この直線部分になるような電圧のAM波を加えると，入力電圧に比例した出力電流が取り出されます．これが検波の原理です．図1にあるように電圧-電流の関係が直線部分を利用した検波なので，ダイオードによる検波を直線検波と言います．入力電圧がごく小さいとき，すなわち$V_F = 0.3$V付近の立ち上がり部分ではひずみを生じますが，比較的大きい電圧ではひずみが少なく，とてもきれいな信号を取り出すことができます．しかし，大きな入力電圧が必要なために感度はあまり良いとはいえません．このゲルマニウム・ダイオードによる直線検波という方式は，ひずみが少ないのでラジオだけではなくて，高周波信号の検出回路として測定器などにも応用することができます．

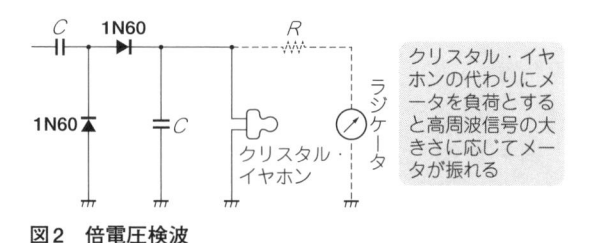

高周波検出器（RFプローブ）の回路

図2は，ゲルマニウム・ダイオードの倍電圧検波回路です．出力負荷にラジオではクリスタル・イヤホンを接続しますが，メータを接続すると，高周波信号の大きさをメータの振れとして表示させることができます．このように高周波信号を検出する測定器をRFプローブと呼んでいます．

図1 直線検波の原理

図2 倍電圧検波

クリスタル・イヤホンの代わりにメータを負荷とすると高周波信号の大きさに応じてメータが振れる

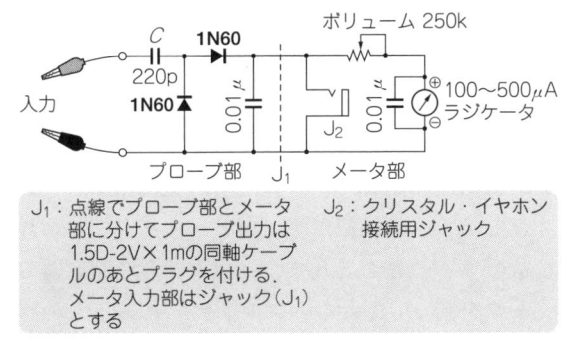

図3 RFプローブの回路

図3はRFプローブの回路です．入力側から見て点線より手前は高周波を検波するプローブ部です．入力直後に入っているコンデンサCの220 pFは，プローブに流れる高周波電流を制限すると同時に，測定する回路に直流がかかることもあるので，それをカットする役目もしています．

この220 pFという値は中波や短波帯において高周波信号を制限することなく，比較的小さな発振信号でもメータが振れるような容量です．検波出力は250 kΩのボリュームを直列に入れて，メータの感度調節をしています．

メータの⊕，⊖と並列に入っている0.01 μFのコンデンサは高周波的にこの間をショートして，高周波によるメータの誤動作を防止する役目をします．なお，ジャックJ_2にクリスタル・イヤホンをつなぐとAM波のモニタ用として使うことができます．

RFプローブの作り方

点線の部分で，プローブ部とメータ部に分けて作ります．測定しながら手元でメータを見ることができるので，とても便利です．また，メータ部は単独で使えば直流電圧の測定もできるので，プローブとは別に万能メータとしても使うことができます．

RFプローブとメータ間は，1.5D-2Vの同軸ケーブルで1mほど離してφ3.5mmのイヤホン・プラ

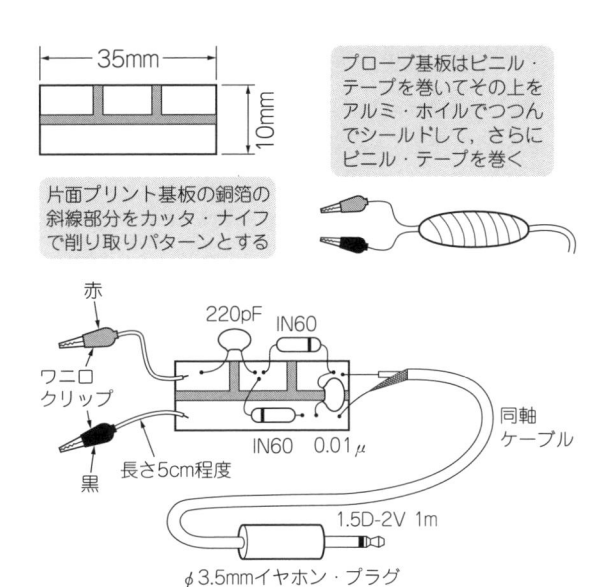

図4 RFプローブの作り方

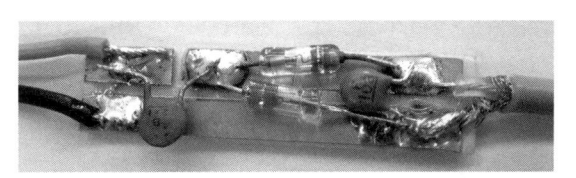

写真1 部品点数は少ないので，長細い小さな基板でOK

写真2 基板に絶縁とシールドを施したあと，熱収縮チューブを被せて完成

グ，イヤホン・ジャックでコネクトしています．同軸ケーブルを使うことで，メータ部に高周波が回り込まないようにしています．

① プローブ部

インピーダンスの高い高周波信号は，周囲の影響を受け易いので，なるべく小さく配線も短くします．検出部は図4にあるように10×35mmのプリント基板の銅箔面を削り取ってコンデンサ，ダイオードをはんだ付けします（**写真1**）．基板ごとアルミ・パイプなどに入れてシールドをするとよ

2-2 RFプローブの製作　43

いのですが，簡単に基板の上からビニル・テープを巻いて絶縁して，その上からアルミ・ホイルで包んでシールドとして，さらにビニル・テープを巻いて固定します．

このままでは形が悪いので熱収縮チューブなどをかぶせるとよいでしょう．ピックアップ部は，ワニ口クリップで基板まで5cmほどの長さにします(**写真2**)．測定箇所をワニ口クリップで挟んでおけるのでとても便利です．基板の出力部は1.5D-2Vの同軸ケーブル1mの後にφ3.5mmのイヤホン・プラグをはんだ付けします．

② **メータ部**

メータにはラジケータといわれる$100〜500\mu A$の直流電流計を使います．最近，ラジケータの入手が難しくなってきました．筆者は手持ちにあった$250\mu A$のもの(**写真3**)を使いましたが，100円ショップで210円で売られているボタン電池測定器に使われているメータ(**写真4**)などを使ってもよいでしょう．

メータ感度は**図5**のようにして測定します．なお，測定時開始時，ボリュームの抵抗値は必ず最大にします．抵抗値が小さいとメータが振り切れて故障することがあります．ボタン電池測定器のメータを測ってみたら，フルスケール$500\mu A$の感度でした．

メータ部は，**図6**のようにタカチ製の小さなプラスチック・ケースに組み込みました(**写真5**)．

使い方

RFプローブは，発振の確認など高周波信号のものさしとしてとても便利な測定器です．いろいろな使い方を**図7**にまとめてみました．

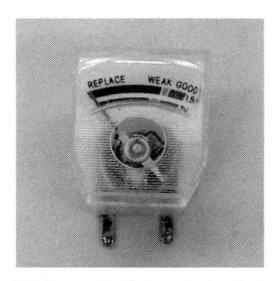

写真3 ラジケータと呼ばれる小型の直流電流計
一般的にはフルスケールが$250〜500\mu A$のものが多い

写真4 100円ショップで売られていた電池チェッカー
これに使われているメータも簡易ラジケータ．これを利用するのがもっとも安上がりだ

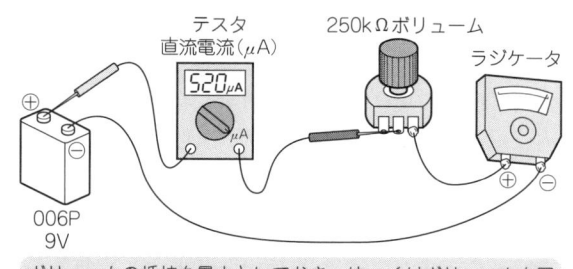

図5 ラジケータの感度測定
ボリュームの抵抗を最大としておき，ゆっくりボリュームを回しながら，メータを振らせて，フルスケールになったときのテスタの電流値(μA)がラジケータの感度

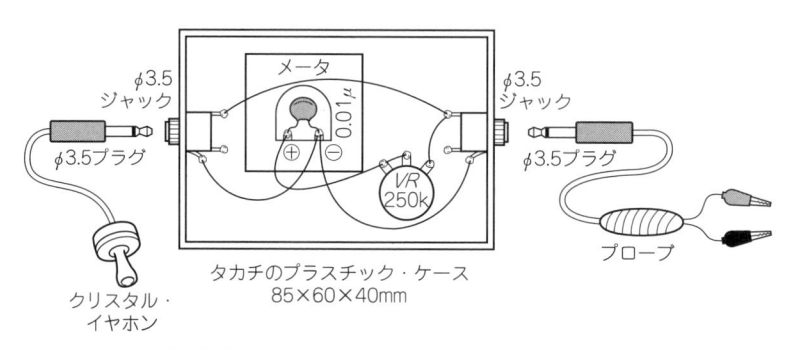

図6 ケース内部の配線

① 電子回路の発振の確認と調整

基本的な使い方は，発振回路での発振を確認することになります．これから，手作りラジオや送信機などで，高周波の電子工作を楽しみたいという方にはなくてはならない測定器です．

② ゲルマニウム・ラジオとして使う

同調回路をワニ口クリップで挟むと，ゲルマニウム・ラジオになります．手元にある中波用ループ・アンテナをつないでバリコンを回すと，メータが振れるところがあります．イヤホンをつなぐとNHK第2放送がきれいに聞こえてきました．なお，イヤホンを使う場合はメータ感度が最小のところで聞きます．

③ 電界強度計として使う

RFプローブはゲルマニウム・ラジオでもありました．感度は低いので，放送波の電界強度を測

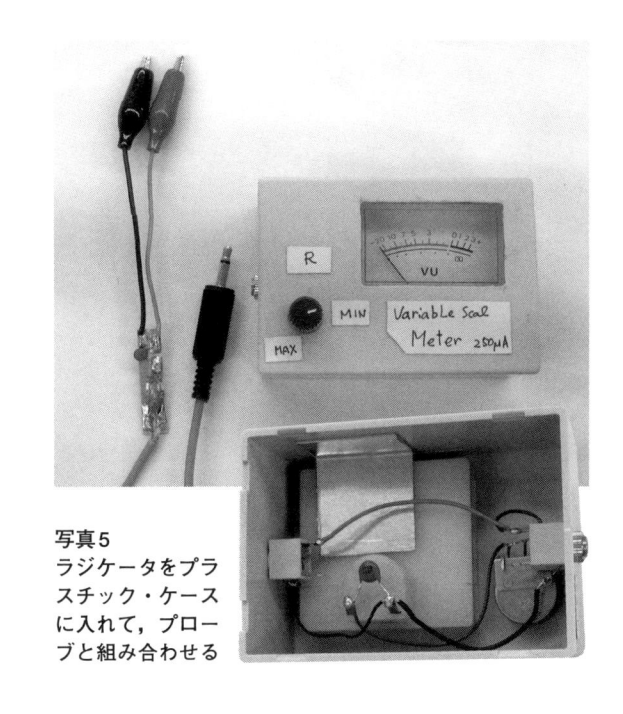

写真5 ラジケータをプラスチック・ケースに入れて，プローブと組み合わせる

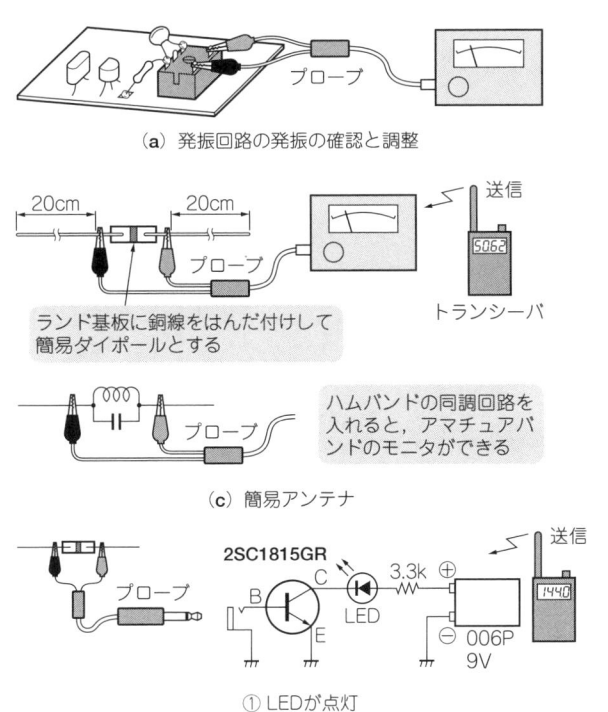

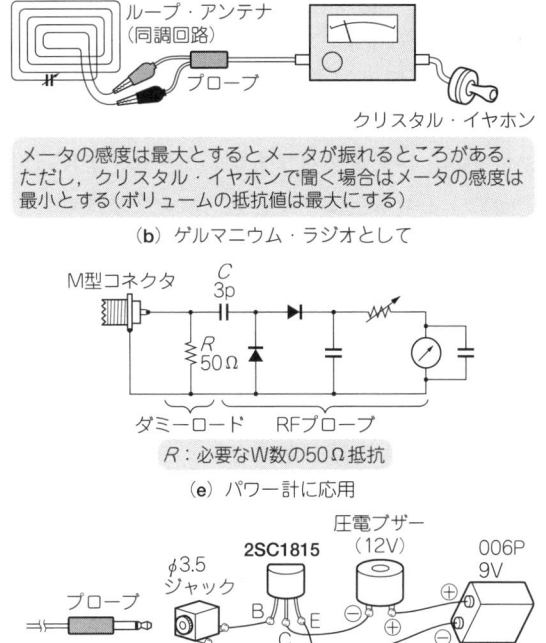

(a) 発振回路の発振の確認と調整

(b) ゲルマニウム・ラジオとして

メータの感度は最大とするとメータが振れるところがある．ただし，クリスタル・イヤホンで聞く場合はメータの感度は最小とする（ボリュームの抵抗値は最大にする）

(c) 簡易アンテナ

ハムバンドの同調回路を入れると，アマチュアバンドのモニタができる

(e) パワー計に応用

R：必要なW数の50Ω抵抗

(d) オンエア・モニタとして利用．プローブ出力にLEDやブザーを使う

① LEDが点灯

② 圧電ブザーを鳴らす（電信送信機のモニタとして使う）

図7 RFプローブの使い方

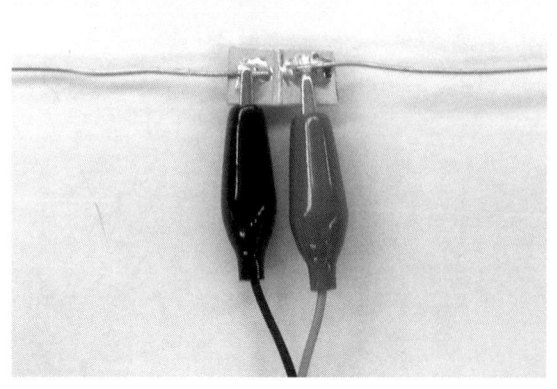

写真6 プローブのワニ口クリップにアンテナ線を付けると，簡易ピックアップの出来上がり
こうすることによって，RFプローブが電界強度計に変身する

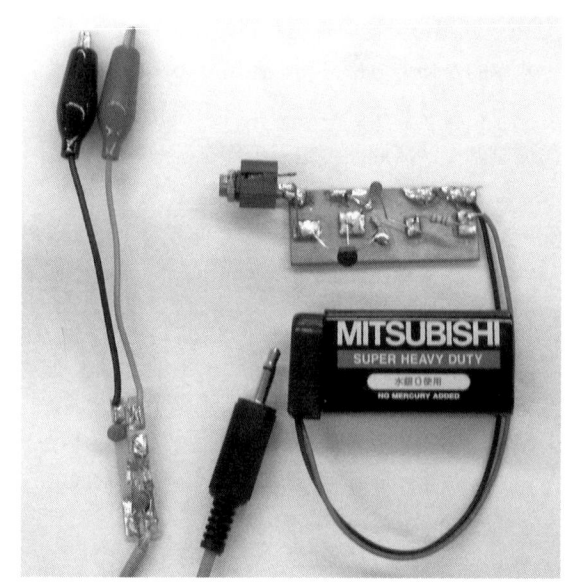

写真7 プローブの出力でトランジスタをONさせることによって，LEDをドライブする
電波の強弱で，LEDが点灯/消灯する

ことはできませんが，近い距離であれば電波が発射されているかどうかの確認をすることができます．**図7**(c)上側のようにアンテナを付けておくと(**写真6**)，発射される周波数帯はわかりませんが，何かしらの電波が発射されるということがメータの振れからわかります．

図7(c)下側は同調回路を入れたものです．ハムバンドの同調回路を入れるとハムバンドのゲルマニウム・ラジオになります．ただし，感度は低いので，イヤホンでアマチュアバンドを聞いても何も聞こえませんが，アンテナ調整時に電界強度を測定したり，自局の発する信号用のモニタとしては使えるでしょう．

④ オンエア・モニタとして利用

RFプローブにアンテナを付けておいて**図7**(d)の①の回路をつなぐと電波を拾って，LEDを点灯させることができます(**写真7**)．

RFプローブで検波して得られたベース電流により，コレクタ電流が流れLEDが点灯します．トランシーバで送信した電波は，トランシーバのそばやアンテナの近くにRFプローブを持って行くとLEDが点灯します．また，**図7**(d)の②のようにLEDの代わりに圧電ブザーを入れると，電波を拾ったときにブザーが鳴ります．

このように，電信送信機のモニタとして使うことができます．

⑤ パワー計への応用

パワー計としての応用もできます．50Ωのダミーロードの両端の高周波信号を，RFプローブで測るのがパワー計です．この場合，直接，送信パワーを測ることになるので，Cを3pF程度と小さくして感度を落とし，ダイオードにかかる高周波電圧を下げます．

なお，ダミーロードは送信出力に応じて，W数を決めなくてはなりません．また，周波数が高くなると配線を短くする工夫も必要になります．

まだまだいろいろと応用も考えられます．高周波信号を扱う電子工作には，このRFプローブはテスタの次にそろえたい測定器です．簡単にできるので，ぜひ作ってみてください．

2-3 確実な調整のために使いたい 同調型RFプローブの製作

《2-2》で紹介したRFプローブには共振回路はなく，この場合には目的信号の周波数は問いません．そのため，目的以外の高周波信号を拾ってしまう可能性があります．そこで考えたのが，同調型のRFプローブです．

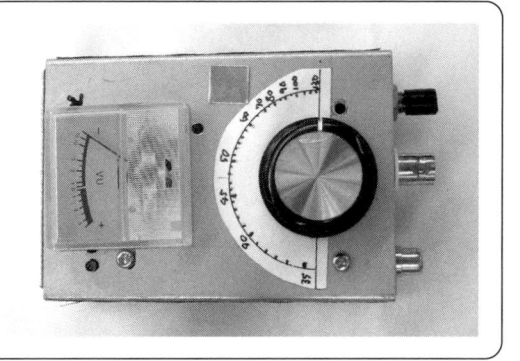

RFプローブは発振回路など高周波の調整を行うときに欠かせない測定器です．しかし，発振周波数の2倍，3倍の信号を取り出すとき，高調波なども同時に検出してしまうために，本当に目的周波数の信号が取り出せているのかどうか，不明なことがあります．

そこで，目的の周波数だけを検出できる同調型RFプローブを紹介します．

原理

図1はRFプローブの回路です．高周波信号は220 pFを介して1N60による倍電圧検波を経て，メータを振らせます．周波数に関係なく広範囲の高周波信号を検出することができます．

図2はRFプローブの入力部に同調回路を設けたものです．こうすると同調回路で共振した周波数だけを検出することができます．コイルとバリコンの大きさで，検出できる信号の周波数範囲が決まります．

回路の説明

図3に実際の回路を示します．

入力部は入力①と入力②の2回路としました．入力①はロー・インピーダンス用，入力②はハイ・インピーダンス用として，信号源の出力インピーダンスに合わせて，どちらかを選択できるようにしました．しかし，ほとんどの場合，入力①を使うので，入力②は特に必要を感じません．入力②は省略してもよいでしょう．

入力①のあとの5 kΩのボリュームはメータが

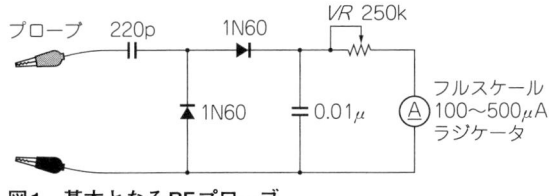

図1 基本となるRFプローブ

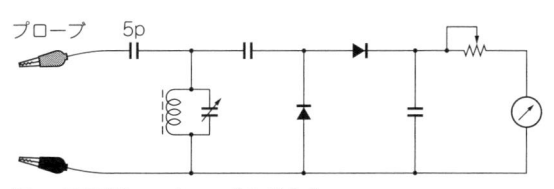

図2 同調型RFプローブの考え方

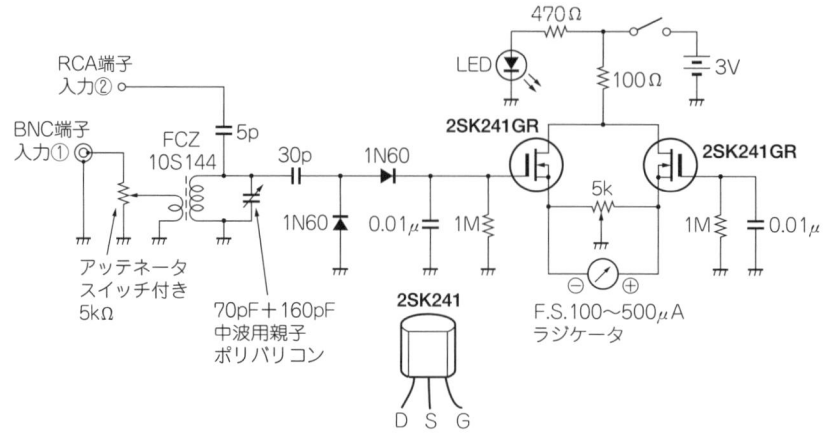

図3 同調型RFプローブの回路

振り切れるときのアッテネータとして使用します．スイッチ付きボリュームで，電源ON/OFFのスイッチとしても使います．

同調周波数は40 MHz～144 MHzを目標として同調コイルは144 MHzのFCZコイル，バリコンは中波用のポリバリコン（160 pF + 60 pF）を選びました．バリコンは並列接続して230 pFで使います．

同調して得られた信号は，2個の1N60により倍電圧検波します．弱い信号でも検出できるように，2SK241GRによる差動アンプにより増幅し，メータを振らせます．こうすることにより，入手しやすい500 μAのラジケータでも十分にメータを振らすことが可能です．メータとしては，100～500 μA程度のラジケータを使います．

差動アンプの電源は，単4の乾電池2個を直列接続した3V単電源です．

作り方

基板（25×70 mm）はランド法で作ります．FCZコイル10S144は逆さまにして，ケースを基板にはんだ付けして固定します．

アルミ・ケースはリードのP-4（100×70×40 mm）を使いました．ケースの加工後，バリコン，メータ，BNCコネクタなどのパーツを取り付けます．メータのゼロ点設定のボリュームは，15×15 mmのランド基板にはんだ付けしてから，ケースに両面テープで貼り付けて固定しました（**写真1**）．

写真1 ケースに収納した同調型RFプローブ

部品配置などは，**図4**の実体配線図を参考にしてください．

調整

電源を入れて最初にラジケータのゼロ点を半固定VRで設定します．次は同調周波数を調べます．バリコンのトリマは二つとも最小に合わせておきます．

図5のようにピックアップ・ケーブルでディッ

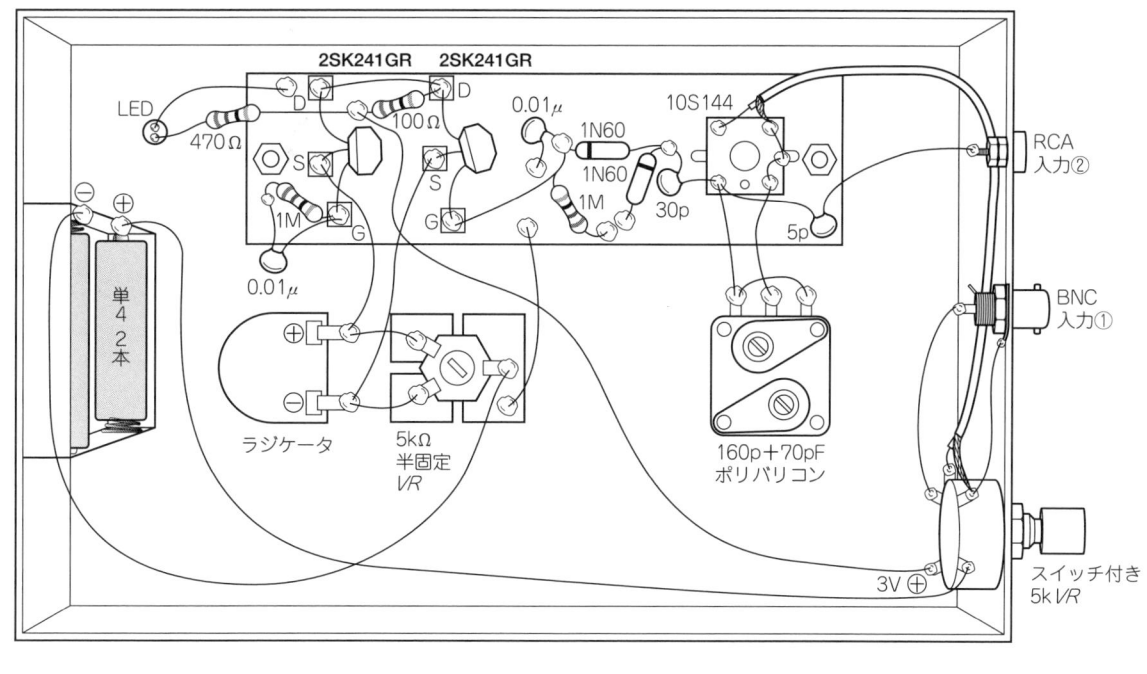

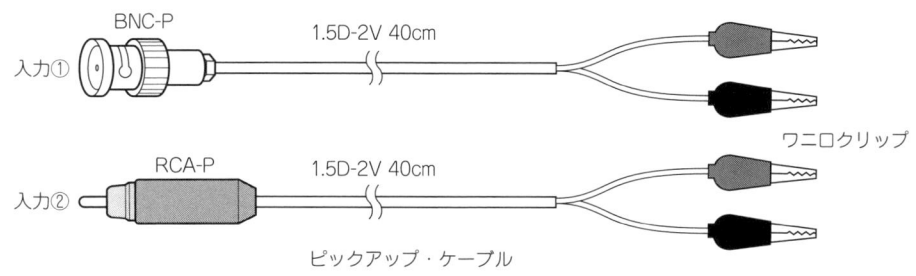

図4 同調型RFプローブの実体配線図

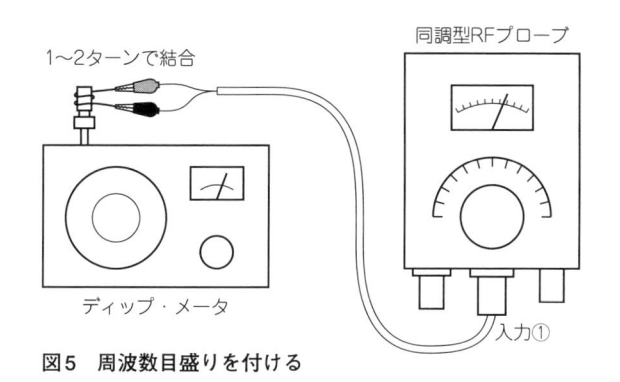

図5 周波数目盛りを付ける

プ・メータのコイルと，2ターンくらいで結合させます．バリコンを左に回し切ったところの周波数に合わせて，ディップ・メータの周波数で，RFプローブのメータが振れるところを探します．筆者の場合，30MHzほどでした．

次に，バリコンの最小容量の周波数を同様に探したところ，120MHzほどでした．そして，FCZコイルのコアを抜いていくと，上側に周波数が伸びていきます．コアを完全に抜きさると，130MHzほどまで伸びていきました．一方，低いほうは35MHz程度です．

これで同調する範囲は35～130MHzとなりました．144MHzまでは届かず残念ですが，これでよしとしましょう．

ディップ・メータを信号源として，バリコンの

2-3 同調型RFプローブの製作　49

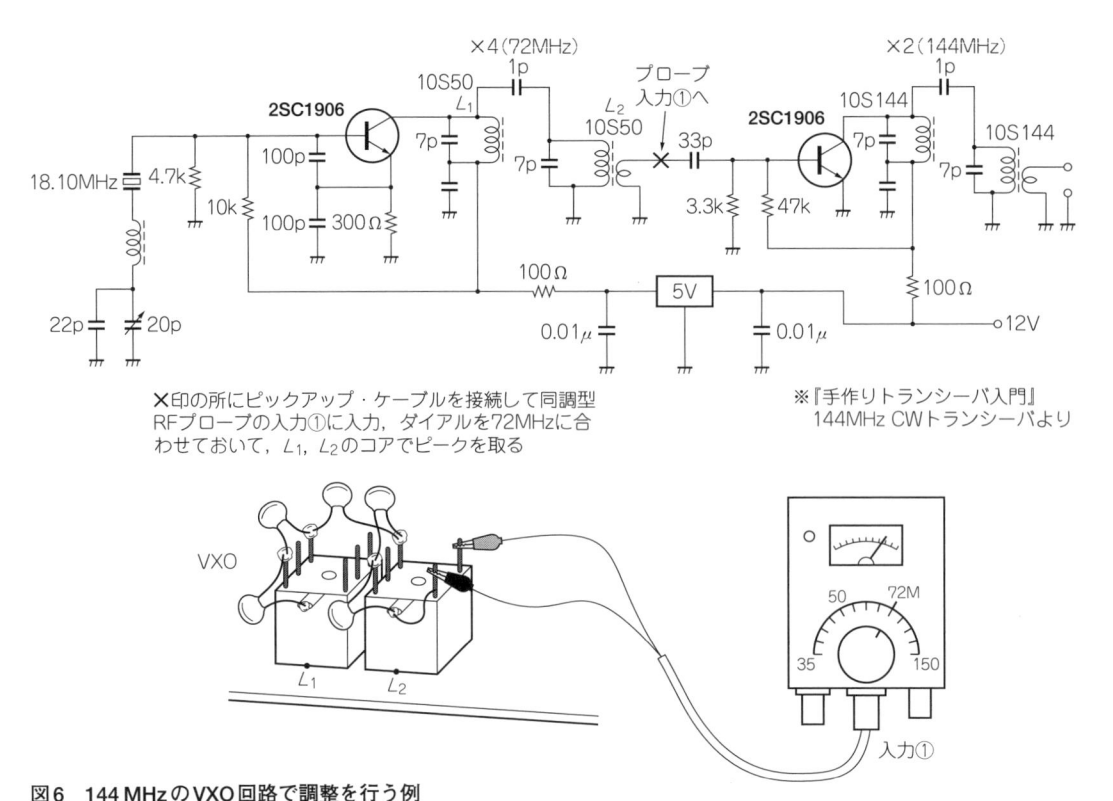

×印の所にピックアップ・ケーブルを接続して同調型RFプローブの入力①に入力，ダイアルを72MHzに合わせておいて，L_1, L_2のコアでピークを取る

※『手作りトランシーバ入門』144MHz CWトランシーバより

図6　144MHzのVXO回路で調整を行う例

表示目盛りを付けました．

使い方

図6は，18MHz水晶発振子を使ったVXO発振と同時に，それを4てい倍して72MHzを取り出す回路です．VXOの複同調回路からピックアップ・ケーブルにより信号を入力①に取り込みます．

メータを72MHzに合わせておいて，複同調コイルのコアを調節して，ピーク（最大値）を取ります．メータが振り切れたときは，ボリュームを調節してメータの振れを小さくしながらピークを取っていきます．

同調回路のないRFプローブでピークを取った場合，3てい倍波の54MHzや5てい倍波の90MHzを取り出してしまうこともありますが，72MHzに同調させるために，てい倍数の取り違いを防ぐことができて，安心して調整などの作業ができます．

実は，この同調型RFプローブは電界強度計でもあります．入力①にホイップ・アンテナやダイポール・アンテナなどを接続すれば，送信機の信号をキャッチすることもできます．

同調周波数が35～130MHzなので，ハムバンドでは50MHzバンドで使うことができます．

2-4 幅広い応用が可能になる ディップ・メータの製作

ラジオの製作では，同調回路がとても大切です．その同調回路の共振周波数を測定したり，受信機の調整時の信号源となるディップ・メータを作ります．それ以外にも，多くの応用が可能です．

図1に示すように，共振回路に発振器とコイル同士を近づけておくと，共振回路と同調する周波数で発振器の出力が吸収されるという現象が起きます．発振器の出力をメータで表示させると同調周波数で発振が吸収されて，メータがピクッと下がります．

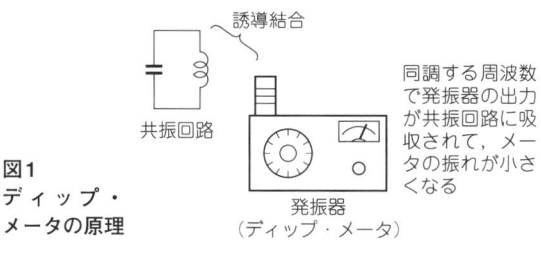

このように発振器を用いて，未知の同調周波数を知る測定器がディップ・メータです(写真1)．

ディップ・メータの回路

図2(a)は，コルピッツ発振回路の原理です．また，図2(b)は，実際の回路です．この方式は，広範囲の周波数を発振させることができるので，ディップ・メータなどの発振回路にもってこいです．

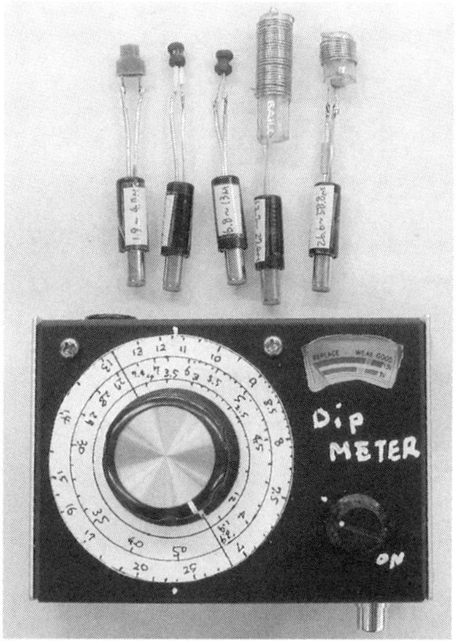

図1 ディップ・メータの原理

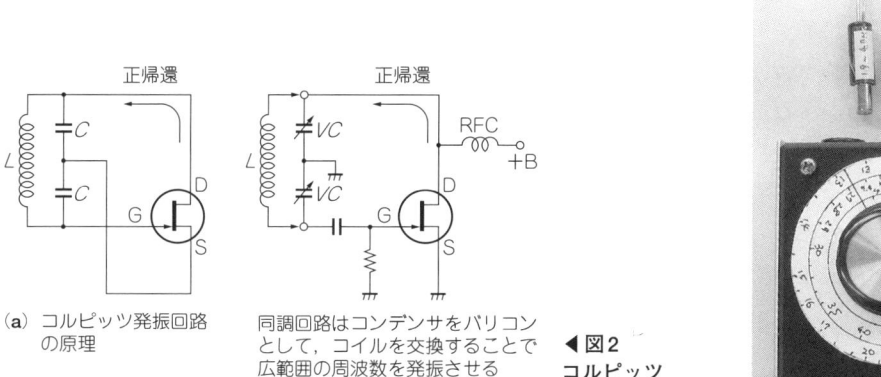

誘導結合／共振回路／同調する周波数で発振器の出力が共振回路に吸収されて，メータの振れが小さくなる／発振器(ディップ・メータ)

▶写真1 今回製作するディップ・メータ

▼図2 コルピッツ発振回路

(a) コルピッツ発振回路の原理

(b) 実際の回路 — 同調回路はコンデンサをバリコンとして，コイルを交換することで広範囲の周波数を発振させる

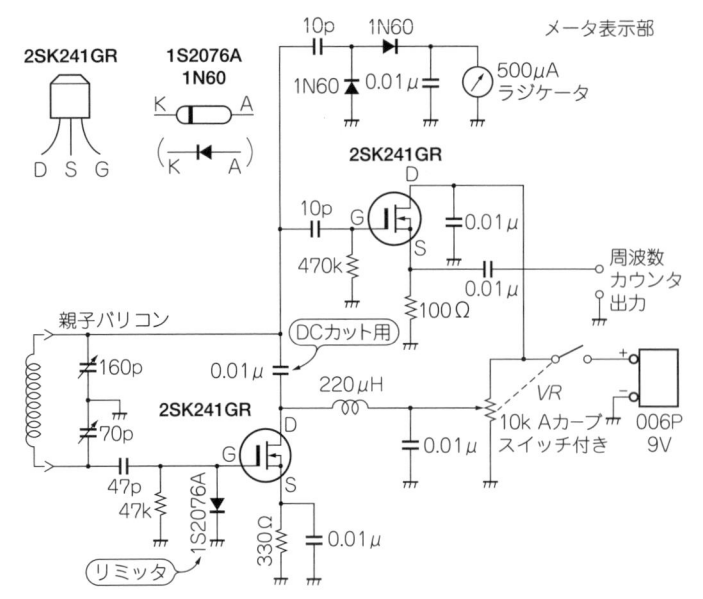

図3 ディップ・メータの回路

　図3は，ディップ・メータの回路です．メインの発振部は，2SK241GRによるコルピッツ発振回路です．ゲートに入っている1S2076Aは，0.6V以上の振幅を制限して発振出力を一定にしています．また，47kΩはバイアス抵抗です．ソース抵抗330Ωは，なくとも発振しますが，発振強度の調節が行いやすいので入れてあります．並列に入っている0.01μFはパスコンです．

　発振周波数は，コイルとバリコンによる同調回路で決まりますが，コイルをプラグイン方式として交換することで，広範囲に同調周波数が測れるようにしています．発振の強さは，ドレインにかかる電圧をボリュームでコントロールします．

　ドレインとコイルの間にある0.01μFは，発振回路としては必要はないのですが，直流分をカットしてコイルに電圧がかからないようにするために入れています．発振強度の表示は，発振出力の一部を拾ってメータを振らせることにより行います．ここは，ダイオードを使ったRFプローブの高周波検出回路と同じです．

　また，周波数カウンタで周波数を直読できるようにしてみました．発振回路に直接，周波数カウンタを接続すると，発振が不安定になったり停止することがあります．そこで，発振器と周波数カウンタの間に2SK241GRによるバッファ・アンプを挿入して，発振回路とは小容量のコンデンサ(10pF)を介して，ごく軽く結合させます．そして信号を取り出し，発振回路に影響がないようにしています．

パーツを集めるポイント

　コイルを交換する方法に工夫を凝らしました．φ2.1mmのDCジャックとプラグを利用したプラグイン方式により，コイルの交換ができるようにしました．また，コイルを巻く手間を考えて，コイルの巻き数の多くなる周波数の低いほうでは，市販のRFC(高周波チョーク)をそのまま利用することとしました．これが，思ったよりもうまく発振してくれました．

　RFCには，巻き線の上からプラスチックのカバーがかかっているものや，塗装されたものがほとんどですが，中にはフェライト・コアがかぶさっていてシールドされているのもあります．シールドされているものは使えないので注意してください．周波数の高いほうのコイルは，手巻きして作ります．

　バリコンは，ラジオ用の親子バリコン160pF+70pFを使います．2連のバリコンであれば，多少，容量が違っていても使えます．メータは，100円ショップで見つけた210円のバッテリ・チェッカからはずした500μAのラジケータを使いました．500μA以下のものであれば使えます．

　そのほかのパーツは，表1のパーツ一覧を参考に集めてください．

表1 ディップ・メータの製作に必要なパーツ一覧

品　名	形式・仕様	数量	参考単価(円)	備　考
親子ポリ・バリコン	160pF+70pF	1	230	
FET	2SK241GR	2	40	
ダイオード	1S2076A	1	20	スイッチング用
ダイオード	1N60	2	30	ゲルマニウム
RFC	220μH	1	80	
抵抗	100Ω	1	10	
	330Ω	1	10	
	47kΩ	1	10	
	470kΩ	1	10	
セラミック・コンデンサ	0.01μF	6	10	
	47pF	1	10	
	10pF	2	10	
ボリューム	10kΩ スイッチ付き	1	147	
DCジャック	φ2.1mm	1	30	
DCプラグ	φ2.1mm	5	30	
RCAジャック		1	100	
ラジケータ	フルスケール 500μA	1	210	電池測定器からはずす
電池スナップ		1	20	
アルミ・ケース	YM-100	1	860	タカチ製
ツマミ	30mm	1	300	
	15mm	1	150	
電池	006p	1	100	

作り方と動作確認

タカチのYM-100（100×70×30mm）と小さめのケースにしたので，多少，窮屈な作りとなってしまいました．もう一回り大きなYM-130のほうがゆったりと組めるのでいいかもしれません．

図4に示すように，ケースの底になる部分をフロント・パネルとした使い方をします．小さいケースに入れるために，ランド基板は，バリコンのまわりにパーツを配置するようにし，凹型基板にしました（**図5**）．

できた基板は，ケースにビス止めします．その後に，バリコン，ボリューム，RCAジャックを取り付けます．ラジケータは，両面テープでケースに貼り付けて固定します．コイルの差し込み部となるDCジャックは，最後に取り付けます．**図6**の実体配線図や**写真2**を参考に配線します．

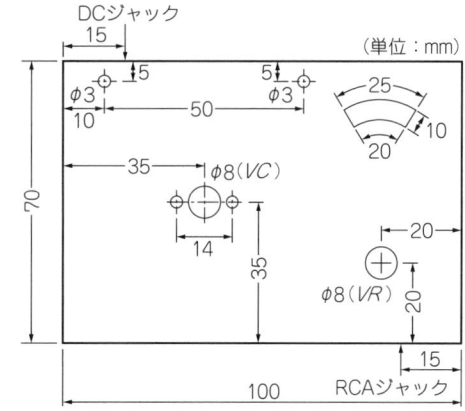

図4 ケースの加工

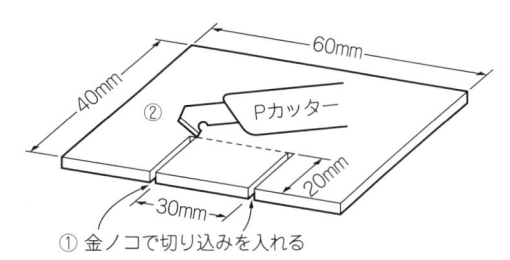

図5 基板を凹型にカットする

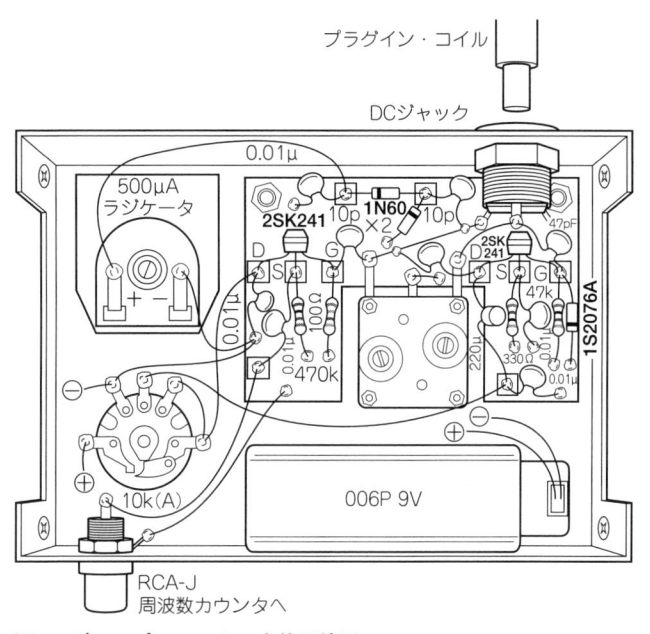

図6 ディップ・メータの実体配線図

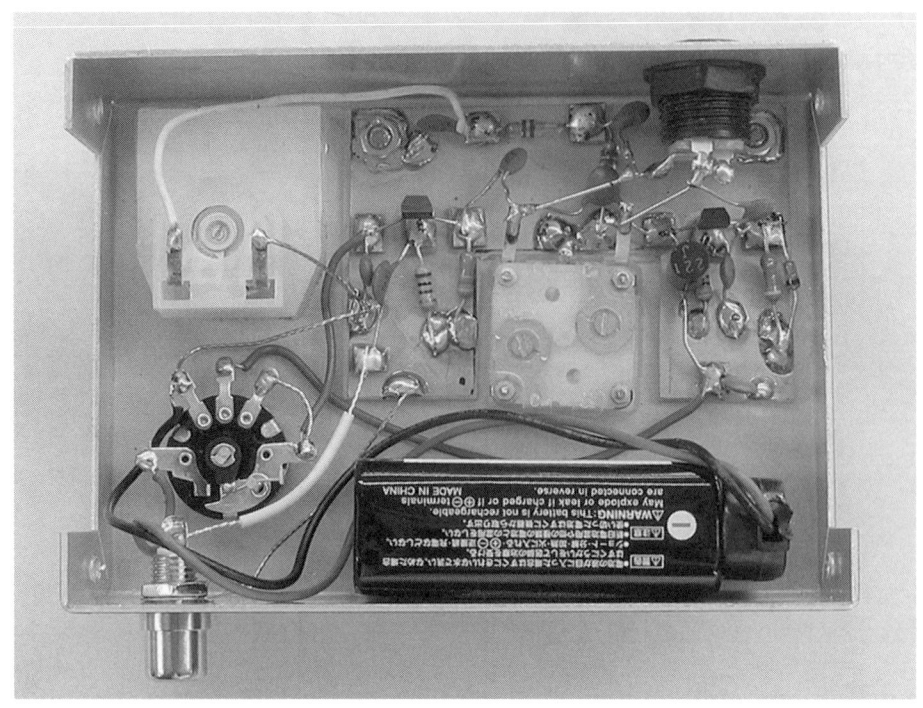

写真2 実際の配線のようす

なお，周波数カウンタ出力（RCAジャック）への配線は高周波信号を扱うために同軸ケーブルを使うのが一般的ですが，配線が短いので配線用ビニル線を使いました．

すべての配線が完了した後に，電池を両面テープでケースに貼り付けます．配線に間違いがないかもう一度見直し，バリコンのトリマは最小容量にしておきます．動作確認のためにコイルを一つ作ってジャックに差し込みます．

スイッチを入れてボリュームを回していくと，ラジケータの針がピクッと振れて，発振が確認できるでしょう．次に，RCAジャックにピックアップ・リード線を取り付けて，P-16の周波数カウンタで周波数を確認します．うまく表示できればOKです．

プラグイン・コイルの作り方

次に，プラグイン・コイルの作り方を図7に示

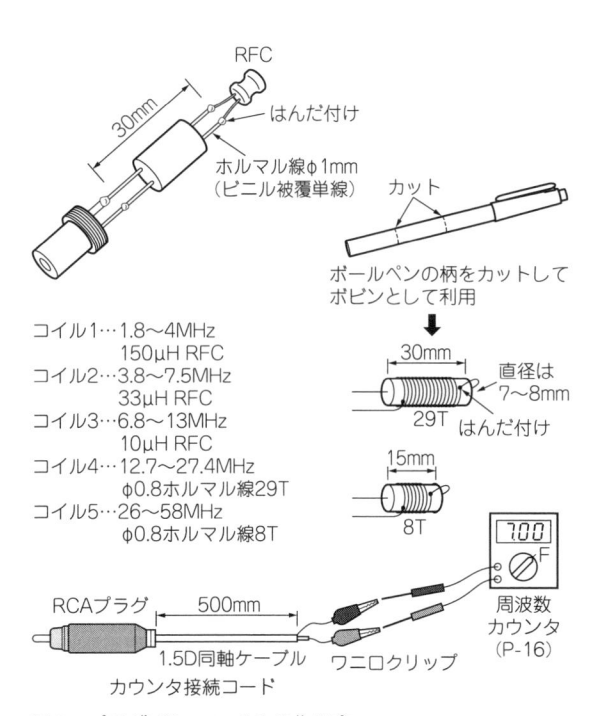

図7 プラグイン・コイルの作り方

RFC
30mm
はんだ付け
ホルマル線φ1mm
（ビニル被覆単線）

カット
ボールペンの柄をカットしてボビンとして利用

コイル1…1.8～4MHz
　　　　150μH RFC
コイル2…3.8～7.5MHz
　　　　33μH RFC
コイル3…6.8～13MHz
　　　　10μH RFC
コイル4…12.7～27.4MHz
　　　　φ0.8ホルマル線29T
コイル5…26～58MHz
　　　　φ0.8ホルマル線8T

30mm
直径は7～8mm
29T
はんだ付け

15mm
8T

RCAプラグ
500mm
1.5D同軸ケーブル
カウンタ接続コード
ワニ口クリップ
周波数カウンタ（P-16）

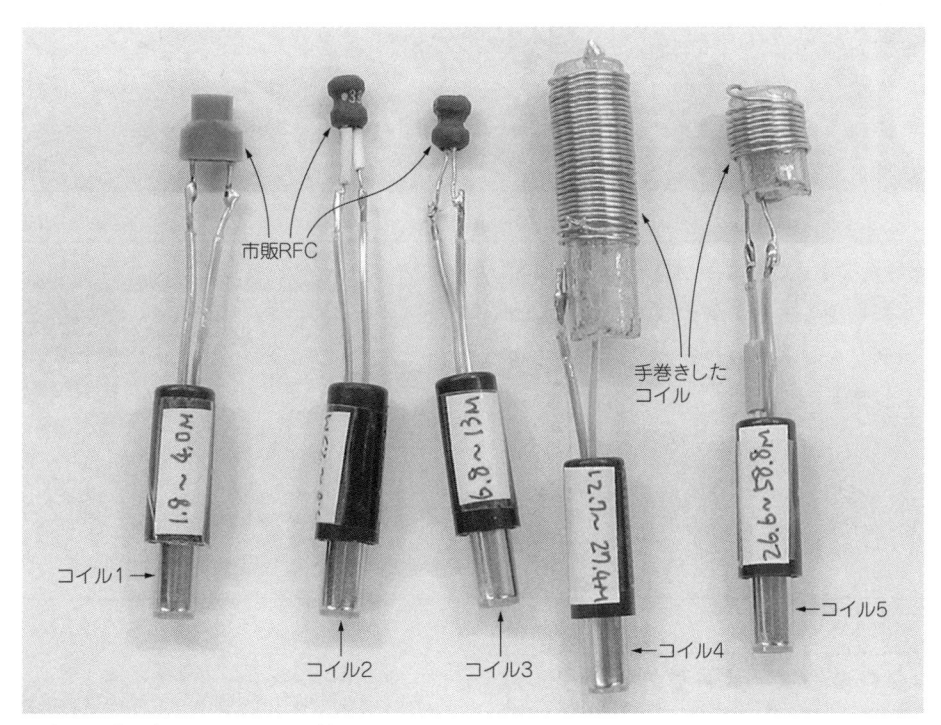

写真3 プラグイン・コイルの外観

します．1.8～58 MHz まで，5本のコイルに分けました．コイル1～コイル3までは，RFCコイルをそのまま使っています．コイル4，コイル5については，φ8程度の丸いボールペンの柄をカットしたボビンに，φ0.8 mm のエナメル線を巻いて作ります（**写真3**）．周波数カウンタで発振を確認しながら巻き数を決めてください．コイルを差し替えながら，1.8～58 MHz 程度まで連続して発振していれば良しとします．

最後に目盛り板をケント紙で作り，両面テープでツマミに貼り付けて，周波数カウンタを見ながらコイルごとの周波数を記入します．目盛りの記入ができたらコピーして，目盛り板に両面テープで貼り付けるときれいに見えます．

なおデジタル・テスタP-16は，50 MHz を越えたあたりから発振強度によってはうまくカウントできないこともありますが，発振の強さを調節して58 MHz までは動作を確認することができました．

ディップ・メータを使ってみる

プラグイン・コイルを挿し込んで，スイッチを入れてボリュームを回していくとメータが振れ出して，発振が確認できます．メータの針が半分以上になるようにボリュームをセットします．

ピックアップ・コイルを同調回路に近づけて，バリコンを回してピクッとメータがディップ（一瞬，下がる）するところを探します．ディップ点がわかったら，コイルを少し離して結合が浅いところでディップ点を探すと，より正確な周波数になります．

ダイポール・アンテナの給電部にワンターン・コイルを付けて，ディップ・メータで共振周波数を探すこともできます．また，受信機の信号源としても使えますが，周波数の安定度がよくありません．その場合，コイルの代わりに水晶発振子を取り付けて発振させることもできます．

2-5 共振周波数からLを導き出す インダクタンス・メータの製作

《2-4》で作ったディップ・メータを利用して，インダクタンスを測る方法を考えてみました．コイルのインダクタンスがわかると，いろいろな場面で重宝します．

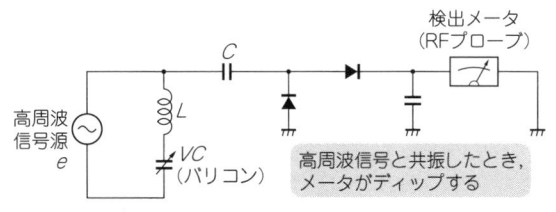

インダクタンス・メータの原理

図1のようにコイルとバリコンの直列共振回路に高周波信号を入力して，バリコンの操作により入力信号の周波数に同調すると，ディップ・メータと同様に発振出力が吸収されてメータがディップ（ストンと下がる）します．

信号源の周波数によって，固有のインダクタンスに同調するコンデンサの容量は決まってくるので，バリコンの回転位置（容量）で未知のインダクタンスを知ることができるのです．

測定範囲を決める（設計）

共振周波数 f はコイル L とコンデンサ C の関係式

$$f = \frac{1}{2\pi\sqrt{LC}}$$

で求められます．この式から，中波用のポリバリコン（20～250 pF程度）と共振するコイルのインダクタンスを計算してみましょう．

発振周波数を10 MHzとしたときに，バリコンの容量（20～250 pF）で10 MHzに共振するコイルのインダクタンスを計算したのが図2です．最小容量が20 pFのときは12.6 μH，最大容量を250 pF

図1 インダクタンス・メータの原理

$f = \dfrac{1}{2\pi\sqrt{LC}}$ より $L = \dfrac{1}{4\pi^2 f^2 C}$ 〔H〕

f：共振周波数〔Hz〕
L：コイルのインダクタンス〔H〕
C：コンデンサの容量〔F〕

発振周波数を10MHzとしたとき
(a) $C=250$pFに共振するインダクタンスを求めると，
$L = \dfrac{1}{4\pi^2 f^2 C} = \dfrac{1}{4\pi^2 \times (10 \times 10^6)^2 \times 250 \times 10^{-12}}$
$= 1.014 \times 10^{-6}$〔H〕$= 1.014$〔μH〕

(b) $C=20$pFに共振するインダクタンスは，
$L = \dfrac{1}{4\pi^2 f^2 C} = \dfrac{1}{4\pi^2 \times (10 \times 10^6)^2 \times 20 \times 10^{-12}}$
$= 12.6 \times 10^{-6}$〔H〕$= 12.6$〔μH〕

したがって，
(a)，(b)よりバリコン（250pF～20pF）で10MHzに共振するインダクタンスは1.014～12.6μHとなる

図2 バリコン（20～250 pF）と共振するインダクタンスを計算してみる

のときは1.014μHとなります．

バリコンの回転位置（容量）に同調するインダクタンスを目盛っておけば1.014〜12.6μHのインダクタンスの測定ができることになります．

さて，同じバリコンの容量に対して読みが同じ，すなわち1/10や10倍，100倍のインダクタンスとなるような発振周波数を信号源としたならば，同じ目盛りが使えることになります．

では，ちょっと計算してみましょう．結果が図3(a)〜図3(c)です．これより，10MHzのインダクタンスを基準に考えて，発振周波数を1MHz，3.16MHz，31.6MHzにした場合のインダクタンスは，10MHzのときのそれぞれ100倍，10倍，1/10となります．

これらの発振周波数を信号源とすれば，一つの目盛りで0.1μH〜1.26mHまで測定ができることになります．

《2-4》項で作ったディップ・メータを信号源とすると，とても簡単にインダクタンスを測ることができます．なお，実際には回路の配線などの浮遊容量が加算されるので，測定できる範囲は計算とは多少異なります．

インダクタンス・メータの回路

図4にインダクタンス・メータの回路を示します．ディップ・メータで1MHz，3.16MHz，10MHz，31.6MHzの信号を発振させ信号源として，周波数カウンタ出力から図4の入力部に供給します．そして47Ωを介してコイル，バリコンの直列共振回路に入ります．この47Ωは，発振周波数と共振したときに高周波電流がショート状態になるので，電流制限抵抗として入れてあります．

メータ回路は前述したRFプローブと同じ検出回路です．100kΩのボリューム抵抗でメータの感度を調節します．測定したいコイルを端子Ⓐ，端子Ⓑに取り付けて，バリコンの操作でメータがディップするところを読むとコイルのインダクタンスを知ることができます．

インダクタンスを求める式　$L = \dfrac{1}{4\pi^2 f^2 C}$ ………①
$f = 10\,[\text{MHz}]$

(a) Lの$\dfrac{1}{10}$に共振する周波数をf_1とすると

$$\dfrac{1}{10}L = \dfrac{1}{4\pi^2 f_1^2 C} \quad \therefore L = \dfrac{10}{4\pi^2 f_1^2 C} \cdots\cdots\cdots ②$$

①=②より　$\dfrac{1}{4\pi^2 f^2 C} = \dfrac{10}{4\pi^2 f_1^2 C}$

$f_1^2 = 10 \times f^2 \quad \therefore f_1 = \sqrt{10} \cdot f = 3.16 \times 10\,[\text{MHz}]$
$= 31.6\,[\text{MHz}]$

(b) 同様にLの10倍に共振する周波数をf_2とすると

$10L = \dfrac{1}{4\pi^2 f_2^2 C} \quad \therefore L = \dfrac{1}{4\pi^2 f_2^2 C \times 10} \cdots ③$

①=③より　$\dfrac{1}{4\pi^2 f^2 C} = \dfrac{1}{4\pi^2 f_2^2 C \cdot 10}$

$f_2^2 = \dfrac{f^2}{10} \quad \therefore f_2 = \dfrac{f}{\sqrt{10}} = \dfrac{10\,[\text{MHz}]}{\sqrt{10}} = 3.16\,[\text{MHz}]$

(c) Lの100倍に共振する周波数をf_3とすると

$100L = \dfrac{1}{4\pi^2 f_3^2 C} \quad \therefore L = \dfrac{1}{4\pi^2 f_3^2 C \times 100} \cdots ④$

①=④より　$\dfrac{1}{4\pi^2 f^2 C} = \dfrac{1}{4\pi^2 f_3^2 C \cdot 100}$

$f_3^2 = \dfrac{f^2}{100} \quad \therefore f_3 = \dfrac{10}{\sqrt{100}} = \dfrac{10\,[\text{MHz}]}{10} = 1\,[\text{MHz}]$

したがって(a)〜(b)より10MHzのインダクタンスの
1/10に共振する周波数は …… 31.6MHz
10倍に共振する周波数は …… 3.16MHz　　となる
100倍に共振する周波数は …… 1MHz

図3 バリコン（250〜20pF）と組み合わせると，10MHzで共振するインダクタンス値をLとして，その1/10，10倍，100倍になる共振周波数を求める

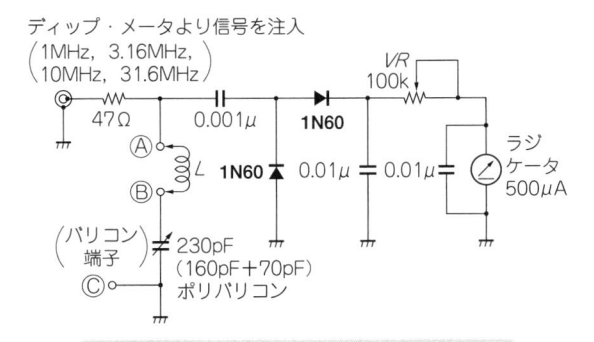

測定範囲		
発振（ディップ・メータ）	インダクタンス（倍率）	
1MHz	120μH〜1.2mH	(×100)
3.16MHz	12μH〜120μH	(×10)
10MHz	1.2μH〜12μH	(×1)
31.6MHz	0.12μH〜1.2μH	(×1/10)

図4 インダクタンス・メータの回路

製作しよう

表1にパーツ一覧を示します．使用するバリコンは，中波用のポリバリコンで，200 pF～270 pF程度のものであれば使えます．筆者は，160 pF＋70 pFの親子バリコンを並列接続して，230 pFとして使用しました．バリコンには，φ6×10 mmのスペーサで回転軸を延長してツマミを取り付けられるようにします．

ケースは，タカチのYM-100（100×30×30 mm）を使いました．回路が簡単なために基板は作らないで，空中配線としました．測定用の端子はジョンソン・ターミナル（または陸式ターミナル）を用いていますが，バリコン単独でも使えるように3個取り付けています．ターミナルⒶ，ターミナルⒷ間にコイルを取り付け，ターミナルⒷ，ターミナルⒸ間はバリコン単独として利用できます．

パーツの配置などは図5の実体配線図や写真1を参考に組み立ててください．注意したいことは，配線はなるべく短くすることと，アースをケースにしっかりと取ることです．

ディップ・メータの追加コイルを作る

ディップ・メータで，3.16 MHz，10.0 MHz，31.6 MHzの発振はできますが，1.0 MHzのコイルがないので，1 mHのRFCコイルを用いてプラグイン・コイルを作ります．発振周波数を確認すると964 kHz～1700 kHzの範囲でした．なお，接続用のケーブルは1.5D-2V，長さ30 cmの両端にRCAプラグを取り付けたものを用意します．

校正の方法

まず，動作確認をします．図6のようにディップ・メータの周波数カウンタ出力に周波数カウン

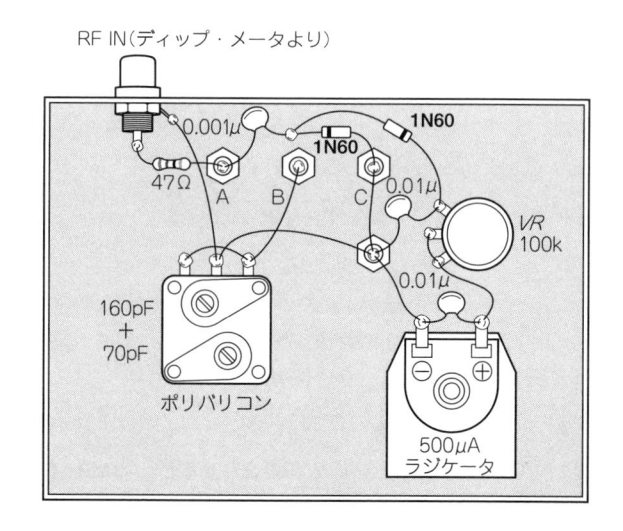

表1 インダクタンス・メータの製作に必要なパーツ一覧

品　名	形式・仕様	数量	参考単価	備　考
親子ポリバリコン	160pF+70pF	1	230	200～270pFのバリコン
ゲルマニウム・ダイオード	1N60	2	30	
抵抗	47Ω	1	10	
セラミック・コンデンサ	0.001μF	1	10	
	0.01μF	2	10	
ボリューム	100kΩ	1	147	A，Bタイプどちらでも可
RCAジャック		1	100	
ラジケータ	500μAフルスケール	1	200	電池測定器からはずす
アルミケース	YM-100	1	619	タカチ
ツマミ	30mm	1	300	
	15mm	1	150	
ジョンソン・ターミナル	赤緑黒各1	3	147	陸式ターミナルでもOK

図5 パネルの配置と実体配線図

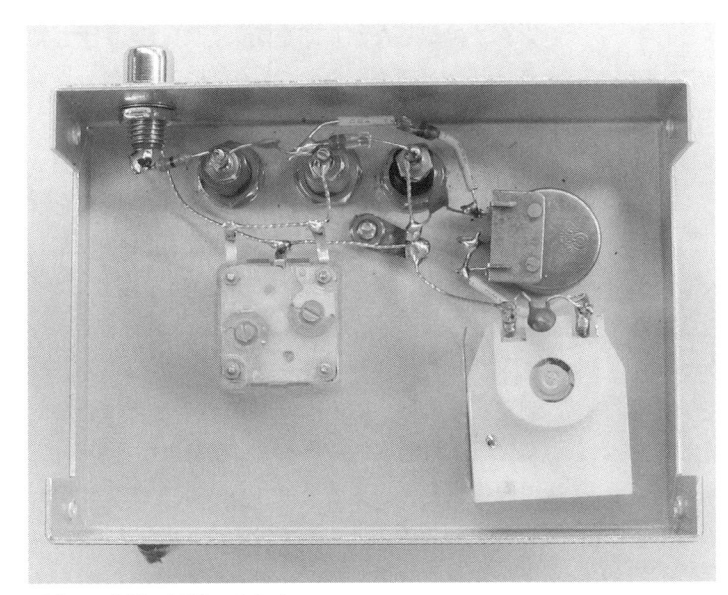

写真1　内部の配線のようす

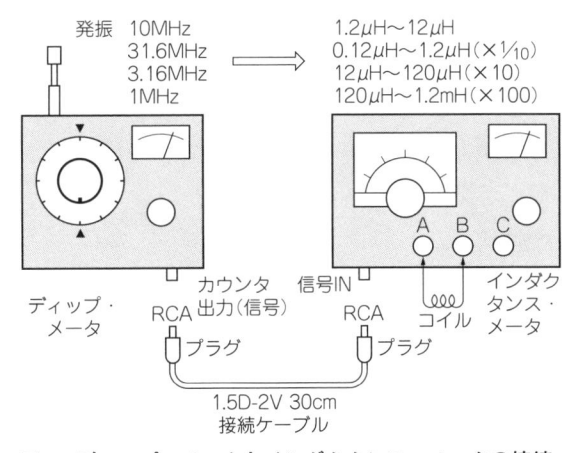

図6　ディップ・メータとインダクタンス・メータの接続

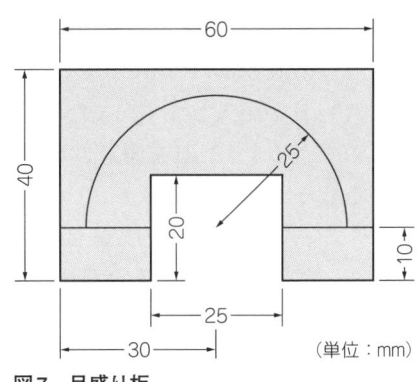

図7　目盛り板

写真2　目盛り板の作例

タを接続して，10.0MHzを発振させます．発振が確認できたら周波数カウンタをはずして，接続ケーブルでインダクタンス・メータに信号を入力します．インダクタンス・メータの感度がフル・スケールになるようにボリュームをセットします．

コイル端子に0.1μH～12μHのRFCコイルを取り付けてバリコンを回してディップするかどうかを確認してみましょう．筆者は，8.2μHのRFCコイルを使いました．ほかの周波数で測定できる

RFCコイルを確かめてもかまいません．

バリコンをゆっくり回していくとメータの針が一瞬，ストンと下がります．これをディップすると言いますが，このディップするところが共振点です．

動作確認ができたら，目盛りを記入します．バリコンの軸を中心にして，**図7**や**写真2**のようにケント紙を切って目盛りが記入できるようにした紙をケースに粘着テープで仮止めします．ツマミを取り付けて，市販のRFCコイルのインダクタンスのわかっているものを利用して，メータがディップするところにRFCコイルのインダクタンスの読みを記入していきます．著者は，手持ちの関係で1.2μH，8.2μH，22μH，33μH，47μH，100μHを用いて目盛りを付けました．

まず，10MHzを発振させて，1.2μH，8.2μHの目盛りを付けます．22～100μHは，3.16MHzの

2-5　インダクタンス・メータの製作　59

発振で目盛りを付けます．ただし，目盛りとしては，10 MHzを基準にするので2.2 μH，3.3 μH，4.7 μH，10 μHと記入します．また，31.6 MHzの発振でRFCコイル1.2 μHを測定して12 μHの目盛りとして記入します．

すべて記入できたところで，目盛りを清書して，バリコンのツマミの位置を合わせてケースに両面テープで貼り付けます．このとき，清書した目盛りを一度，コピーしてケント紙に貼り付けるときれいに見えます．なお，バリコン容量の目盛りも付けておくと，コンデンサ容量計としても使えて便利です．容量計で測定した値を記入するか，RFCコイルに共振する容量を計算してもよいでしょう．

使ってみよう

まず，ディップ・メータの目盛り板に，1 MHz，3.16 MHz，10 MHz，31.6 MHzの発振を周波数カウンタで確認しながら印を記入しておきます．精度がそれほど高くないので，毎回，周波数カウンタで周波数を確認しなくとも十分です．

手元にある330 μH，1 mHのRFCコイルを測ってみました．端子Ⓐ，端子Ⓑ間にRFCコイルを取り付けます．ディップ・メータの発振は1.00 MHzの信号として，インダクタンスの値を測ります．インダクタンス・メータのバリコンを回して，ディップした周波数を読みます．

測定した結果，RFCコイルの表示とほぼ合っていました．測定してもディップ点が出ない場合は，他の周波数を発振させてディップ点を探します．

このインダクタンス・メータは，市販のRFCコイルを使って校正したためそれほど精度は高くありませんが，手作りしたコイルや不明なRFCコイルなどのインダクタンス値がわかるので，とても便利な測定器です．

Column　ランド法による基板づくり

本書の中で，電子工作をする際に登場するのがランド法という基板づくりの手法です（図A）．プリント・パターンを起こしてエッチング・穴あけしたり，万能基板を使って手配線するよりも有利な点が多い方法です．

なんと言っても手軽であり，裏側の配線やはんだ付けがないぶん，確実に回路を追うことができるうえ，高周波的にも安定した動作が期待できます．

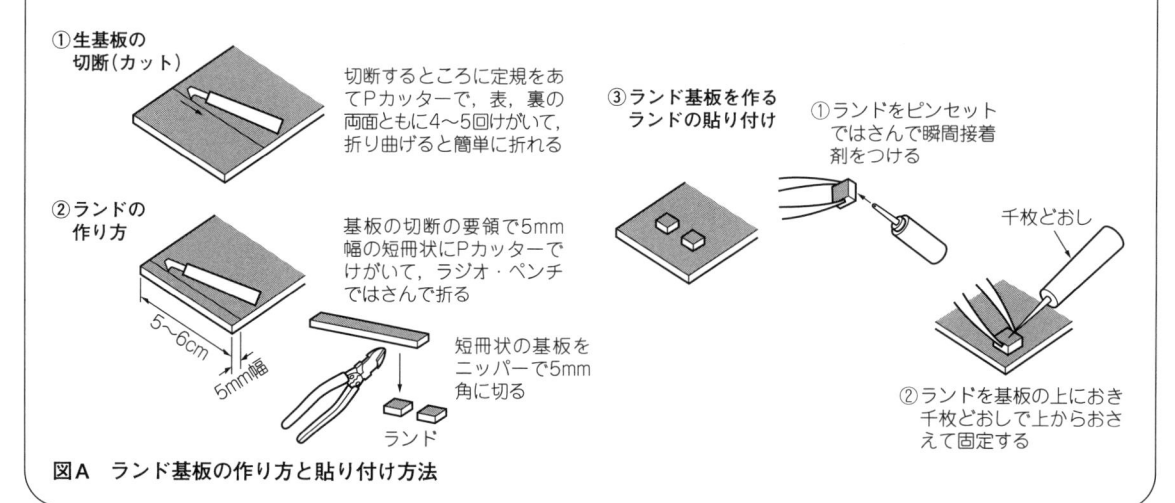

① 生基板の切断（カット）
切断するところに定規をあててPカッターで，表，裏の両面ともに4～5回けがいて，折り曲げると簡単に折れる

② ランドの作り方
基板の切断の要領で5mm幅の短冊状にPカッターでけがいて，ラジオ・ペンチではさんで折る
5～6cm　5mm幅
短冊状の基板をニッパーで5mm角に切る
ランド

③ ランド基板を作るランドの貼り付け
① ランドをピンセットではさんで瞬間接着剤をつける
千枚どおし
② ランドを基板の上におき千枚どおしで上からおさえて固定する

図A　ランド基板の作り方と貼り付け方法

2-6 減衰量固定タイプと信号を設定量だけ減衰させる
10 dB ATT とステップ式可変アッテネータの製作

抵抗器で構成した減衰器(アッテネータ=ATT)は，高周波の測定だけでなく，受信機の調整などにもとても役に立ちます．ここでは，10 dBの固定値アッテネータと減衰量が可変できるステップ式アッテネータを製作します．

利得(ゲイン)について

増幅器の増幅度 A は次式で表されます．

　増幅度 A = 出力信号(a) ÷ 入力信号(b)

増幅度は1倍から10000倍さらには100000倍などと非常に幅が大きく，このままの数値では，大小を比較したいときになどに，とても不便です．そこで，増幅度を対数で表わした比率を用います．

この比率のことを利得(ゲイン)と言います．利得 G の単位はデシベル〔dB〕で，

$$G〔dB〕= 10 \log(b/a)$$

と定義されています．

電力，電圧，電流とそれぞれについての利得がありますが，ここでは電力利得について考えます．

表1は電力利得(デシベル)と増幅度の換算表です．利得は加減算で計算できて，そのときの増幅度は乗除算として求めることができます．

たとえば30 dBの利得は10 dB + 20 dBに分解することができますが，どうして分解するのか，それは次のように使うからです．まず，**表1**から10 dBは10倍，20 dBは100倍ですから，30 dBはこの「10」×「100」つまり1000倍の増幅度があるということです．つまり，このように計算がとても楽にできるわけです．

表1のdBと倍率の関係を頭に入れておくと，利得がどの程度の倍率なのか，おおよその大きさをつかむことが簡単にできます．

アッテネータとは

増幅とは反対に，電力を小さくする減衰器をアッテネータといいます．出力が入力より小さくなるということは，利得がマイナスとなるので，−(利得)dBで表わし，倍率は1/増幅度(増幅度の逆数)になります．たとえば，$1/100$の電力利得は−20 dBというようになります．

表1 電力利得と増幅度(倍率)の関係

電力利得〔dB〕	増幅度(倍率)
0	1
3	約2
5	約3
10	10
20	100

　増幅度 A = 出力信号(b) ÷ 入力信号(a)
　利得 $G = 10 \log b/a$
　※利得は加減算で計算できる．増幅度は乗除算で計算できる．
　　たとえば，G = 30 dBの電力増幅度は
　　　30 dB = 10 dB + 20 dB
　　　増幅度 = 10 × 100 = 1000〔倍〕
　　となる．

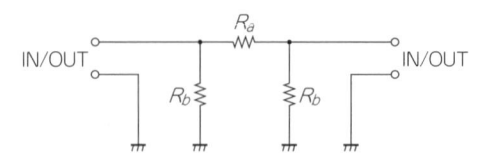

図1　π型アッテネータ

表2　π型アッテネータの定数（50Ω系用）

減衰量〔dB〕	R_a〔Ω〕	R_b〔Ω〕
0.5	2.880	1786
1	5.769	869.5
2	11.61	436.2
3	17.61	292.4
4	23.85	221.0
5	30.40	178.5
6	37.35	150.5
7	44.80	130.7
8	52.84	116.1
9	61.59	105.0
10	71.15	96.25
15	136.1	71.63
20	247.5	61.11

※『定本 トロイダル・コア活用百科』（CQ出版社）より．

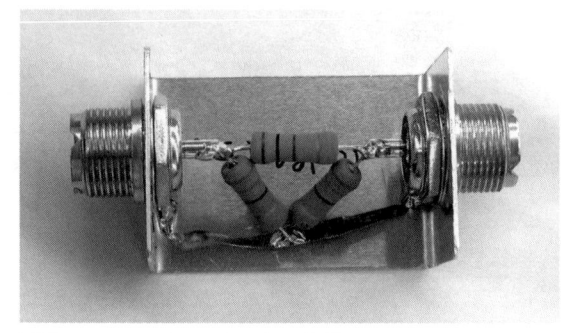

写真1　10 dBアッテネータの内部

このマイナスの利得（つまり減衰）をもたらすのが，アッテネータ（ATT）です．図1はπ型アッテネータの基本回路です．R_aとR_bの値により，減衰量が決まります．表2はπ型アッテネータ（50Ω）の定数です．この表をもとに，抵抗器を組み合わせて，自由な値のアッテネータを作ることができます．

10 dBアッテネータ

ところで，著者が持っているパワー計は2Wまでしか測ることができません．小電力送信機の自作などの際には，せめて5Wまで測定したいものです．そこで，パワー計の前にアッテネータを挿入して，電力を低減する方法を考えました．

パワー計の桁だけ読み替えればすむように，10 dBのアッテネータを作ることにしました．測定する電力は1/10に低減して，2Wのパワー計で最大20Wまで測れるようになります．パワー計の読みを10倍した値が測定しているパワーとなります．

さっそく作ってみました．表2から10 dBのアッテネータのR_a，R_bはそれぞれ71.15Ωと96.25Ωです．これでは半端な数字で，市販の抵抗にはないので，E24系列の抵抗からそれぞれ選び，R_a = 75Ω，R_b = 100Ωで代用することにします．使う抵抗器は，電力に応じたW数（電力容量）が必要となります．

これの10 dBのアッテネータを使うと，20Wまで測れるようになるわけですが，W数の大きな抵抗は形状が大きくなり，その分，インダクタンス成分が増加して高周波特性が悪くなります．そこで，ごく短時間の間，5W程度が測れればよいと考えて，入手が容易である許容電力が3Wの酸化皮膜抵抗を使うことにします．それ以上の電力では抵抗が熱を持つので，注意が必要です．

● 作り方

タカチのアルミ・ケースYM50（50×30×45 mm）がちょうどよい大きさです．図1の回路になるように，各部をはんだ付けしていきます．アース・ラインは厚さ0.3 mm，幅5 mmの銅板で二つのM型コネクタの両方のアースとして，抵抗のアースを中央ではんだ付けします（写真1）．

● 10 dBアッテネータの使い方

測定しようとする送信機とパワー計の間にアッテネータを挿入します．−10 dBは元の電力のちょうど1/10の値になるので，5Wはパワー計の500 mWとして表示されます．周波数が高くなる

図2　0.5 dB～40.5 dB ステップ式可変アッテネータ

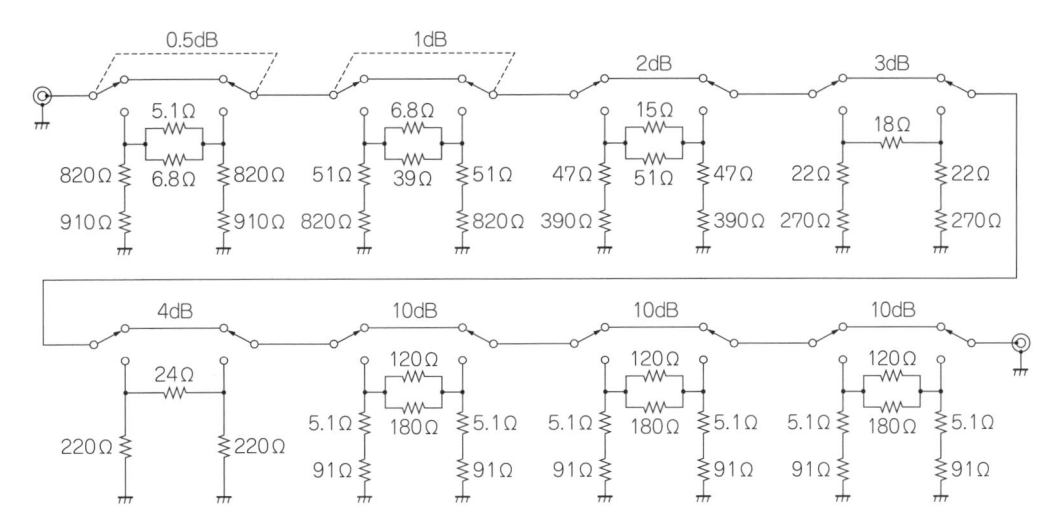

※山村 英穂 著，『定本 トロイダル・コア活用百科』(CQ出版社)より
※抵抗は$\frac{1}{2}$W金属皮膜抵抗器

写真2　ステップ式アッテネータの配線

とインピーダンスが乱れてくるので，実用周波数は50 MHz以下と考えてください．

ステップ式可変アッテネータ

　いくつかの減衰量を持つアッテネータをスイッチで切り替えて，それらを組み合わせることで，そのときに必要な減衰量が得られるようにしたのがステップ式可変アッテネータです(**写真2**)．

　図2の回路に示すように，E24系列の$\frac{1}{2}$Wの金属皮膜抵抗を直列，並列接続して**表2**の抵抗値に近づけました．なお，使用するスイッチは6ピンのトグル・スイッチです．スイッチの足を土台にして，抵抗器をはんだ付けしていきます．

　ステップ式アッテネータは受信機の調整やプリアンプの利得を調べたり，いろいろと応用が利きます．

2-7 万能VXO発振器の製作
水晶発振子のチェックや簡易VXOとして使える

実験や製作をしていると，素性がよくわからない水晶発振子を使いたくなる場合があるものです．そんなときに，水晶発振子が動作するのかしないのか，発振周波数がどれくらいか，それをチェックするための装置を作ります．

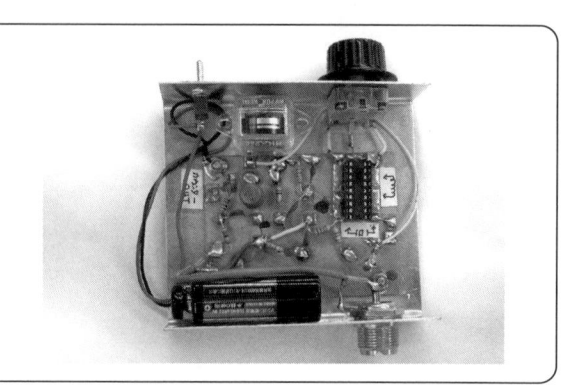

水晶発振子は，ラジオや無線機の自作をするときに，とても重要なパーツです．しかし，市販されていない，目的の周波数の水晶発振子は，特注で作るしかないために，高価なのが頭の痛いところです．筆者は普段から，ジャンク市などで破格の水晶発振子を見つけると，周波数はどうあれつい買い込んでしまいます．

周波数がほとんど動かない水晶発振子を，ちょっとだけ動かす方法としてVXO（バリアブル・クリスタル・オシレータ）があります．このVXOは，個々の水晶発振子の性質などにより，周波数を動かすことができる範囲が異なり，VXOコイ

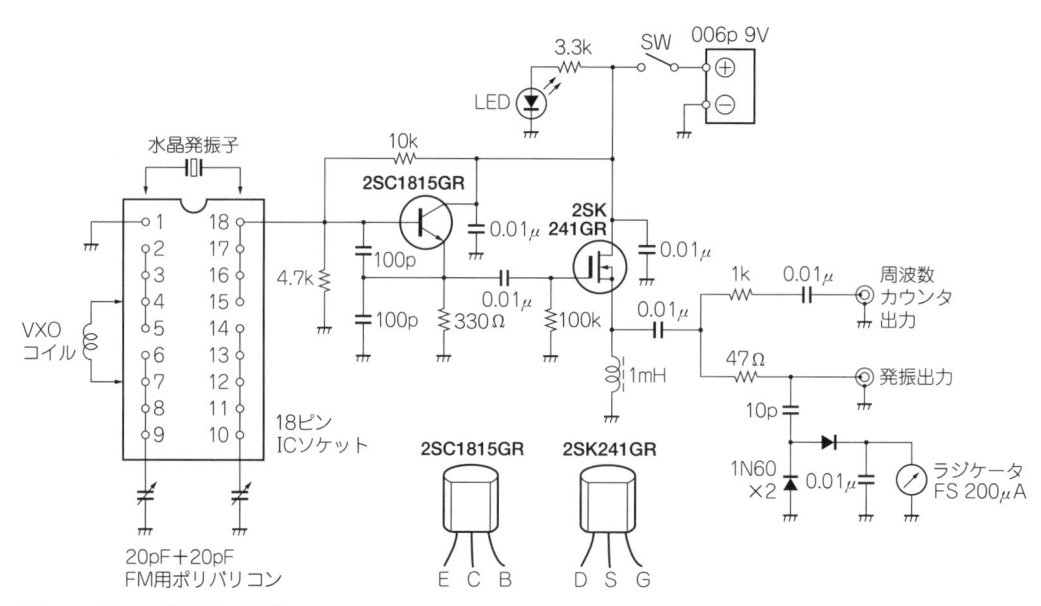

図1 万能VXO発振器の回路

ルのインダクタンスも個々の水晶発振子でまちまちであるために，再現性がよくありません．

そこで，素性のよくわからない水晶発振子や，動作するかどうかが不確かな水晶発振子の動作確認ができて，正確な発振周波数を調べたり，VXO回路に使うときのVXOコイルのインダクタンス値を決めることができる，汎用VXO発振器を作ることにしました．

回路の説明

図1に回路を示します．発振はnpn型トランジスタ，2SC1815による無調整発振回路です．5～20MHz程度の基本波の水晶発振子ならびにオーバートーン水晶発振子は，基本波で発振させることができます．

水晶発振子の表示はおよそ20MHzくらいまでは基本波用水晶発振子で，それ以上は3rdオーバートーン水晶発振子がほとんどです．3rdオーバートーン水晶発振子を基本波で発振させた場合は，ケースに表示された周波数の1/3より，やや低い周波数で発振します．

本機の目的から，水晶発振子を挿したり抜いたりする必要があります．そのため，その部分には18ピンICソケットを利用し，水晶発振子のリード足をICソケット（DIP用）に挿し込んで使います．

VXOバリコンはFM用の20pFの2連ポリバリコンです．ショートして40pFとしても使えるようにしてあります．水晶発振子，コイルを差し込むピンの配置を変えることで水晶発振，VXO発振など自由に組み替えられるようにしました．

発振段のあとにくるバッファは2SK241GRによるものです．バッファ出力から10pFを介して検波し，メータで発振を確認します．また，周波数カウンタを接続できるように端子もあります．ここはコネクタは使わないでワニ口クリップで挟み込んで，ランドから周波数カウンタへ入力します．

電源は006Pの9Vを使い，持ち運びが可能としました．

作り方

ランド法で基板（75×55mm）を作ります．18ピンのICソケットの取り付けは，**図2**のように5×25mmの短冊状のランドの銅箔面に切り込みを入れます．ソケットの取り付ける位置を決めて，基板に瞬間接着剤で貼り付けてから，ICソケットのピン足をはんだ付けします．

ランド基板は0.8mmのアルミ板をコの字に曲げた簡易ケース（幅100×奥行き85×高さ25mm）に取り付けました．電池は両面テープで固定し，メータは見やすいようにバリコンの横に固定します．

図3に実体配線図を示します．

使い方

ICソケットの1ピンと18ピンに水晶発振子を挿し込みます．1ピンがアースされているので，水晶発振の確認ができます．およそ5MHz以上の基本波水晶発振子および3rdオーバートーン水晶発振子では，水晶発振子に表示される値の$\frac{1}{3}f$で，基本波による発振が確認できます．発振するとメータが振れます．

ジャンクの水晶発振子の中にはアクティビティーが低くて発振が弱いものや発振しない固体もあ

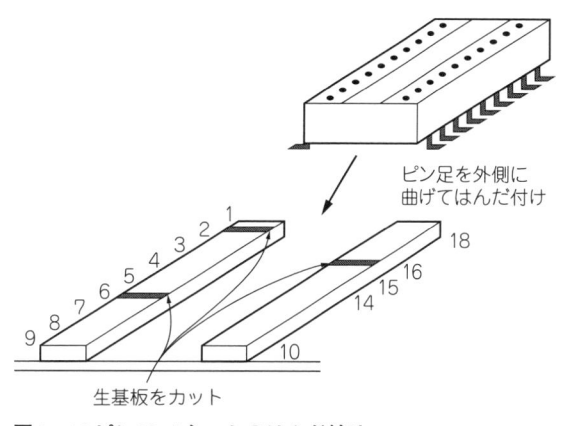

図2 18ピンICソケットのはんだ付け

ります．まれにこの無調整発振回路の定数では，発振しない水晶発振子もあるので，例外もありうると考えてください．

VXO発振のときは水晶発振子をICソケットの2ピンと17ピンに差し込み，VXOコイルは3～5ピンと6～9ピンのいずれかに挿し込みます．周波数の確認は，周波数カウンタ出力から信号を取り出して行います．なお，出力の弱いときはVXO出力コネクタから直接，周波数カウンタに入力すると，うまく表示できることがあります．

VXOは，コイルのインダクタンス値により，周波数の可変幅が異なります．あまり大きな値では発振しないこともあります．

市販のRFC $3.3\mu H$～$33\mu H$のいくつかを用意し，差し替えながら最適なインダクタンス値を決めるとよいでしょう．

また，FCZ研究所のVXOコイルはピンがうまく差し込めないときは，抵抗のリード線をはんだ付けして，ソケットに差し込めるように加工するとよいでしょう．ソケットのピン足は複数が各端子に接続されているので，2～3個の水晶発振子を並列としたスーパVXOなども試すことができます．

ちなみにVXOは基本波の水晶発振子よりもオーバトーン用水晶発振子を使った基本波発振のほうが，周波数を動かしやすいようです．

出力コネクタから信号を取り出して受信機や送信機の局発として使ったり，水晶マーカ信号源として使うなど，いろいろな使い方が考えられます．

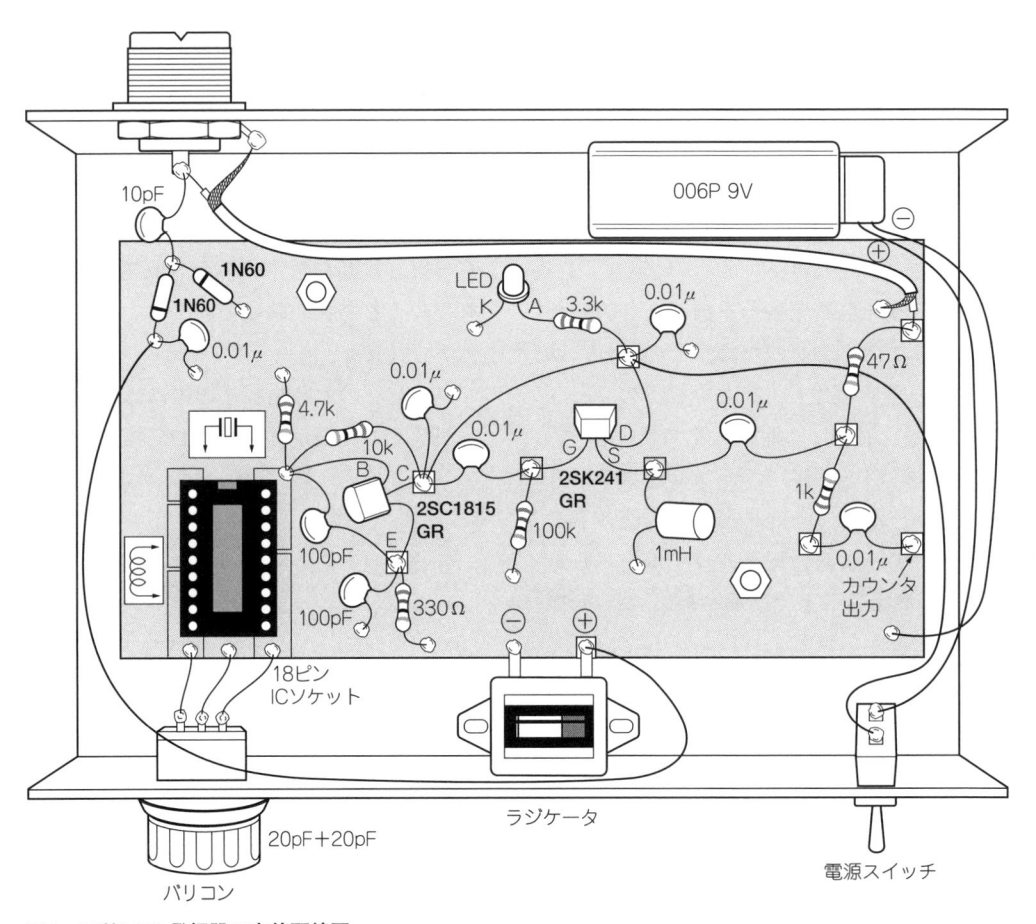

図3　万能VXO発振器の実体配線図

第3章　ストレート・ラジオの動作と製作
～ラジオの基本であるゲルマニウム・ラジオを題材に～

　ラジオの受信方式には大きく分けて，高周波信号を直接，増幅・検波するストレート方式と，目的信号をいったん中間周波(IF)に変換して選択度と感度を上げるスーパ方式の二つがあります．

　本章で扱うストレート方式は，ラジオの基本と言ってよいでしょう．この方式は，混信に弱く，感度も良いとはいえませんが，回路構成が簡単な割りに音質が良く，ラジオから聞こえてくる音声や音楽がとても自然に聞こえるという特徴があります．

　このストレート・ラジオのプロトタイプがゲルマニウム・ラジオです．このゲルマニウム・ラジオを題材にして，ストレート方式について製作と応用を考えてみましょう．

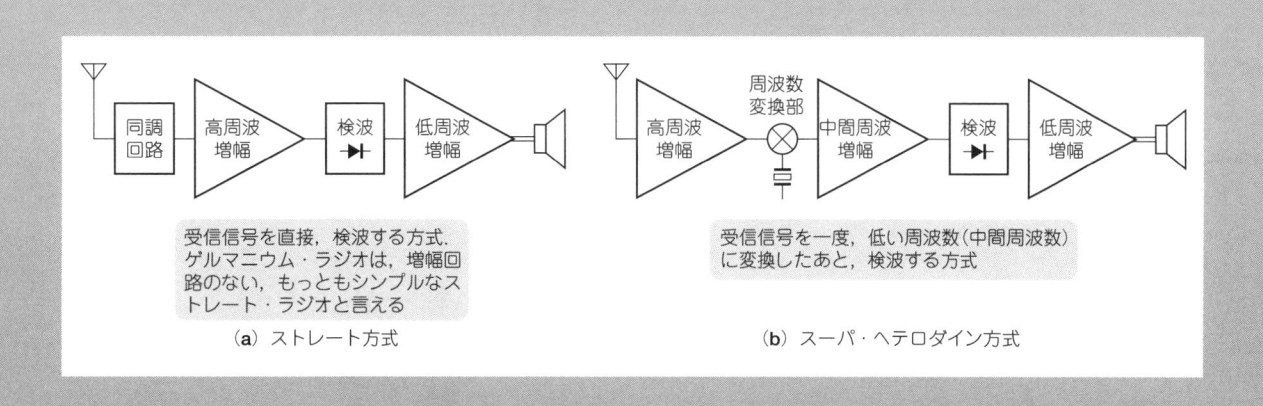

受信信号を直接，検波する方式．ゲルマニウム・ラジオは，増幅回路のない，もっともシンプルなストレート・ラジオと言える

(a) ストレート方式

受信信号を一度，低い周波数(中間周波数)に変換したあと，検波する方式

(b) スーパ・ヘテロダイン方式

3-1 ストレート方式の元祖
ゲルマニウム・ラジオの基本と応用

もっとも簡単なストレート・ラジオであるゲルマニウム・ラジオ．これは，ラジオの動作を学ぶにはとてもよいラジオで，電子工作に興味をもった方なら，一度は作ったことがあるのではないでしょうか？

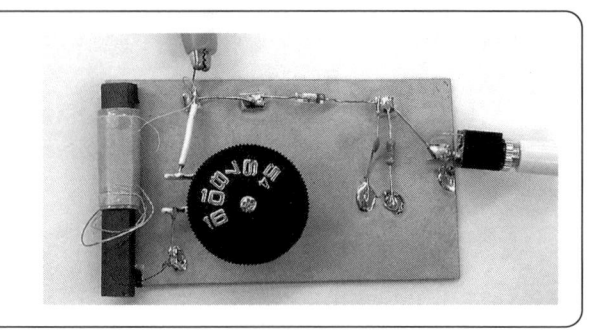

私たちの身の回りには，たくさんの電波が飛び交っています．このたくさん存在する電波の中から，どうやって目的の信号だけを取り出しているのでしょうか？　それには，コイルとコンデンサの組み合わせによる共振回路（同調回路）を使います．

ゲルマニウム・ラジオの構成

図1はゲルマニウム・ラジオの回路ですが，アンテナから入ってきたさまざまな電波はコイルLとコンデンサ（バリコンVC）による同調（共振）回路によって，目的の信号だけを選別して取り込むのです．取り込まれた高周波信号は1N60により検波され，音声信号になります．0.01μFのコンデンサは，漏れた高周波成分を除去します（バイパス・コンデンサ）．470kΩは負荷抵抗で，この両端から出力を取ります．そこで得られた電圧の変化をクリスタル・イヤホンで振動に変えて音声にします．

写真1はゲルマニウム・ラジオに必要なパーツです．コイルはSL-55GTというバー・アンテナ，

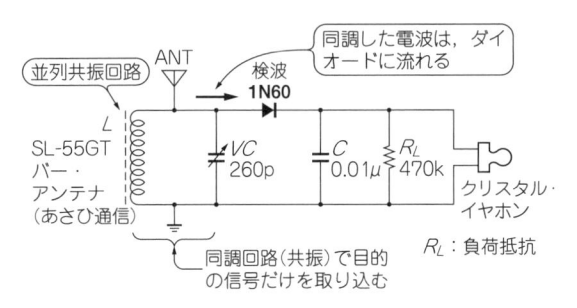

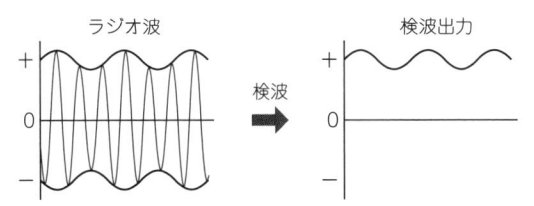

図1　ゲルマニウム・ラジオの回路と検波出力

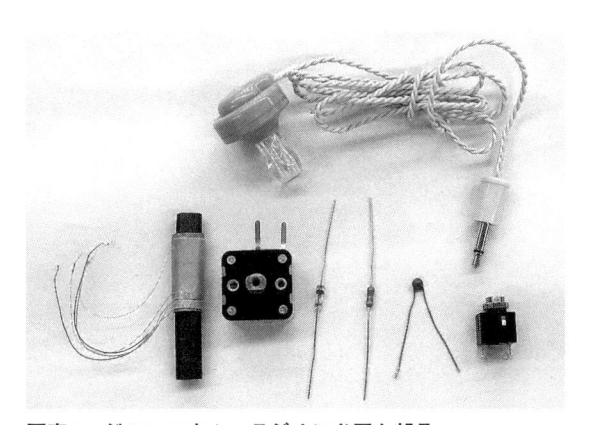

写真1　ゲルマニウム・ラジオに必要な部品

これと組み合わせるバリコンは260pFで、この同調回路で535～1605kHzをカバーします。

この回路をランド法で作ってみました。バー・アンテナはゴムの台を両端において、基板に両面テープで固定します。また、バリコンも基板に両面テープで貼り付けます。クリスタル・イヤホンは、φ3.5mmのプラグが付いていますから、φ3.5mmのジャックを出力端子にはんだ付けします。ランド法なら30分もあれば完成します。

それでは、聞いてみましょう。イヤホン・ジャックにクリスタル・イヤホンを挿し込みます。アンテナがないと、まったく聞こえません。そこで、アンテナとして5mほどのビニル線をつなぐと、何やら聞こえてきます。よく聞こえるところに合わせると、NHK第一、NHK第二放送などが聞こえてきますが、音が小さく内容はよくわかりません。そこで、アース線を2mほどつないだところ、はっきりと聞こえるようになりました。

ためしに、アンテナに30mのロング・ワイヤをつなぐと、音は大きくなりましたが、2～3局が同時に聞こえるという混信を起こしてしまいます。アンテナは、あまり大きくしてもよくありません。音は小さくとも、音質がとても良いのがゲルマニウム・ラジオです（**図2**）。

高周波増幅回路を付ける

ゲルマニウム・ラジオは、放送局から離れた電波の弱いところでは、十分な音量で受信できないこともあります。大きな音で聞くには、アンテナを付けなければならないので、お手軽に聞くというわけにはいきません。そこで、ゲルマニウム・ラジオの前に高周波増幅を付け、ゲインを稼いで大きなアンテナがなくとも聞こえるようにしてみます。

図3は、2SK241GRによる高周波増幅の回路です。入力部に同調回路、出力負荷はチョーク・コイルとしてみました。ここは、同調回路にするほ

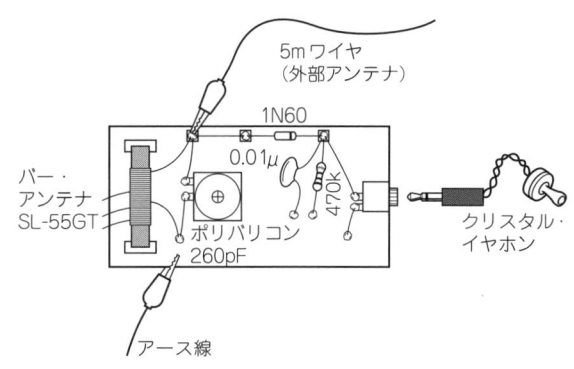

図2 アンテナ線とアース（グラウンド）線を接続するとよく聞こえる

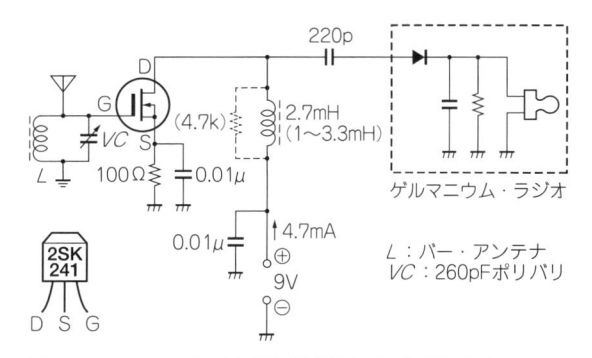

図3 2SK241GRによる高周波増幅一段を付加する

うが感度がよいのですが、同調側と一緒に変化できる2連バリコンが必要になります。そこで、出力側にはバリコンを使わないチョーク負荷としました。なお、チョーク・コイル（RFC）には2.7mHを使いましたが、1～3.3mH程度のものなら同じように使うことができます。

高周波信号は、220pFのコンデンサを介してダイオードに導びかれます。このコンデンサは、ダイオードに直流電圧がかからないようにする役目もしています。

高周波増幅段を1段付けたゲルマニウム・ラジオで、略して高1付きゲルマニウム・ラジオなどともいいます。さあ、音量はどうでしょうか？高周波増幅を付けると、アンテナなしでも十分に聞こえてきます。アンテナを付けるとうるさいくらいです。

しかし，高周波増幅器による利得が大き過ぎたのか，発振気味になりました．うまく同調を取るとおさまりますが，気になるようでしたら**図3**の点線で示すように，チョーク・コイルと並列に4.7kΩの抵抗を入れてゲインを落とせば発振はおさまります．

2SK241GRには9Vで4.7mAのドレイン電流I_Dが流れました．このくらいの電流値であれば長時間聞いていても，特に電池の消耗を気にすることもありません．

倍電圧検波を試す

図4(a)は一般的な検波回路です．ゲルマニウム・ダイオードによりプラスの部分を検波して低周波信号を得ています．信号波のマイナス部分は，ダイオードの逆方向となり検波されません．信号の半分だけ検波するので，半波検波ともいいます．

これに対して，**図4(b)**のようにダイオードを2個使った倍電圧検波という，マイナス側の波形分も検波できる方式があります．

D_2では信号波のプラスの部分を検波して，アースからD_2のアノード側に向かって接続されたD_3がD_3の方向にマイナス部分を検波して，プラスの電圧としてD_2による検波分に加算されて，半波整流〔**図4(a)**〕のときに比べて2倍の出力電圧が現れます．

写真2が完成したラジオです．さっそく試してみましょう！ 音量はほとんど変わりません．耳で聞く2倍の電圧というのは，特に音量としては感じられませんが，半波整流(検波)のときと比べて出力電圧が大きいことには，間違いありません．

スピーカは鳴るか？

さて，高周波1段のゲルマニウム・ラジオで，スピーカを鳴らすことはできるでしょうか？

ゲルマニウム・ダイオードで検波した後の信号インピーダンスは比較的高く，入力インピーダンスの高いクリスタル・イヤホンを直接つなぐことができます．いっぽう，スピーカの入力インピーダンスは低く，一般的には4～16Ωです．そのため，クリスタル・イヤホンの代わりにスピーカを直接つないでも入出力インピーダンスが違うために，出力がうまくスピーカに伝えられないため鳴りません．

そこで，低周波トランスを使って，検波出力の数十kΩというインピーダンスからスピーカの入力インピーダンスである8Ω程度まで下げてやります．

図5のように470kΩの負荷抵抗を取り去り，

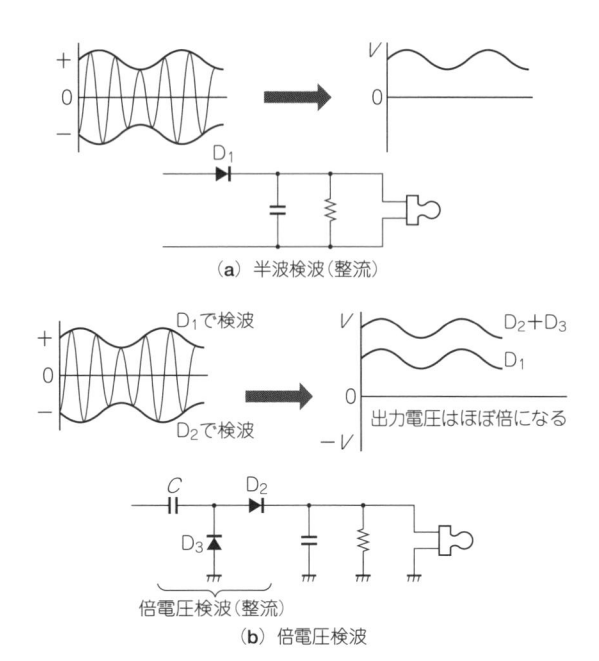

図4 半波検波(整流)と倍電圧検波

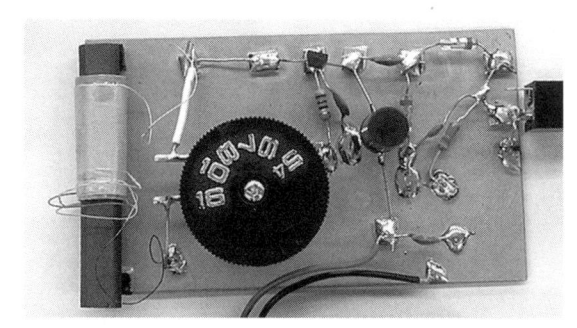

写真2 高周波増幅1段が付加されたゲルマニウム・ラジオ

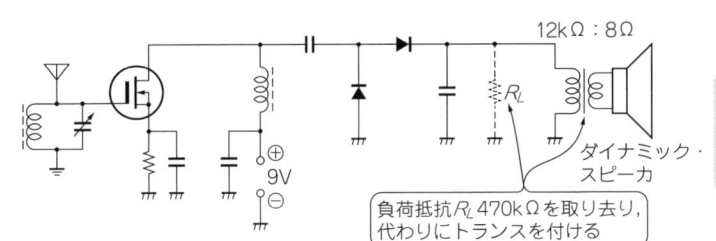

トランス　T-600 12k　価格：672円
12kΩ：8Ωのアウトプット・トランス（真空管用）
入手先：東栄変成器（株）
　　　　〒101-0021　東京都千代田区神田1-14-2
　　　　TEL 03(3255)6589

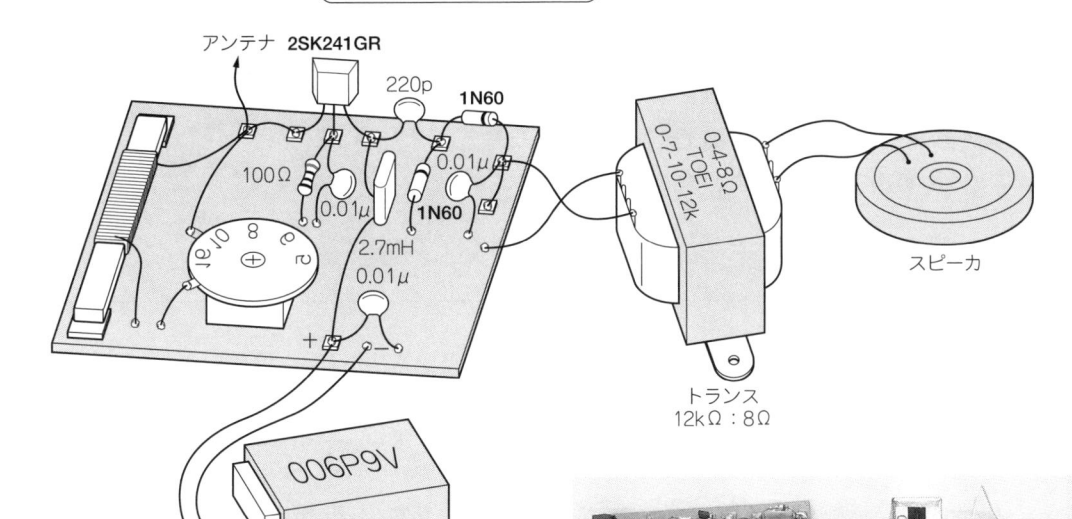

負荷抵抗R_L 470kΩを取り去り，代わりにトランスを付ける

図5 高一付きゲルマニウム・ラジオでスピーカを鳴らす

写真3 高1付きゲルマニウム・ラジオでスピーカを鳴らす

その代わりに12k：8Ωの真空管用のアウトプット・トランスを用いて，8Ωのスピーカをつないでみました（**写真3**）．音はとても小さくスピーカに耳を近づけてやっと聞こえる程度ですが，ダイオード検波の出力だけでもスピーカを鳴らすことができました．これはダイオード出力のハイ・インピーダンスをトランスでスピーカ負荷の8Ωに変換したことでできるのです．なお，スピーカもできるだけ能率のよいものを選んでください．音量的にはちょっと物足りませんが，夜中にベッドに入り，耳元に置いて静かに聞くには，楽しいのではないでしょうか．

　スピーカでは音量がちょっと少ないので，ウォークマンのステレオ・ヘッドフォン（入力インピーダンス＝4～32Ω）をつないでみました．音量はバッチリです．クリスタル・イヤホンでは，出にくい低音もしっかり聞こえて，透明感のあるとても良い音質にびっくりしました．

　放送局の近くで強力な電波の届くところであれば，高周波増幅も必要ありません．ということは，ゲルマニウム・ラジオでスピーカが鳴らせるのです．近くに放送局のある方は，ぜひ試してください！

　この高1付きゲルマニウム・ラジオの検波出力の後に低周波アンプを入れれば，スピーカから十分な音量で放送を聞くことができます．

3-1　ゲルマニウム・ラジオの基本と応用　　71

3-2 RF1段増幅＋AF増幅1段でパワーアップ
実用的なゲルマニウム・ラジオの実験

《3-1》項ではゲルマニウム・ラジオや高周波増幅を付けたゲルマニウム・ラジオの実験をしてきました．

次に，実験も兼ねて，高周波増幅1段とICを使ったスピーカの鳴るラジオにまとめてみます．

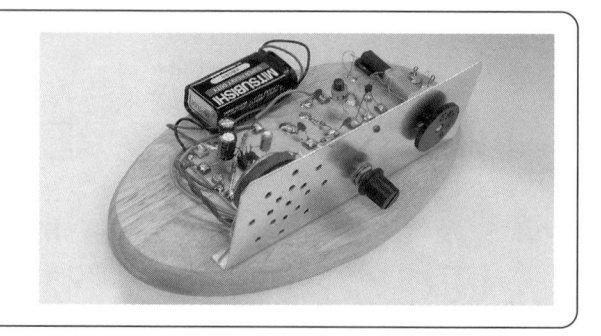

ここで作る高1付き＋スピーカを鳴らすゲルマニウム・ラジオの回路を**図1**に示します．ゲルマニウム・ラジオの手前に高周波増幅を1段入れて，その後で検波を行い，ICアンプで電力増幅し，スピーカをドライブします．このような高周波1段のラジオを，高1ラジオ（**写真1**）と呼んでいます．

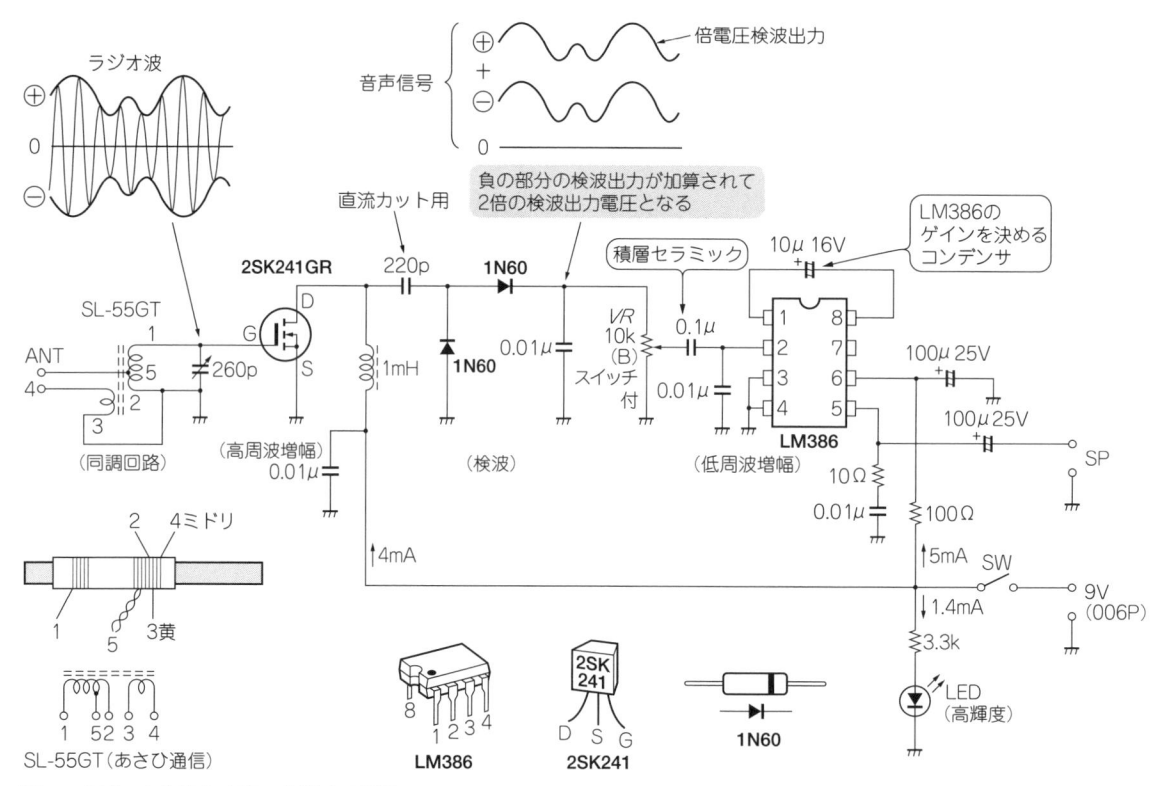

図1 スピーカを鳴らす高一ラジオの回路

72　第3章　ストレート・ラジオの動作と製作

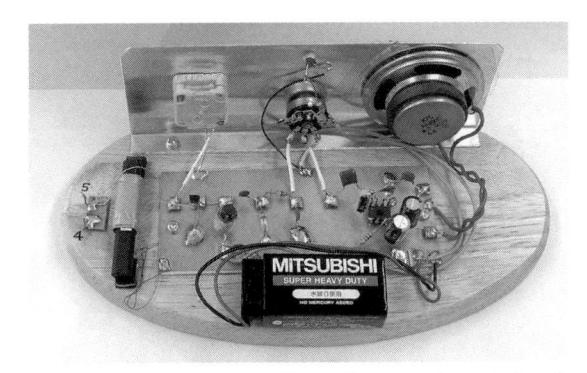

写真1 だ円の木板の上に基板を載せてスピーカを鳴らすゲルマニウム・ラジオ

最初にゲルマニウム・ラジオを作り，高周波増幅器を付けたりといろいろ試しながら作ってきました．もう一度，回路をおさらいしながら見ていきましょう！

同調回路とは

交流に対して，コンデンサは電気を通しやすく，逆にコイルは抵抗性を示します．このような逆の性質を示すコイルとコンデンサを並列に接続すると，コイルとコンデンサの値によって固有の周波数で共振するという現象が起こります．

コイルのインダクタンスが一定の場合，コンデンサの容量が大きくなると低い周波数に共振し，容量が小さくなると高い周波数に共振します．共振する周波数は，コイルとコンデンサの容量で決まり，これを共振周波数や同調周波数といいます．

図1の回路では，コイルはSL-55GTというバー・アンテナと260 pFのポリバリコンにより並列共振回路を構成して，同調周波数を変化させて目的の放送局に合わせます．

高周波増幅回路

並列共振の同調回路では，共振したときに，回路両端の電圧が最大となり，高周波増幅用MOSFETである2SK241GRととても相性がよく（入力インピーダンスが高いから），特にバイアス回路を設けなくとも，高周波増幅回路を構成することができます．

出力回路は，チョーク・コイルを負荷として，220 pFのセラミック・コンデンサにより，直流をカットして高周波信号のみを検波段に通過させます．コイルには1 mHのインダクタを使いましたが，1～3.3 mH程度の値のものでOKです．

一般的には同調回路も含めて高周波増幅回路としています．

検波回路（ダイオード検波）

ダイオードの基本的な作用である検波を行う回路です．通常はダイオード1個で高周波信号の＋の部分から音声信号を取り出しますが，ここでは－の部分からも検波出力を取り出す倍電圧検波としました．こうすることで，検波出力がダイオード1本のときよりも大きくなります．

検波にはゲルマニウム・ダイオードの1N60を使いましたが，ショットキー・バリア・ダイオードでもOKです．

出力側の0.01 μFのコンデンサは不要な高周波信号をバイパスします．負荷抵抗は10 kΩのボリュームとなります．

低周波増幅回路

検波後の音声信号から，スピーカを鳴らすだけの出力を得るためには，低周波増幅回路が必要です．こういう仕事はICが得意とするところなので，定番中の定番ICであるLM386を使いました．検波して得られた音声信号は，このICだけでスピーカをガンガン鳴らすことができます．外付けのパーツも少なくて，はんだ付けさえしっかり行えば失敗することもありません．

なお，ダイオードによる検波出力が大きいとき，直流電圧成分が高くなってICの動作をとめてしまうこと（ミュート）があります．ボリュームとLM386の2ピンとの間に，0.1 μF（積層セラミック・

表1 スピーカを鳴らす高一ラジオに必要なパーツ一覧

品名	形式・仕様	数量	参考単価(円)	備考
バー・アンテナ	SL-55GT	1	252	サトー電気で購入
ポリバリコン	260pF	1	210	サトー電気で購入
MOS FET	2SK241GR	1	40	
ダイオード	1N60	2	30	代替品1K60
RFC	1mH	1	105	1〜3.3mHで可
抵抗 (1/4〜1/8W)	10Ω	1	10	
	100Ω	1	10	
	3.3kΩ	1	10	
セラミック・コンデンサ	0.01μF	4	10	
	220pF	1	10	
積層セラミック・コンデンサ	0.1μF	1	10	
電解コンデンサ	10μF 16V	1	20	
	100μF 25V	2	30	
発光ダイオード		1	20	高輝度タイプ
ボリューム	10kΩ Bカーブ	1	147	スイッチ付き
スピーカ	8Ω	1	200	
電池スナップ		1	20	
基板				
アルミ板				ホームセンターで購入してカット
木片			100	100円ショップ
タッピング・ビス	3×6mm	4		

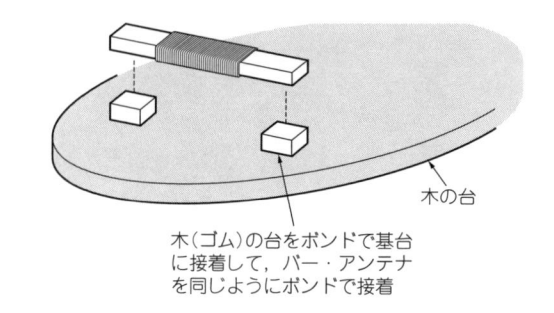

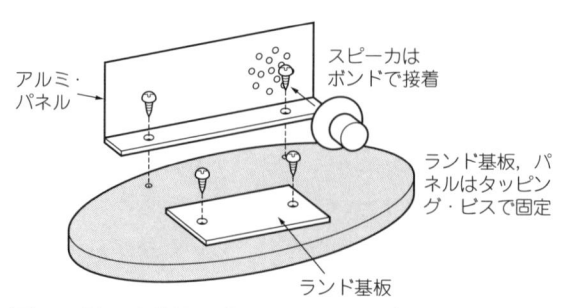

図2 パネルや基板, バー・アンテナなどの取り付け方法

コンデンサ)を挿入して，検波後の直流成分をカットすることで，ICの動作を安定にしています．

部品を集める

表1に部品表を示します．バー・アンテナSL-55GTと260pFのポリバリコンで535kHz〜1605kHzまで同調を取ることが可能です．

バー・アンテナ，バリコンともに，まったく同じものでなくともOKです．受信できる周波数は多少，異なるかもしれませんが，入手できるものを使ってください．100円ショップで購入できるラジオから，バー・アンテナとバリコンをはずして使ってもOKです．

音量調節用のボリュームは，スイッチ付き10kΩ(Bカーブ)を使いましたが，スイッチは電源スイッチとして使っていますから，ボリュームとは別にしてトグル・スイッチを使ってもよいでしょう．

作り方

基板はランド法で作ります．基板を10×4.5cmにカットして，必要なところに小さなランドを貼り付けてから，パーツをはんだ付けしていきます．

基板は，100円ショップで見つけた置き板を台として固定しました．木の板を適当な大きさに切って使ってもかまいません．

パネルは，6.5×15cm，厚さ0.8mmのアルミ板を1cm折り曲げてL型として，ボリューム，バリコンの取り付け穴などをあけてからタッピング・ビスで，木の台に取り付けました．タッパウェアなどを使って，その中に組み込んでもよいでしょう．創造力を発揮して，個性豊かなラジオにしてください．

バー・アンテナは，図2に示すように木などの台を置いてその上にボンドで固定しました．ランド基板は，タッピング・ビスで固定します．スピーカはボンドでケースのパネルに固定しました．006Pの9V電池は，電池の片面を両面テープで木の台に貼り付けました．

図3に実体配線図を示します．

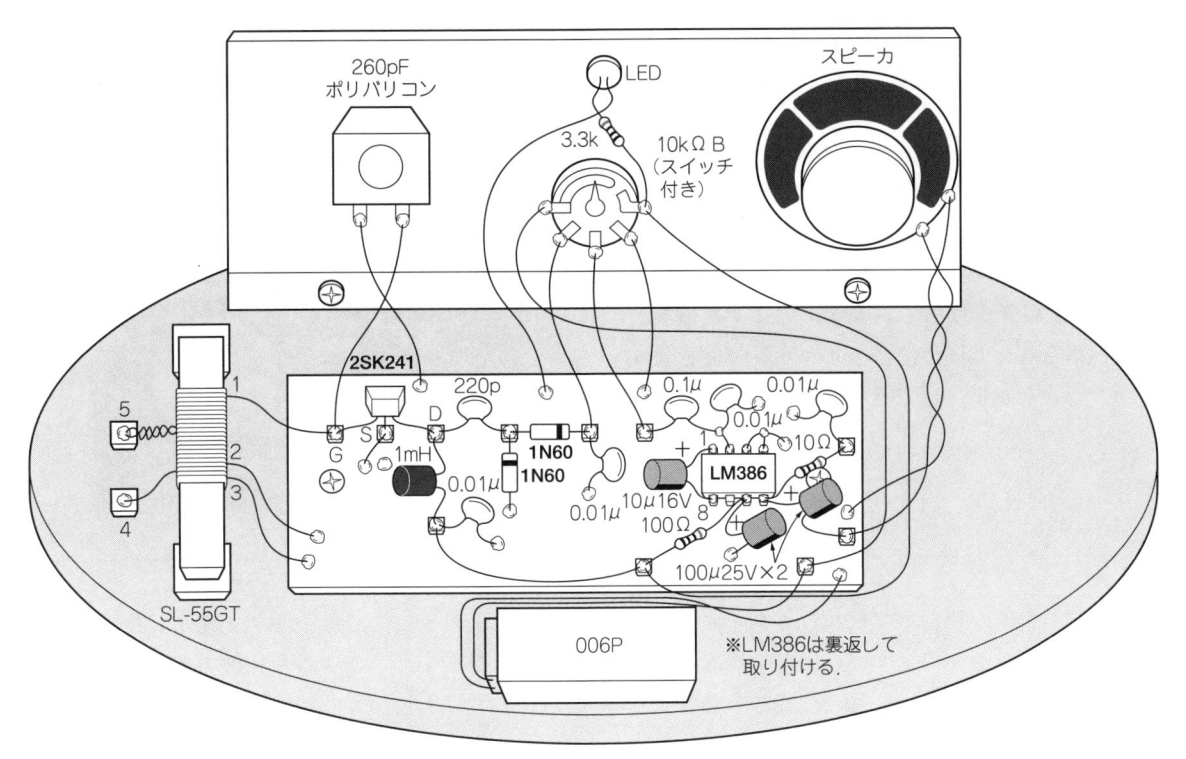

図3 スピーカを鳴らす高一ラジオの実体配線図

図4 発振気味のときは抵抗を並列に入れてチョーク・コイルの Q を下げるとよい

点線のように1mHと並列に4.7(3.3〜10)kΩの抵抗 R を入れてコイルの Q を落とす

スピーカを鳴らしてみる

　感度はバッチリです．アンテナは特に必要としません．バリコンを周波数の低いほうから高いほうへ回していくと，著者が住む群馬県では，NHK第1(594 kHz)，同第2(693 kHz)，TBS(954 kHz)，栃木放送(1062 kHz)などが聞こえてきます．

　高周波増幅部のゲインが高すぎるのか？　多少，発振ぎみになることもありますが，同調が取れるとおさまります．発振気味のほうが感度が良くてたくさんの放送が聞こえますが，もし気になるようなら，高周波増幅の出力負荷である1mHと並列に4.7kΩの抵抗を接続して，コイルの Q を落とすとおさまります(図4)．

　バー・アンテナは，放送局の方向とコイルを直角に向けたときに最大感度になりますから，ラジオの向きを感度のよいところに合わせます．感度が悪いときは，図1に示したバー・アンテナの4または5の端子に5mほどのビニル線をつなぐとよく聞こえるようになります．しかし，あまり感度が上がりすぎると，強い放送が通り抜けて聞こえてくるので，ほどほどが良いと思います．手元にあるラジカセなどメーカー製のラジオと音を比較してみてください．どうですか？　音声にメリハリがあり，とても透明感のある音に感じませんか？回路が簡単なわりには，すばらしい音質です．

　このように簡単な回路で，大量生産のラジオに負けない透明感のある音質が楽しめるのも，電子工作の面白さです．

3-3 ダイオードをFETに取り替えると……
検波にMOS FETを使うストレート・ラジオ

> 検波を行うダイオードの代わりに増幅素子であるMOS FETを使ってみます．FETで検波を行い，得られた低周波信号をイヤホンで聞きますが，なかなか良い音で鳴ってくれますよ．

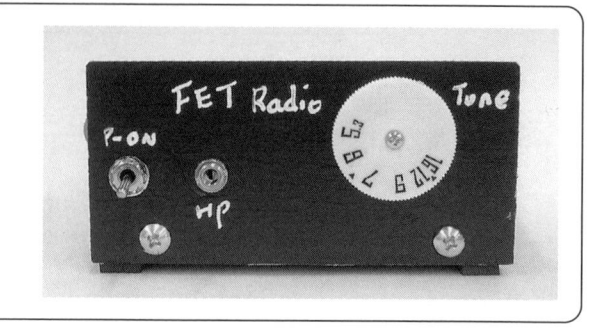

ゲルマニウム・ラジオで使われるダイオード検波は，歪みは少ないのですが，出力を得るためには大きな入力電圧（強いラジオ放送波）を必要とします．これに対してバイポーラ・トランジスタやFETの増幅素子を使っても検波をすることができます．増幅素子を使うと，小さな入力電圧であっても検波できるので，感度が良い方式です．

図1は2SK241GRのゲート-ソース間電圧V_{GS}-ドレイン電流I_Dの関係を示したグラフですが，ドレイン電流がほんのちょっと流れ出した湾曲部のⒶにバイアスを設定して，AM波を入力すると入力電圧の2乗に比例した検波電流を取り出すことができます．このような検波方式を2乗検波といいます．小さな入力電圧で大きな検波電流が取り出せるが特徴です．

2SK241GRのRF増幅と検波回路の違い

図1をもう一度ご覧ください．Ⓐで動作させるのが検波で，Ⓑで示すところで動作させるのが高周波増幅です．

図2(a)は，高一ラジオの高周波増幅回路です．FETのソースは直接グラウンドに落としてもよいのですが，ソース抵抗R_Sを入れてドレイン電流I_Dを制限して，ゲイン調整をすることができます．増幅器としては，I_Dに5 mA程度の電流を必要とするので，R_Sは330 Ω程度以下にする必要があります．なお，R_Sとパラレルに入った0.01 μFは，高周波のバイパス・コンデンサです．

図2(b)が検波回路です．増幅との違いは，動作点を決めるソース抵抗R_Sの値です．検波ではⒶで動作させるためにほとんどドレイン電流を流さないので，R_Sは数kΩと大きくします．

ゲート電圧は共振回路のコイルを介して直流的には0 Vです．ソース電圧V_Sは$I_D×R_S$〔V〕で，ソ

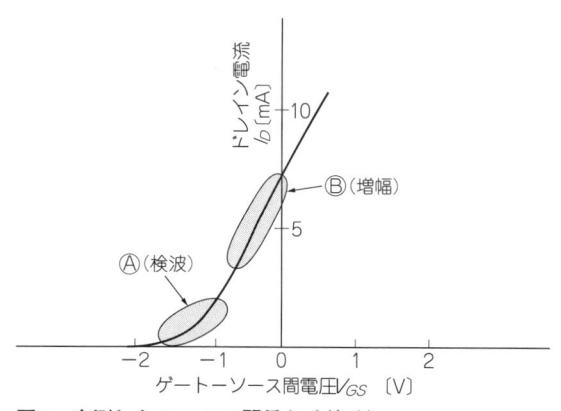

図1 実測したV_{GS}-I_Dの関係（2乗検波）

ース電圧を基準に考えると，ゲート電圧は見かけ上 $-(I_D \times R_S)$ となり，これがFETのバイアス電圧 V_{GS} ということになります．検波では，R_S を数kΩと大きくして動作点がちょうど V_{GS}-I_D 特性の湾曲部Ⓐになるように設定しているのです．なお検波後の負荷は，出力が低周波信号なので抵抗にします．

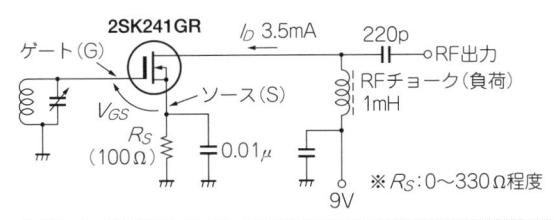

バイアス設定用のソース抵抗 R_S の値

どのくらいの R_S にすればよいか実験してみました（**写真1**）．まずは，R_S を10kΩのボリュームとして図3の回路をランド法で組んでみました．アンテナとして2mほどのビニル線を接続するとクリスタル・イヤホンから放送が聞こえてきます．図3のようにイヤホン出力にRFプローブをあてて，テスタのメータを振らせてみましょう．

なお，ここで使うRFプローブは，低周波信号を直流にしなくてはならないので，プローブの入

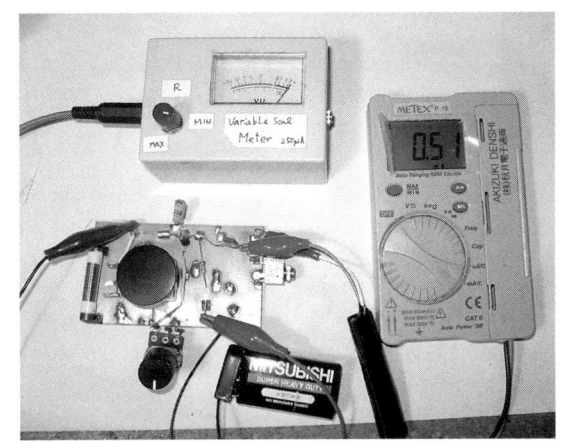

(例) $V_S = R_S \times I_D$
$R_S = 100Ω$，$I_D = 3.5mA$ のとき
$V_S = 100Ω \times 3.5mA = 0.35(V)$
ゲート電圧は，ソース電圧を基準に考えると $-0.35V$ ということになる

(a) 高周波増幅

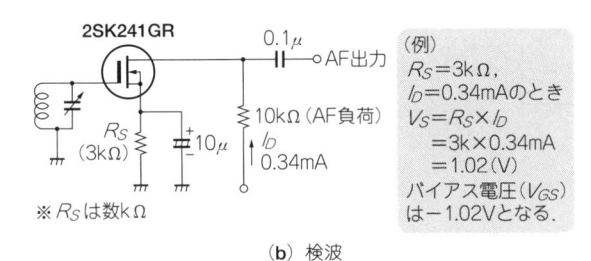

(例) $R_S = 3kΩ$，$I_D = 0.34mA$ のとき
$V_S = R_S \times I_D$
$= 3k \times 0.34mA$
$= 1.02(V)$
バイアス電圧 (V_{GS}) は $-1.02V$ となる．

(b) 検波

図2 高一ラジオの高周波増幅回路

写真1 2SK241GRのバイアス電圧 V_{GS} とドレイン電流 I_D の関係を測定してみる

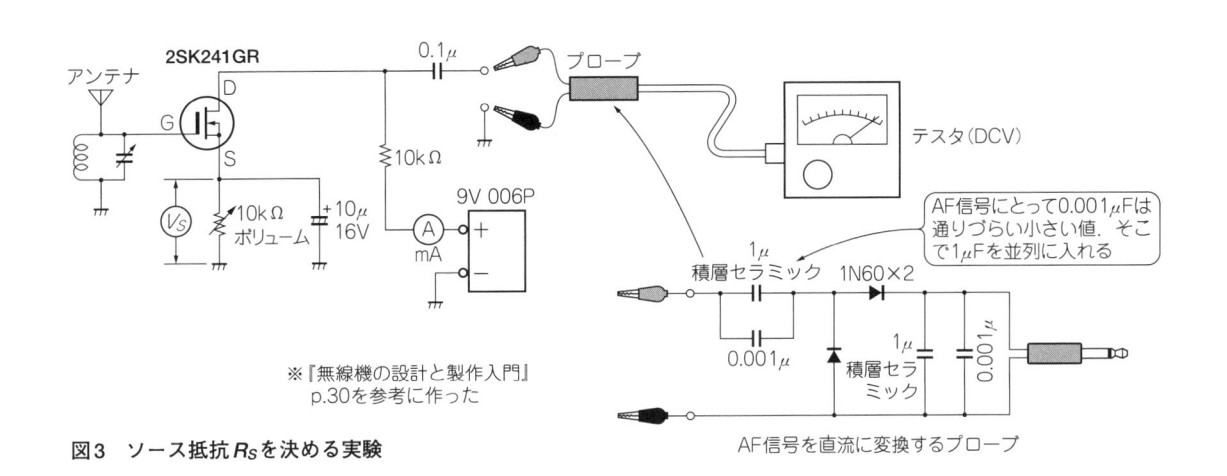

図3 ソース抵抗 R_S を決める実験

※『無線機の設計と製作入門』p.30を参考に作った

AF信号を直流に変換するプローブ

AF信号にとって0.001μFは通りづらい小さい値．そこで1μFを並列に入れる

3-3 検波にMOS FETを使うストレート・ラジオ

表1 バイアス電圧 V_{GS}，ドレイン電流 I_D，プローブの読み，R_S の実測値

V_S [V]	I_D [mA]	メータの読み	R [Ω] (V_S/I_D)	備考
1.16	0.12	2	9.6 kΩ	
1.15	0.17	3	6.8 kΩ	
1.1	0.25	4	4.4 kΩ	
1.05	0.34	5	3 kΩ	
0.88	0.53	6	1.6 kΩ	
0.78	0.6	7	1.3 kΩ	最大感度
0.56	0.67	5	830 Ω	
0.5	0.69	4	720 Ω	
0.44	0.7	1	630 Ω	

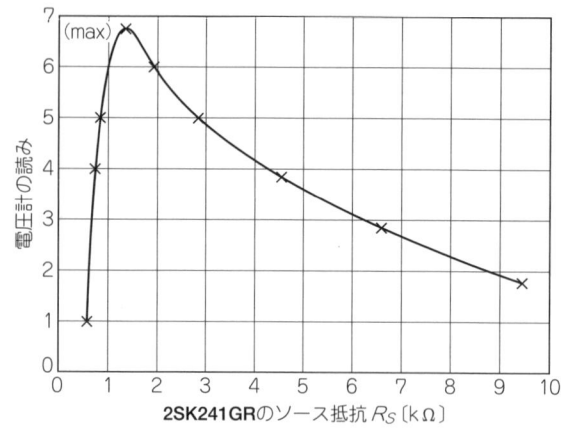

図4 ソース抵抗 R_S と感度の関係（実測値）

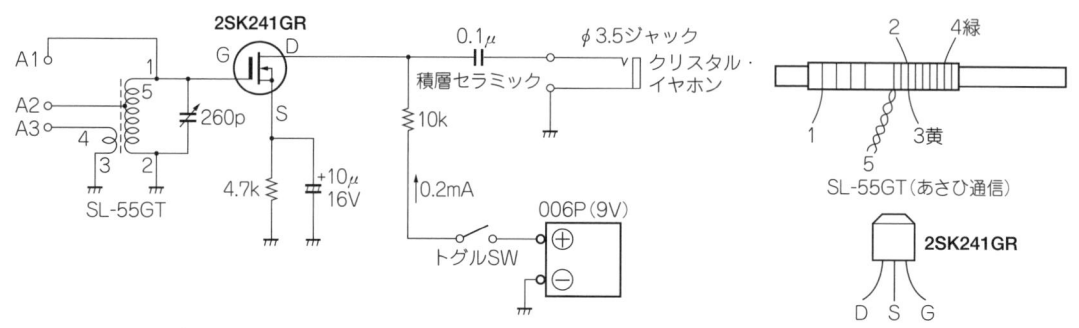

図5 1石FETラジオの回路

力コンデンサは低周波が通過しやすい容量にしています．

測定した結果（表1）から，R_S とメータの関係をグラフにしたのが，図4です．ボリュームで抵抗値を変化させると，1 kΩ 付近でメータの振れがピークとなり，それ以下では急激に小さくなります．1 kΩ より抵抗値が大きくなると，メータの読みは徐々に下がります．

この実験から，感度が高く動作の安定を見込んだ 2.2〜4.7 kΩ が最適なソース抵抗 R_S と考えられます．ここでは 4.7 kΩ を使うことにしました．なお，R_S と並列の 10 μF は，AF成分をバイパスしています．これがなくとも動作はしますが，音が小さくなります．こうしてでき上がった回路が図5です．

まな板の上にラジオとしてまとめる

ランド基板に組んだ1石ラジオでは，いずれ壊したり紛失してしまうので，きちっとケースに入れたいものです．そこで《3-2》項で作った高一ラジオのようにアルミ板をパネルとして，木の板の上に基板をのせた構造で作ることにしました．木の板の上に組み立ててあるパーツ類は，まるで，まな板の上のお寿司や刺身のようです（写真2）．

このように木の板を台にして作るラジオを「まな板ラジオ」と呼ぶことにします．配線のようすやパネル面の加工については，図6と図7を参照してください．

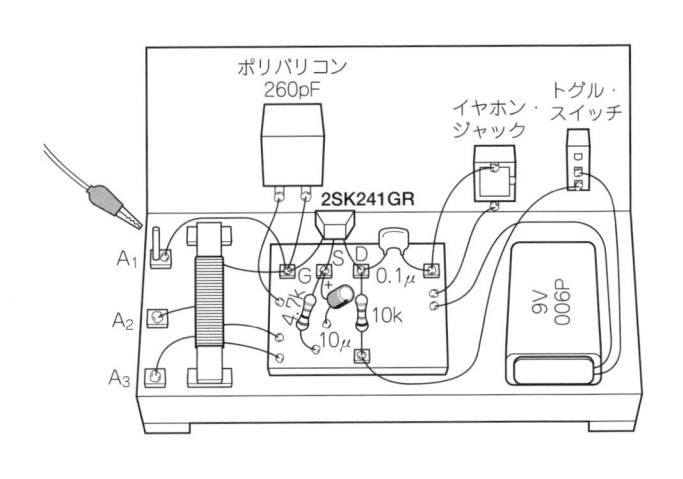

図6　1石FETを使ったラジオの実体配線

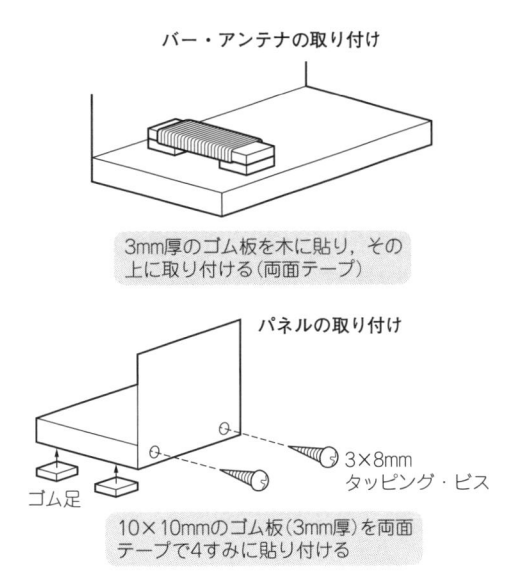

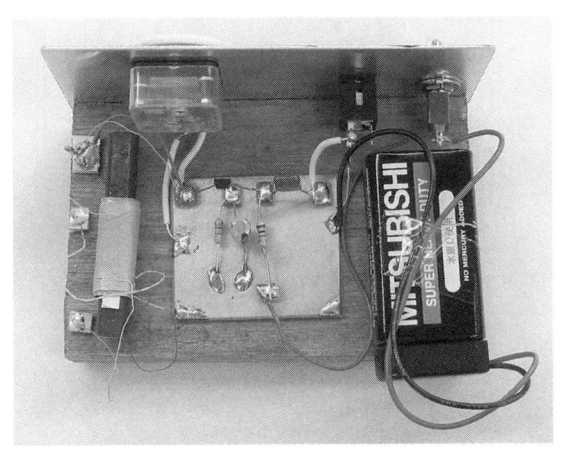

写真2　まな板の上に組んだ1石FETラジオ

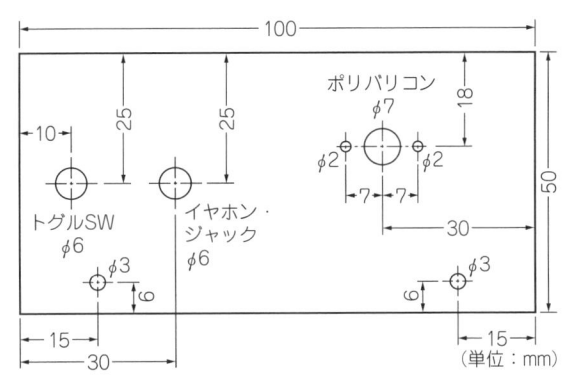

図7　パネル面の加工寸法図

鳴らしてみる

　まず，配線の間違いがないか回路を見直します．2SK241GRに流れるドレイン電流I_Dは0.2 mA程度であれば大丈夫でしょう．

　アンテナはなくとも聞こえますが，音が小さい場合は通常A_1に2 mほどのワイヤをつなぎます．大きなアンテナをつなぐ場合は，A_2，A_3のどちらか使います．

　イヤホンをつなぎバリコンを回すとNHK第1(594 kHz)，同第2(696 kHz)，TBS(954 kHz)，そしてローカルの栃木放送(1062 kHz)がガンガン聞こえてきます．メリハリのあるすばらしい音質です．

　学校や仕事から帰ったら，真っ先にスイッチを入れたくなるかわいいラジオになることでしょう！

3-3　検波にMOS FETを使うストレート・ラジオ　79

Column　アンテナ・カップラとLED式マッチング計

　アマチュア無線で使われるHF帯アンテナ・カップラとLEDの消灯でマッチングがわかるLEDマッチング計を紹介します．7～28MHzで，ワイヤ・アンテナなどと組み合わせて使うL型カップラです．ただし，それぞれのバンドで整合範囲はごく狭いので，注意が必要です．アンテナ・ワイヤは$\frac{1}{2}\lambda$を基本とします．図Aのようにコイルを巻き，そのタップの位置をワニ口で変えながら，エアバリコンでSWRを微調整します．コイルとエアバリコンは，防水を兼ねて，図Bのようにタッパウェアに入れます．

　また，アンテナのSWRがLEDの消灯でチェックできるLEDマッチング計の回路を図Cに示します．LEDはマッチングが取れた送信時に消灯します．

　このアンテナ・カップラとLEDマッチング計は，図Dのようにして使います．

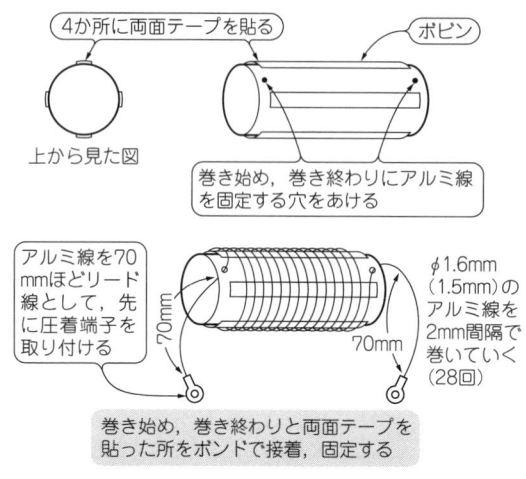

図A　トイレットペーパーの芯に巻いて作る，自作コイル

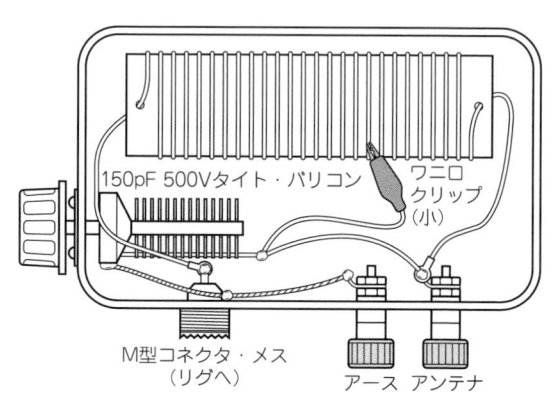

図B　7～28MHz対応のワイヤ・アンテナ用アンテナ・カップラ（タッパウェアに収納）

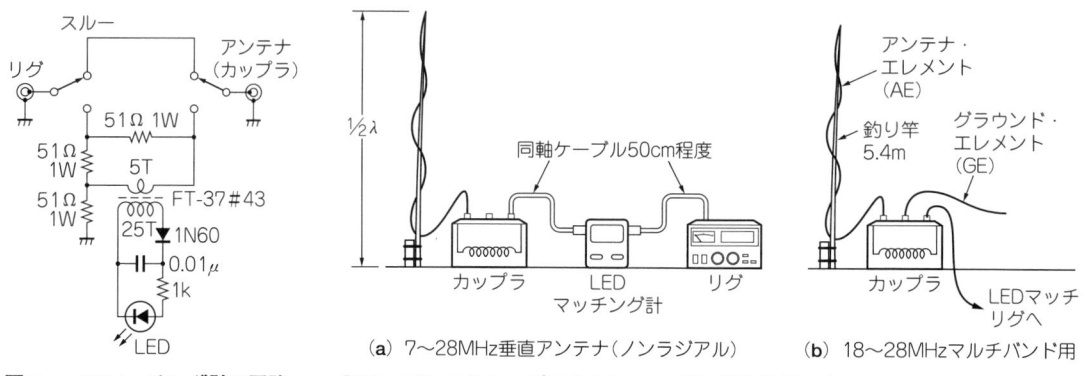

図C　LEDマッチング計の回路　　**図D**　アンテナカップラとLEDマッチング計の使い方

（a）7～28MHz垂直アンテナ（ノンラジアル）　　（b）18～28MHzマルチバンド用

第4章　再生ラジオと超再生ラジオ
～少ない増幅素子を，極限まで活用する知恵～

　ストレート方式は，同調回路の良し悪しで感度が決まります．できるだけ大きな電圧を取り出すには，同調回路のQualityを高めことが重要なポイントです．

　その方法として，検波と同時に高周波信号を同調回路に戻して感度をあげる再生検波，さらには検波回路を発振させた状態でON/OFFさせる超再生検波があります．これらは究極のストレート方式と言えます．

　本章では，中波，短波，について再生検波方式を，超短波（VHF）については超再生方式を試します．再生（超再生）をかけるには微妙な調整が必要であり，再生（超再生）のかけ方次第で，ストレート方式でありながらスーパ方式に匹敵する感度が得られます．

　少ない素子を極限まで活用する再生（超再生）検波と再生の掛け方のコツをつかむことにチャレンジしてみましょう！

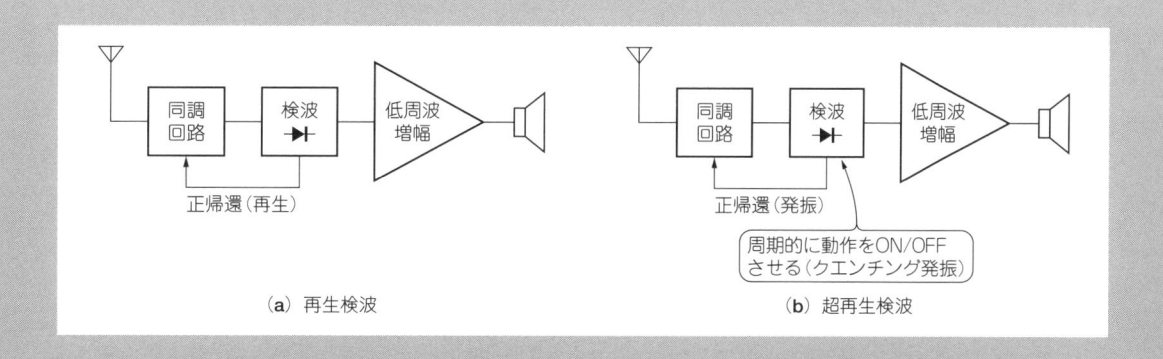

（a）再生検波

（b）超再生検波

4-1 シンプルで高感度なBCLラジオ
再生式中波ラジオの製作

再生式という増幅素子を最大限活用するラジオの方式．1石でありながら，高選択度と高感度を狙ったこの方式の中波ラジオの製作に挑戦してみます．

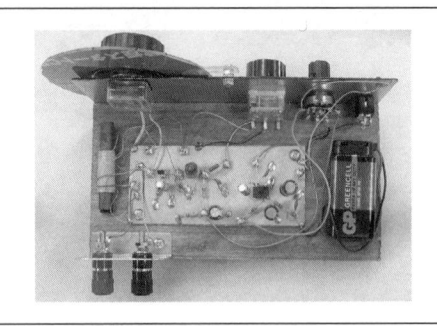

《3-3》項で紹介したFET 1石ラジオは，たった1石のラジオにしては感度がたいへんよく，NHKやローカル放送がガンガン聞こえてきます．また，消費電流も1mA以下なので，長時間安心してラジオを楽しむことができます．

FET検波ラジオに再生をかける

しかし，もっと高感度に聞こうと欲張って大きなアンテナをつなぐと，混信を起こしてしまいます．この混信は何とかならないものでしょうか？

実は，検波回路を発振直前の状態にして同調回路の選択度を上げ，感度をよくするという方法があるのです．

図1は1石ラジオの回路です．2SK241GRのドレインには，検波信号(低周波)だけ現れるのではなくて，高周波信号も含まれています．その高周波をもう一度アンテナ側に戻すと検波回路が発振寸前の状態になり，感度がぐんと上がります．

図2をご覧ください．FETのドレインにチョーク・コイルRFCが入っていますが，高周波はチョーク・コイルを通過できずにL_2のコイル側に戻され，同調コイルL_1に誘導結合します．こうすると，入力と出力がループ状になるので，発振直前の状態になります．一方，検波電流(低周波)はチョーク・コイルをらくらく通過します．

このように，感度を上げるために同調回路に高周波信号を戻して発振状態に近づけることを再生をかけると言います．しかし，高周波信号の戻り，すなわち，再生のかかり方が強いと異常発振してしまい，ギャーというとてもひどい音になり放送

図1　1石FETラジオの回路

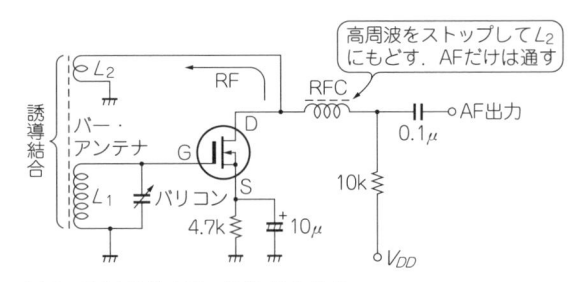

図2　FETラジオで，再生をかける

が聞けたものではありません．そこで，コイルに戻す高周波の量を調整して最高の感度にする工夫が重要になります．

図3をご覧ください．1mHとドレインの間のC_1とコイルL_2と直列に入っているバリコンVC_2がとても大切な働きをしています．C_1で余計な量の高周波はグラウンドに落とし，適正な量の高周波だけをL_2に戻します．コイルに戻った高周波を再生バリコンVC_2で発振する寸前に微調整します．

この発振寸前の状態では，最高の感度になり多くの放送局を聞き分けることができるのです．この再生をかけるために巻いたコイルを再生コイルといいます．使用するSL-55GT（あさひ通信）は，再生コイル付きのバー・アンテナです．

高感度のBCLラジオを作ろう！

再生式のラジオの原理がわかったところで，多くの放送局が受信できるラジオを作ってみましょう！

図4に回路を示します．回路は簡単ですが，再生のかけ方次第でとても感度が上がり，日本中の放送を聞くことができます．

2SK241GRで検波と同時に再生をかけて感度を上げます．音声信号はRFCを通過後，低周波増幅用IC LM386でスピーカを鳴らします．LEDは，$R(10\,\mathrm{k}\Omega)$に流れる電流と2SK241GRに流れる合計の電流で点灯させています．2SK241GRの動作電流がLEDの点灯電流よりも少ないので，消費電流を節約しました．

再生ラジオでは，同調回路のコイルが重要です．バー・アンテナSL-55GTには，同調コイルと再

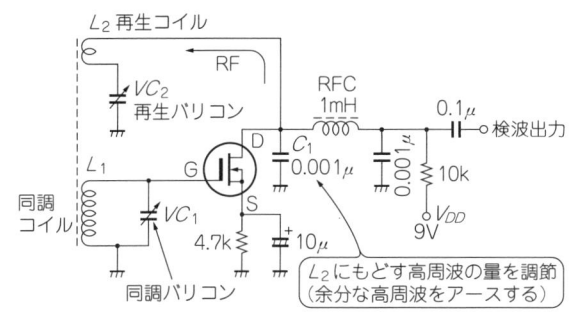

図3 再生検波の回路

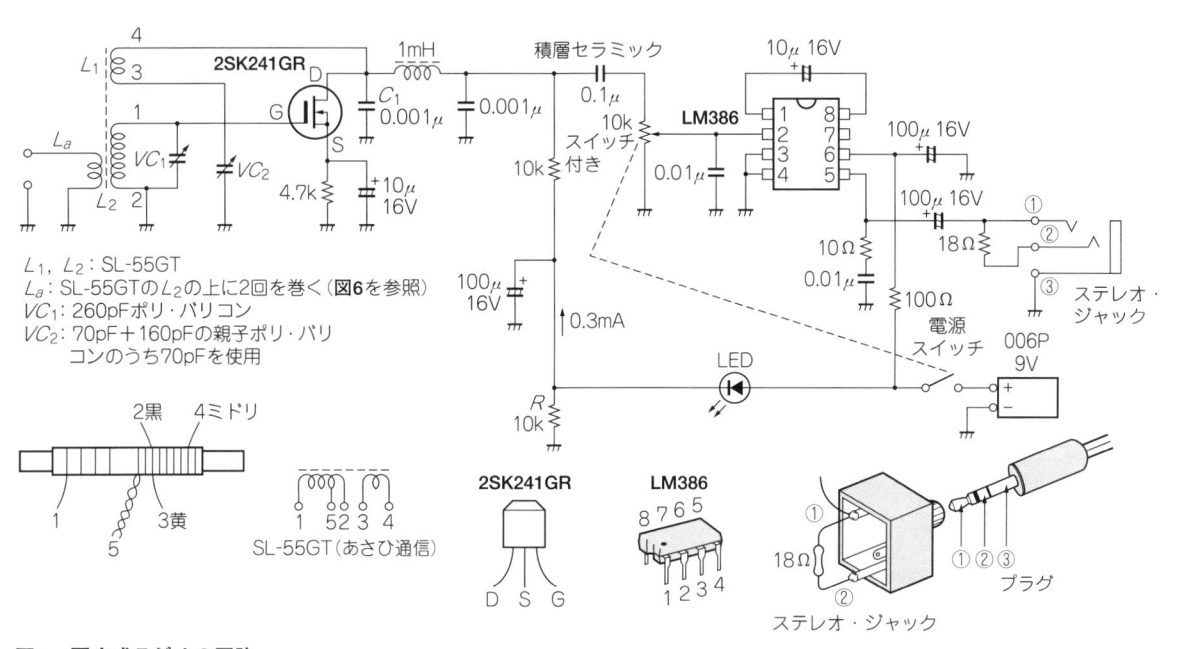

図4 再生式ラジオの回路

生コイルが巻かれています．同調コイルと260 pFのポリバリコンで535〜1605 kHzの範囲で同調をとり，再生コイルと直列に入っている再生バリコンVC_2で再生を調節します．

再生に使うバリコンは，160 pF + 70 pFの親子バリコンの70 pF側を使います．再生コイルの2本の線の配線は，回路に示すとおりに間違えないようにしてください．これを逆にすると再生がかかりません．

バー・アンテナのSL-55GTには回路に示すようにアンテナ・コイルL_aを別に巻きます．この追加したコイルで，ロング・ワイヤやループ・アンテナなど外部アンテナが使えるようになり，多くの放送局が受信できるのです．

パーツを集める

表1はパーツの一覧です．同調用に260 pFの単連バリコンと再生用には160 pF + 70 pFの親子バリコンを使います．再生用バリコンとして都合のよいバリコンがなく，親子バリコンの片側70 pFを使うことにしました．なお，親子バリコンによっては多少容量が異なりますが，おおよそ60〜100 pFであれば使えます．

ツマミは，選局がしやすいようにチューニング用には40 mm，再生用には25 mmと大きめのものを使いました．

BCLラジオとするための工夫

ダイヤルの目もり板を大きくして目的の放送局が選局しやすいよう工夫しました．パネルの高さを低くしたためにスピーカの取り付けができなくなってしまい，ジャックを使い外付けとしました．

ステレオ・ジャックを回路図に示すように配線して，モノラル，ステレオ・プラグのどちらでも使えるようにしてあります．こうすることで，モノラル・プラグのスピーカでも，ウォークマン・タイプのステレオ・ヘッドホンのどちらも使えます．

表1 再生ラジオの製作に必要なパーツ

品　名	形式・仕様	数量	参考単価(円)	備　考
バー・アンテナ	SL55GT	1	252	サトー電気
ポリバリコン	260pF	1	210	サトー電気
	230pF + 70pF	1	230	サトー電気
FET	2SK241GR	1	40	
IC	LM386	1	80	
抵抗	4.7kΩ	1	10	
	10kΩ	2	10	
	10Ω	1	10	
	100Ω	1	10	
セラミック・コンデンサ	0.001μF	2	10	
	0.01μF	2	10	
積層セラミック	0.1μF	1	10	
電解コンデンサ	10μF 16V	2	20	
	100μF 16V	3	20	
RFC	1mH	1	60	
ボリューム	10kΩ (A)	1	150	スイッチ付
LED	高輝度	1	20	
イヤホン・ジャック	φ3.5	1	95	ステレオ・タイプ
電池スナップ		1	20	
ツマミ	40mm	1	280	
	25mm	1	220	
	15mm	1	160	
陸式ターミナル	赤黒	各1	80	
基板	100 × 75mm 1.6t	1	147	必要な大きさにカット
アルミ板	200 × 300mm 0.8t	1	498	購入後，カット
木片	450 × 90 × 12mm	1	105	100円ショップ
ゴム板	100 × 100 × 3mm	1	200	購入後，カット
タッピング・ビス	3 × 8mm	6	20	ホームセンターで購入
配線用リード線			若干	

作り方

図5はパネルの配置図です．

基板はランド法で作ります．基板の大きさは，100×45 mmです．ランド基板へのパーツの配置は，**図6**の実体配線図を参考にしてください．

基板のはんだ付けが終わったら，木の板にパネルを取り付け，パネル面にバリコン，ボリューム

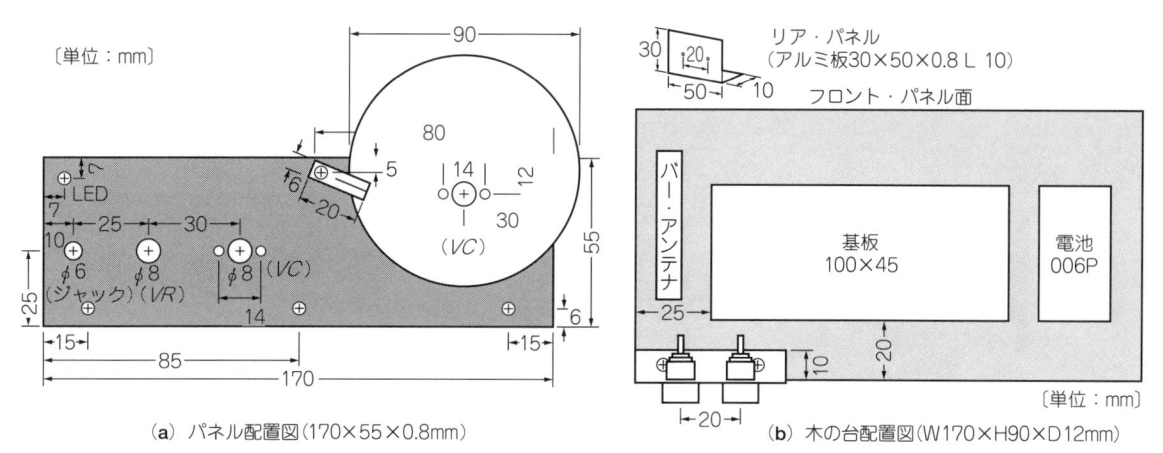

(a) パネル配置図（170×55×0.8mm）

(b) 木の台配置図（W170×H90×D12mm）

図5　パネルの加工と部品の配置

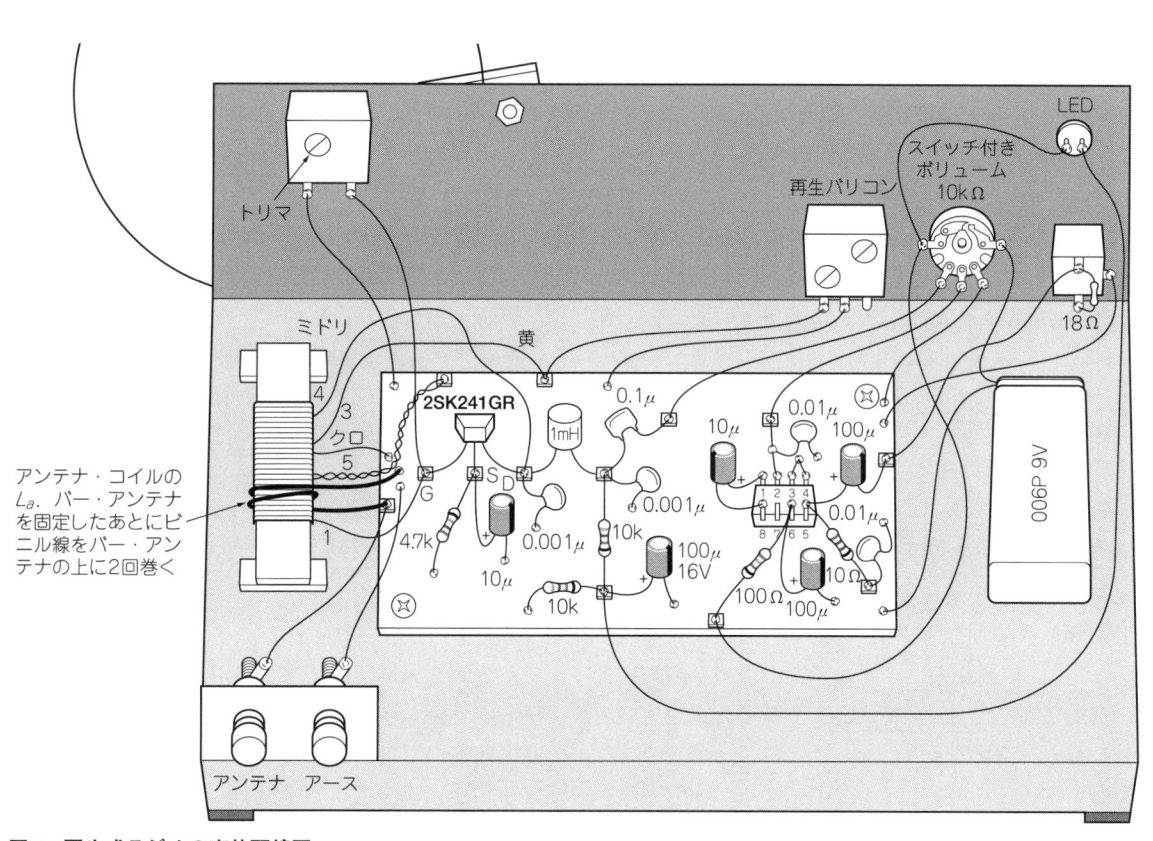

図6　再生式ラジオの実体配線図

などを取り付けます（**写真1**）．なお，同調バリコン，再生バリコンは，パネルに取り付ける前に図7のようにシャフトを延長してツマミが付けられるようにしておきます．

バー・アンテナは，3mmのゴムで木の上に両面テープで固定，基板は3×8mmのタッピング・ビスで固定して配線していきます．バー・アンテナには，アンテナ・コイルL_aを同調コイルの上に

4-1　再生式中波ラジオの製作

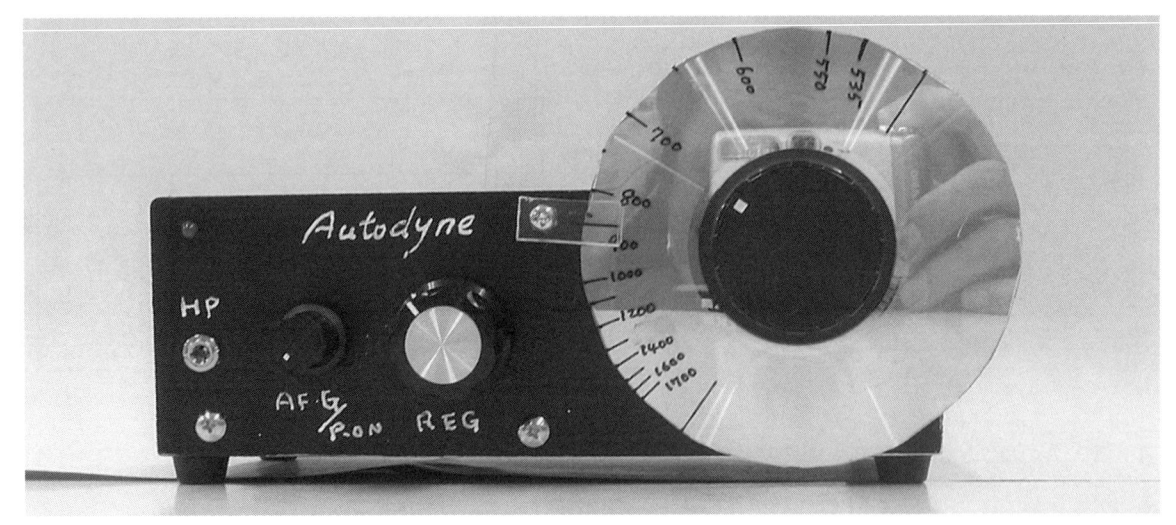

写真1 再生式ラジオのフロント面

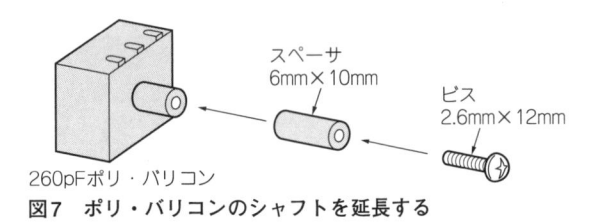

図7 ポリ・バリコンのシャフトを延長する

重ねて2回巻きます．このとき，巻く方向は同調コイル L_1 と同じ向きにします．間違えないように注意してください．

● 同調バリコンを回すダイヤルの工作

選局ダイヤルは，不要になったCD-ROMを直径90 mmにカットして作ります．CD-ROMにこだわらず，厚紙を使ってもよいでしょう（**写真2**）．

CD-ROMは，はさみで切るとひびが入ってしまうので，**図8**のようにカッター・ナイフで外周を少しずつ切り出して多角形にした後，角を円形になるように削っていきます．多少，丸みが出なくても良しとしましょう．

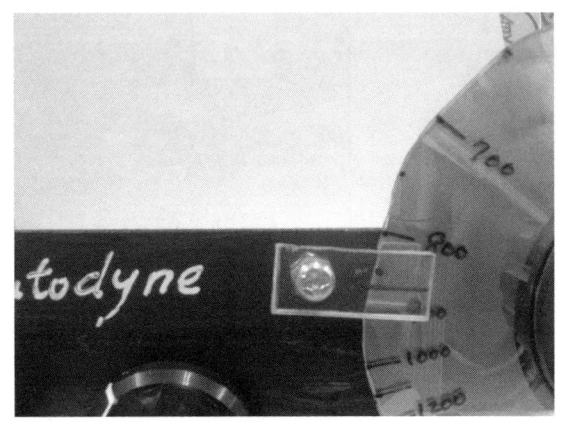

写真2 CD-ROMを加工して作った選局ダイヤル
大きいほうが選局しやすい

再生ラジオの調整

① ラジオが聞こえることを確認

できあがったら，ヘッドホンをジャックに挿して，電源を入れてみます．ボリュームを上げてヘッドホンからサーというノイズを確認します．回路に間違いなければ，ダイヤルを回していくと何らかの放送が聞こえてくるはずです．もし，何も聞こえてこないときは，もう一度配線を見直してください．

ラジオが聞こえることが確認できてはじめて，調整が始まります．

② 再生の調整

外部アンテナをつながない状態で調整します．

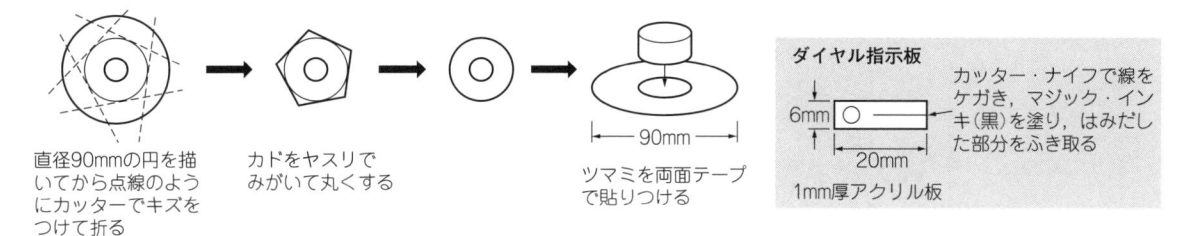

図8 ダイヤルの加工方法

同調バリコンを周波数の高めのところに回しておきます．次は，再生バリコンの裏にあるトリマを最小容量にしてから，再生バリコンを時計方向に回しきっておきます．

この状態で，再生バリコンを反時計方向にゆっくり回していくと，ヘッドホンからサーッとノイズが大きく聞こえてくるところがあります．この状態が再生がかかったポイントです．

さらに再生バリコンを左に回していくとピューと音が大きくなり，さらに回すとギャーと大きな音になりますから注意してください．

同調バリコンで周波数を少し下げていくとノイズが小さくなって再生がかからなくなります．そのときは再生バリコンをゆっくりと左に回していくと再生がかかります．同様に，再生の調整を行いながら，同調バリコンを左に回し切った周波数の一番低いところまで，満遍なく再生がかかればOKです．

再生は，周波数が高いほど再生バリコンの容量は小さく，低くなるほど大きくなります．再生がかかるとたくさんの放送が聞こえます．良い再生状態は，再生バリコンを容量の小さいほうから回していくと，サーッとノイズが大きくなって感度がぐんと上がるところがはっきりわかることです．さらに再生を強くすると発振をします．

なお，調節しても再生がかからないときは，再生コイルの2本の線を入れ替えてみてください．これが反対では再生がかかりません．

③ カバー周波数の調整

再生が満遍なくかかるようになったら，受信周波数の調整です．調整に先立って，535～1605 kHzでSSBの受信できるラジオ，無線機を用意してください．

受信機のモードをSSBにして，1600 kHzにダイヤルを合わせます．再生ラジオの再生を軽くかけます．この状態は，弱い発振状態なので受信機のSSBモードで再生の音がピーと受信できます．再生をかけた状態で受信機で受信しながら受信範囲を調べます．

著者の場合，510～2060 kHzとなっていました．高い周波数を下げるためにVC_1のトリマの容量を最大にしました．また，バー・アンテナのコイルの位置をバー・アンテナの中央に近づけるほど，周波数は下がります．

VC_1とバー・アンテナのコイルの位置を調節して，510～1750 kHzになりました．もう少し高いほうの周波数を下げたいのですが，深追いしないで良しとしました．もし，SSBの受信できるラジオをお持ちでない方は，実際の放送を受信しながら時間をかけて調整してください．

④ ダイヤルに周波数を記入

再生を軽くかけて，その信号をSSBが受信できる受信機で受信しながら，100 kHzおきに目盛り板に印を付けていきます．受信機がない場合は，実際の放送を聞きながら周波数を調べて記入していけばよいでしょう．

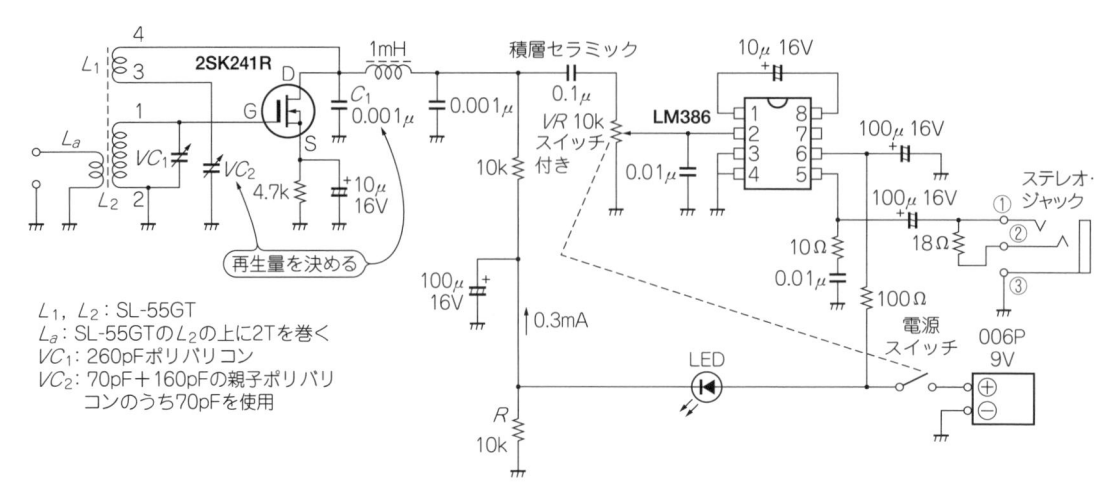

図9 FET1石の再生ラジオの回路

L_1, L_2：SL-55GT
L_a：SL-55GTのL_2の上に2Tを巻く
VC_1：260pFポリバリコン
VC_2：70pF＋160pFの親子ポリバリコンのうち70pFを使用

うまく再生がかからないときの調整方法

このラジオは，スムーズな再生がかかるかどうかで性能が決まります．再生のかかり具合を決めているのが，C_1，VC_2（図9）です．

周波数の高いほうで再生バリコンを最小にしても発振状態になってしまう場合は，C_1の0.001μFと並列に100pF～0.001μFを追加して高周波成分をアースに逃がしつつ，再生バリコンを左にちょっと回したところで再生がかかるようにします．また，再生バリコンを左に回して容量を大きくしても再生がかからないときは，C_1の値を0.001μから470pFや100pFなどと小さくして再生の量を大きくします．

高い周波数で再生バリコンをちょっと回したところで再生がかかるようになったら，受信周波数がもっとも低いところに合わせて，再生バリコンの容量を大きくして再生のかかり具合をみます．

多分，この状態で再生はかかると思いますが，もしも，再生がかからない場合は，VC_2の再生バリコンの容量70pFを使っていましたが，これを160pF側にはんだ付けし直します．容量が大きいほど再生がかかりやすくなります．

C_1，VC_2を納得のいくまで増減して決めてください．ここが，高性能な再生ラジオにできるかどうかの最大のポイントです．

なお，NHKなどの非常に強力な電波を受信した場合，特に大きなアンテナをつないだときに再生がかからないこともあります．これは調整が悪いということではありません．

再生ラジオを使いこなす

アンテナ端子に5mほどのビニル線をつなぎます．同調バリコンを回したところで，再生がサーッとかかるように調節しながら放送を受信してみてください．

関東地方では，周波数の低いほうから，NHK第1（594kHz），NHK第2（693kHz），TBS（954kHz），文化放送（1134kHz）などがガンガン聞こえてきます．

同調バリコンと再生バリコンの微妙な調節のテクニックを覚えましょう．このテクニック次第で，全国のラジオ放送が受信できるのです．なお，比較的信号の強い局はスピーカでも十分聞こえますが，遠距離の放送局を聞くときは，ヘッドホンを使うとよいでしょう．

4-2 高い周波数でも実用的な 超再生FMラジオの製作

再生方式の次は超再生方式です．
両者の違いを見ながら，超再生式FMラジオを作ってみます．
超再生はAM検波用なのですが，スロープ検波という手法を用いればFMの復調ができるのです．

再生式と超再生の違い

《4-1》項では，中波再生式ラジオを紹介しましたが，その再生検波の原理は，出力の一部を入力に戻し検波回路を発振寸前の状態にして高感度を得る方式です．

実は，発振寸前の状態を保つのはとてもたいへんで，中波や短波(HF)ならともかく，それより高い周波数(VHF)では不安定でとても実現は難しいのです．VHF帯では，再生検波の欠点を克服した超再生検波という方式があります．

超再生検波は，十分に発振させた状態で，直流供給電圧を数十〜数百kHzの周波数で周期的に断続させて，あたかも発振寸前の高感度な状態を作り出します．発振の立ち上がりが入力信号電圧により変化し，これを検波すると入力信号電圧の変化に比例した低周波信号が得られるのです．

ディップ・メータが超再生検波になる

図1は《2-4》項で作ったディップ・メータのコルピッツ発振回路です．ボリュームで電圧を上げていくとある電圧で発振します．

図2は超再生検波回路です．図1のコルピッツ

写真1 今回製作する超再生式FMラジオ

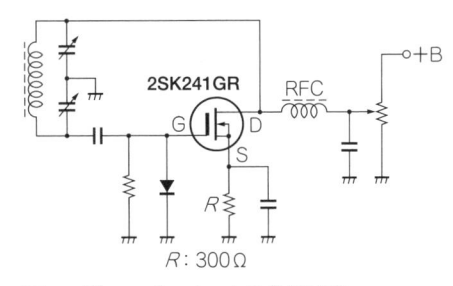

図1 ディップ・メータの発振回路

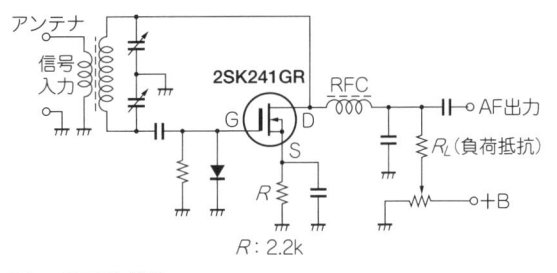

図2 超再生検波

発振回路のコイルにリンク・コイルを巻き，そこから信号を入力します．そして，ソース抵抗を2.2kΩと大きくして，V_{GS}-I_D曲線の立ち上がり部分にバイアスを設定すると発振回路でありながら，同時に検波もできるのです．

ドレイン電圧を上げていくと，ある電圧で発振を開始しますが，ドレイン，ソースの直流供給回路に入っているRFC，抵抗およびコンデンサにより，数十k～数百kHzのブロッキング発振も同時に起こします．この発振が周期的に高周波の発振を断続します．このときが最高の感度になり，ザーというノイズが起きるのが超再生検波の特徴です．

高周波の発振寸前の状態を作り出す数十～数百kHzの発振のことをクエンチング発振といいます．

FM波の復調はスロープ検波

FM放送は周波数変調といって信号波の振幅に応じて周波数を変化させる変調方式です．超再生はAM検波で，FM検波とは復調方式が違います．

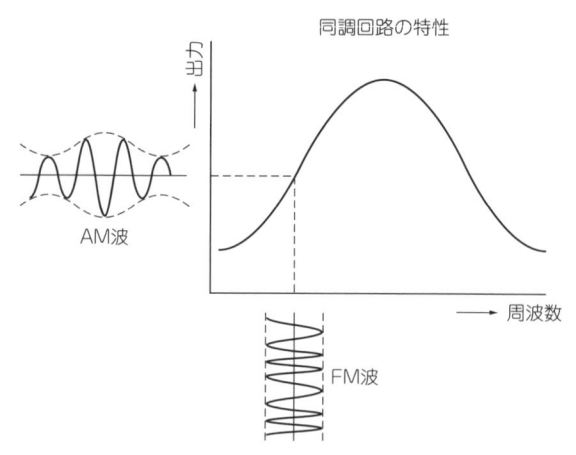

図3 スロープ検波による同調回路の周波数特性

ところがAM検波方式でもFM波を検波することができるのです．

図3は同調回路の周波数特性を示していますが，同調点からちょっとずらしたところでAM検波すると，FM波の周波数の変化が振幅の大きさとして取り出せ，検波することができます．このような検波をスロープ検波と言います．

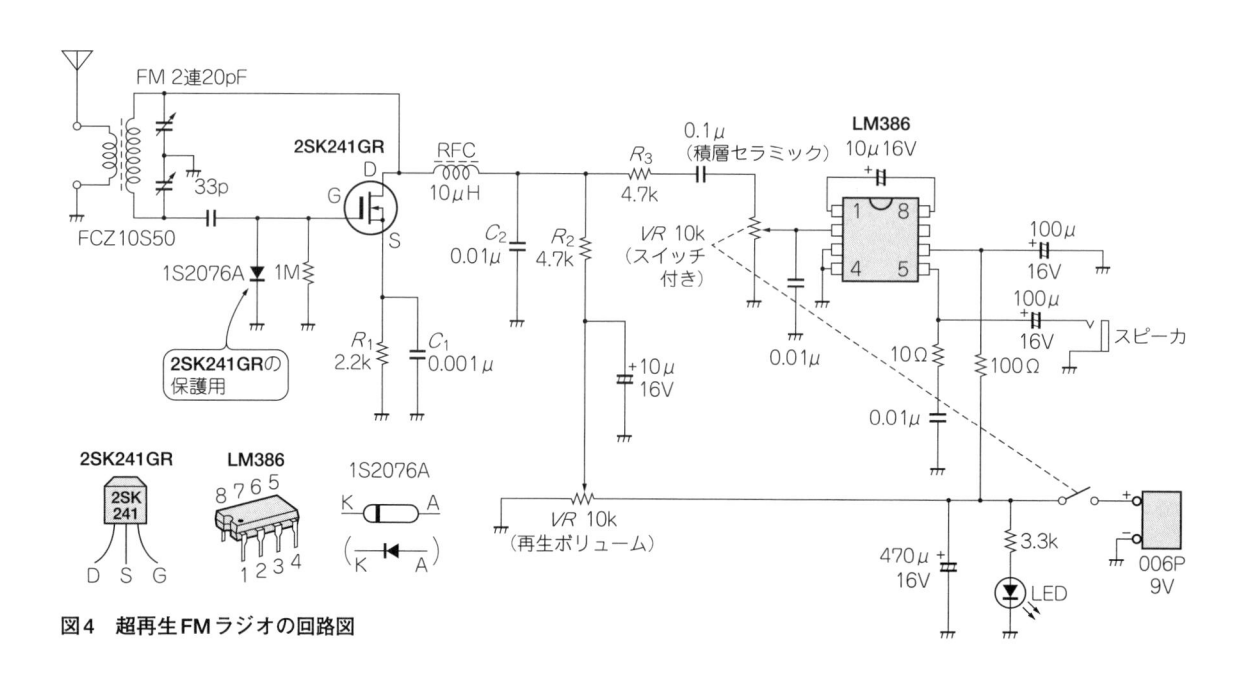

図4 超再生FMラジオの回路図

表1 超再生FMラジオの製作に必要な部品リスト

品　名	形式・仕様	数量	参考単価(円)	備　考
FCZコイル	10S50	1	179	
FM用ポリバリコン	20pF+20pF	1	378	2連バリコン
FET	2SK241GR	1	40	
IC	LM386	1	80	
ダイオード	1S2076A	1	10	
抵抗	1M	1	10	
	4.7k	2	10	
	3.3k	1	10	
	2.2k	1	10	
	100Ω	1	10	
	10Ω	1	10	
セラミック・コンデンサ	33p	1	10	
	0.001μF	1	10	
	0.01μF	3	10	
積層セラミック	0.1μF	1	10	
電解コンデンサ	10μF 16V	2	20	
	100μF 16V	2	20	
	470μF 16V	1	20	

品　名	形式・仕様	数量	参考単価(円)	備　考
RFC	10μH	1	60	
ボリューム	10k (A)	1	150	スイッチ付
	10k (B)	1	120	
LED	高輝度	1	20	
イヤホン・ジャック	φ3.5	1	95	モノラル
電池スナップ		1	20	
ツマミ	ポリバリコン用	1	100	
	15mm	2	160	
陸式ターミナル	赤黒	各1	80	
基板	100×75×1.6mm	1	147	必要な大きさにカット
アルミ板	200×300×0.8mm	1	498	ホームセンターで購入してカット
木片	450×90×12mm	1	105	100円ショップ
ゴム板	10×10×3mm	4		ゴム足用
タッピング・ビス	3×8mm	2	20	ホームセンターで購入
配線用リード線		若干		

超再生FMラジオの回路

図4に回路を示します．2SK241GRによる超再生検波です．同調用コイルであるFCZ10S50と20pFの2連のFM用ポリバリコンで同調を取ります．2連の20pFが直列になっているため，合成容量はその半分，10pFとなります．そのため，50MHzよりも高い周波数のFM放送バンドにうまいこと同調が取れるのです．

R_2の4.7kΩは低周波信号の負荷抵抗です．また，R_3は，ノイズを低減させる役目を果たします．VRで電圧を上げていくとクエンチング発振を引き起こし，同調する周波数の発振を断続して，発振寸前の高感度の状態で検波します．検波された低周波信号はおなじみのIC，LM386でスピーカを鳴らします．

作り方

表1を参考にパーツを集めてください．

図5にパネル面の加工寸法を示します．基板

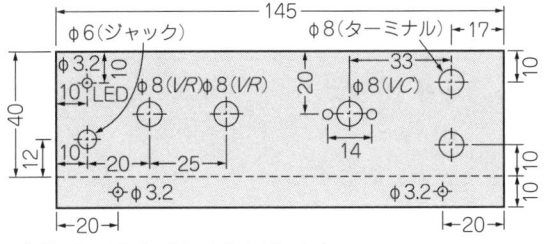

※点線で折り曲げて板の上からビス止めあるいは，折り曲げないで正面から板にビス止め（単位：mm）

図5　パネル面の配置

(70×40mm)のランドの配置や配線については，図6の実体配線図を参考にしてください．FCZコイルは，逆さまにしてケースを基板にはんだ付けして固定します．

パネルにバリコン，ボリューム，ターミナルなどを取り付けます．LEDは瞬間接着剤で貼り付けて固定します．ランド基板は，小さいのでビスを用いずに両面テープで板に貼り付けました．パーツが配置できたら，配線していきます．電池は板に両面テープで貼り付けます．

図6　実体配線図

調　整

スイッチを入れて，AFボリュームに指をあてて，スピーカからハム音が出ることで，LM386の動作を確認します．

OKならば，おおよそFM放送の聞こえる周波数に合わせるために，アンテナ・コイルのコアを2mmほどケースから抜けた状態にします．また，バリコンのトリマは，二つとも羽が半分ほど抜けたところに合わせておきます．

アンテナは付けない状態で，再生ボリュームを時計方向に回していくとザーとかなり大きなノイズが出てくるところがあります．このノイズがクエンチング発振が起きた状態で，超再生検波のポイントです．もし，再生ボリュームをいっぱいに回してもノイズが出ないときは，C_1とC_2は0.001〜0.1μF，RFCは1〜100μH，R_1とR_2は2.2〜10kΩ程度の範囲で交換して，とにかく超再生ノイズが出るようにします．

超再生ノイズが出てきたら，1mほどのビニル線をアンテナ端子に取り付けます．もし，アンテナを接続すると超再生ノイズが消えてしまうときは，図7のように，アンテナ・コイルとアンテナ端子にRFゲイン調整のボリュームを入れてみます．ゲインを絞ると超再生ノイズが出てきます．これは，とくに大きなアンテナを使うときに有効な方法です．

バリコンを回していくと放送が聞こえてくるはずです．放送が聞こえてきたら，再生ボリュームとバリコンを調整して，きれいに聞こえるように

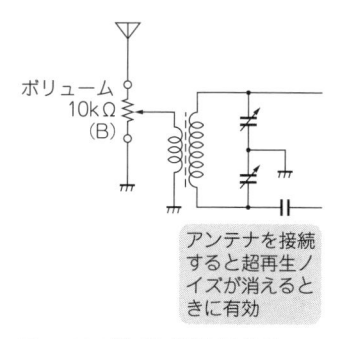

図7　RFゲイン調整用ボリュームの追加

アンテナを接続すると超再生ノイズが消えるときに有効

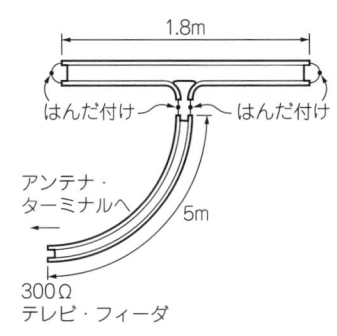

図8 FMラジオ用フォールデッド・ダイポール・アンテナ

表2 受信できた放送局の一覧

周波数〔MHz〕	局名	出力	所在地
76.1	Inter FM	10kW	東京
76.7	エフエム太郎	10W	太田
77.1	放送大学	10kW	東京
78.0	BAY FM	5kW	千葉
78.8	放送大学	1kW	前橋
79.5	NACK5	5kW	さいたま
80.0	TOKYO FM	10kW	東京
80.7	NHK-FM	5kW	千葉
81.3	J-WAVE	10kW	東京
82.5	NHK-FM	10kW	東京
83.7	NHK-FM	30W	足利
85.1	NHK-FM	5kW	さいたま
86.3	FM群馬	1kW	前橋

＊2008年5月11日，群馬県太田市金山駐車場（標高約200m）において受信．超再生FMラジオ＋2mワイヤ．

します．この操作にはちょっとしたコツがあります．放送を受信しながらチューニングのコツを覚えてください．

受信周波数の調節

どのくらいの範囲の周波数が聞こえるのか，《2-4》項で紹介したディップ・メータの信号を使って調べてみましょう．

26MHz～58MHzのコイルで発振させて2倍波である54MHz～116MHzの信号を受信して調べます．超再生のかかった状態で，アンテナ・コイル（FCZ10S50）にディップ・メータのコイルを近づけてディップ・メータのダイヤルを回していくと超再生ノイズが消えるところがあります．このときの周波数カウンタの表示を2倍した周波数を受信しているのです．この操作でラジオの受信範囲を調べます．

著者の場合，66MHz～90MHzの範囲となりました．受信周波数はバリコンのトリマとコイルのコアで調節できます．なお，バリコンの二つのトリマはほぼ同じ位置になるようにしてください．

バリコンのトリマの容量を大きくして，コイルのコアを押し込んでいくと周波数が下がり，50MHz帯に合わせることも可能です．

FM放送を楽しもう！

図8のように300Ωのテレビ・フィーダでフォールデッド・ダイポール・アンテナを作ってみました．これを使うとさらに感度がよくなり放送が安定して聞こえます．市販のラジオと比べても同様な感度で聞こえてきます．

標高の高いところでは，さらに多くの放送が聞こえるのでないかと移動受信を行ってきました．

近くの標高200mほどの山の上で，アンテナに2mのビニル線を付けて受信してみました．周波数の低いほうから聞こえる放送を，別に用意したデジタル表示のFMラジオで同じ放送を受信しながら局名を調べました．その結果が**表2**です．

たくさんの放送局が聞こえました．まさかこれほどに聞こえてくるとは予想していなかったので，超再生ラジオの高感度にはびっくり，とても驚いています．

また，受信範囲が66MHz～90MHzと広範囲で，普通のラジオでは受信できないロシア（極東）のFM放送バンド66MHz～73MHzもカバーしています．夏場には，スポラディックE層（Eスポ）がたびたび発生して，ロシア語の放送や88MHz付近で中国語の放送なども受信することができるでしょう．

4-3 高周波増幅1段＋超再生
超再生方式のエアバンド・レシーバの製作

超再生式FMラジオの高感度に味をしめて，エアバンド・レシーバにチャレンジしてみます．エアバンドは，118～138MHzに割り当てられた航空機の業務用無線で，航空機と管制官とのやり取りのようすを聞くことができます．

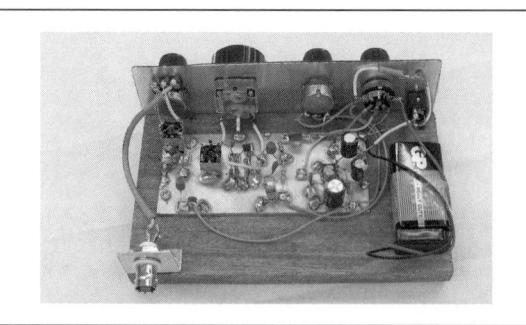

超再生式はとても高感度で，高周波増幅段を特に必要としません．しかし，発振を断続させた状態で受信を行うので，微弱ながら自分自身が作り出す電波がアンテナから放出されるために，電波障害を起こす可能性があります．高周波増幅を超再生検波の前段に置くことで，アンテナから不要な電波が漏れるのを防ぎます．

また，高周波増幅がないと，利得のあるアンテナを使った場合，超再生がうまくかからないことがあります．高周波増幅がアンテナと超再生検波の間でバッファ的な役割を担います．

2SK241GRの高周波増幅は，図1(a)のように，入出力部に同調回路をおくようにするのが一般的ですが，図1(b)のように入力部だけに同調回路を入れて，出力負荷はRFCチョーク・コイルとしました．ゲインは落ちますが，同調特性がブロードになり受信範囲が広がります．

回路の説明

図2に全体の回路を示します．アンテナからの信号は，RFゲイン調整用の10kΩのVRを介して高周波増幅器に入ります．強力な信号の場合，回路が飽和してしまい，歪んで復調ができないこともありますが，ゲインを絞ることで快適に受信できます．

2SK241GRの高周波増幅の入力は，144MHzのFCZコイルと7pFで同調をとり，コイルのコア調整で125MHz付近でピークに合わせます．

ドレイン出力からは，2pFを介して超再生検波の同調コイルに直接入力します．小容量のコンデ

(a) 一般的な出力の取り出し方　　(b) チョーク負荷による出力の取り出し方

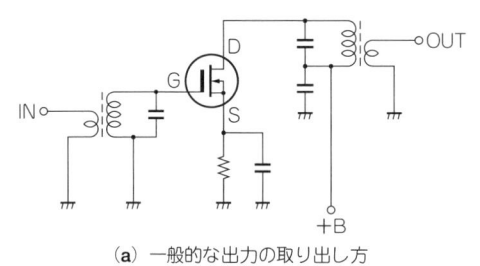

図1　高周波増幅回路からの出力の取り出し方

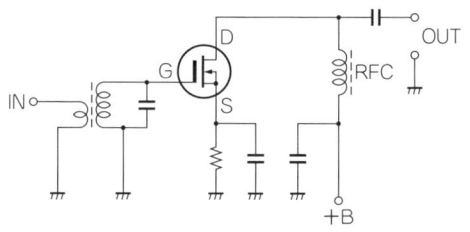

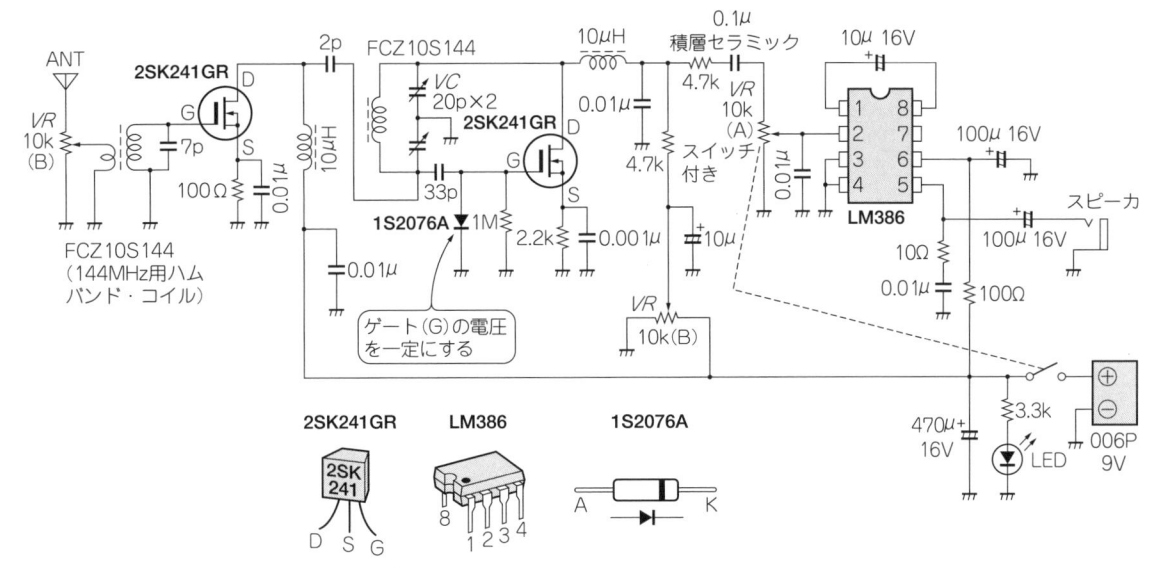

図2 超再生エアバンド・レシーバの回路

ンサで軽く結合させて，検波段に影響がないようにしています．検波段は，FCZ10S144と20pFの2連のポリバリコンで同調を取ります．同調コイルに144MHz用のFCZコイルを用いたほかは《4-2》項で紹介したFMラジオとまったく同じ構成です．受信範囲は，およそ110～150MHzを目標にします．

製作しよう

表1を参考にパーツを集めます．台になる板は，厚さ12mmで90×150mmの大きさにしました．

図3にフロント・パネルおよびBNCコネクタ取り付け用リア・パネルの配置図を示します．基板は，タッピング・ビスで板に取り付けます．ランド基板と配線は，図4の実体配線図を参考にしてください．

なお，扱う電波がVHF帯ともなると，配線が必要以上に長い場合，トラブルの原因になるのでなるべく短くしてください．

ディップ・メータを使って調整

配線に間違いがないかもう一度見直します．

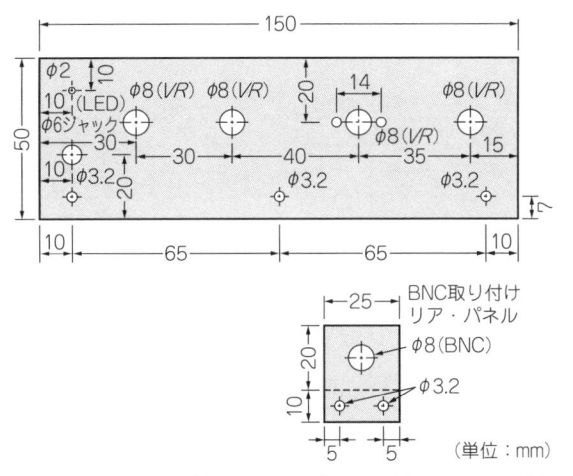

図3 フロント・パネルとBNC端子取り付け用リア・パネル配置図

間違いがなければ，電池を両面テープで固定します．コネクタにアンテナをつなぎます．アンテナがない場合は，ワニ口クリップを挟んで1mほどのビニル線をアンテナ代わりとします．

スイッチを入れて，まず，LM386のノイズを確認したら，再生ボリュームを回してザーッとクエンチング・ノイズが出ることを確認します．再生がかからないときは，《4-2》項の調整にあるの

表1 超再生式エアバンド・レシーバの製作に必要なパーツ一覧

品　名	形式・仕様	数量	参考単価(円)	備　考
FCZコイル	10S144	2	179	
FM用ポリバリコン	20pF + 20pF	1	378	2連
FET	2SK241GR	2	40	
IC	LM386	1	80	
ダイオード	1S2076A	1	10	
抵抗	1MΩ	1	10	
	4.7kΩ	2	10	
	3.3kΩ	1	10	
	2.2kΩ	1	10	
	100Ω	2	10	
	10Ω	1	10	
セラミック・コンデンサ	2pF	1	10	
	7pF	1	10	
	33p	1	10	
	0.001μF	1	10	
	0.01μF	5	10	
積層セラミック・コンデンサ	0.1μF	1	10	
電解コンデンサ	10μF　16V	2	20	
	100μF　16V	2	20	
	470μF　16V	1	20	
RFC	10μH	2	60	
ボリューム	10k(A)　S付き	1	150	
	10k(B)	2	120	
LED	高輝度	1	20	
イヤホン・ジャック	φ3.5mm	1	95	モノラル
電池スナップ		1	20	
ツマミ	30mm	1	300	
	15mm	2	160	
BNC-R		1	168	
基板	100×75×1.6mm	1	147	必要な大きさにカット
アルミ板	200×300×0.8mm	1	498	ホームセンターで購入してカット
木片	450×90×12mm	1	105	100円ショップ
ゴム板		若干		ゴム足用
タッピング・ビス	3×8mm	4	20	ホームセンターで購入
配線用リード線		若干		
同軸1.5D-2V		15cm		

と同じようにカット＆トライをしてください．

エアバンド帯はFMラジオとは異なり，なかなか電波が確認できないかもしれません．そこで，ディップ・メータを使った調整法を紹介します．ディップ・メータの周波数カウンタ出力から信号を取り出して，図5のようにスイッチング・ダイオードに信号を加えると高調波が発生します．発振の2倍，3倍の周波数を簡易的な信号源として利用します．

超再生ノイズが出るようにした状態で，アンテナにディップ・メータからの高調波が発生するダイオードを近づけると，同調周波数でクエンチング・ノイズが消えます．バリコンのトリマは，二つとも最小容量にしておきます．

ディップ・メータを使って42MHzを発振させて，その3倍波の126MHzを受信して，ノイズの消えるところを探します．見つかったら，バリコンをほぼ中央に合わせておいて，L_2のコアを調節して，ノイズが消えるところにセットします．これで126MHzがバリコンのほぼ中央にセットできました．筆者の場合，コイルのボビンにコアがちょうどおさまったところになりました．

次に受信範囲を調べます．バリコンの容量を最大(左に回しきる)にして，ディップ・メータの発振が受信できるところを探します．筆者の場合，51MHzの発振で超再生ノイズが消えました．これは2倍の102MHzを受信しているということです．

今度は，ディップ・メータの発振は51MHzのままで，バリコンの容量を小さくしていきます．ほとんど回しきったところでノイズが消えました．これは3倍波の153MHzにあたります．このようにして，受信周波数を調べることができます．110～150MHzくらいが受信できればよいでしょう！

L_1の高周波増幅のコアは，125MHz付近で，実際の信号を聞きながら，もっともよく聞こえるところに合わせればOKです．筆者の場合L_1は，コ

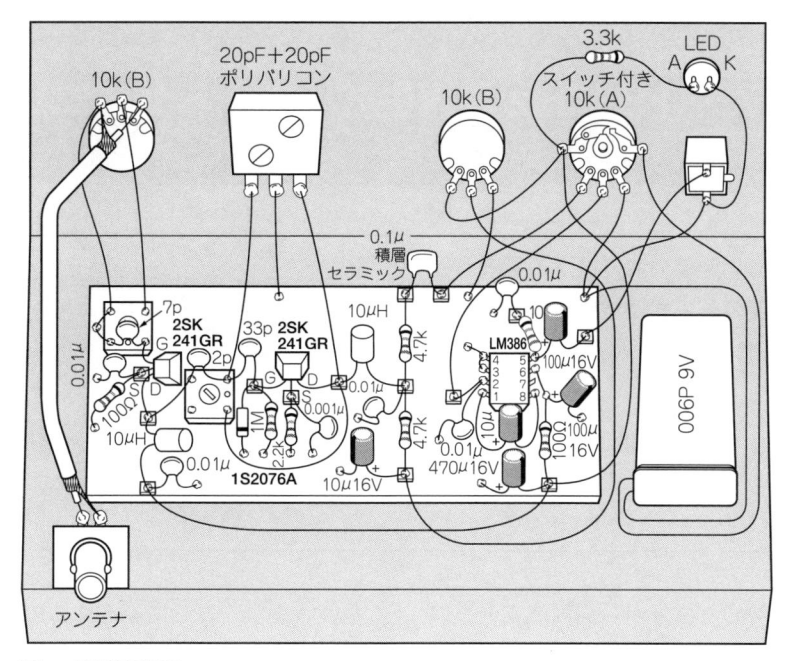

図4 実体配線図

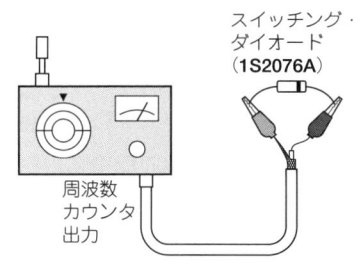

図5 ディップ・メータで高調波を発生させる

写真1 製作したAWXアンテナ

アを奥に押し込んだ状態になりました．

大体の調整ができたら，パネルを塗装してレタリングを入れます．最後に，ディップ・メータで40～50MHzを発振させて，高調波で110～150MHzまで10MHzおきに目盛りを付けて完成です．

エアバンドをワッチしよう！

室内アンテナでは受信が難しいので，できるだけ外部アンテナを取り付けてください．アンテナの用意ができたところで，再生ボリュームを調整しクエンチング・ノイズが軽く出るようにします．その状態で，115～135MHz付近で信号を丹念に探します．

この受信機は，広範囲に受信できるので144MHzのアマチュア無線の受信も可能です．SSB，CWは復調できませんが，FMはスロープ検波で復調できます．

4-3 超再生方式のエアバンド・レシーバの製作

4-4 短波放送のメイン・ストリートを聞く
7～16MHz用再生式（オートダイン）受信機の製作

ここではアマチュア無線や海外放送の電波が受信できる，高感度の再生式短波受信機，通称オートダイン（0-T-1）ラジオを紹介します．

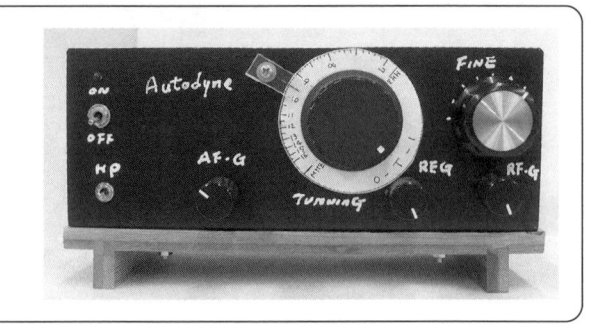

再生検波は，検波した信号から高周波成分を取り出して，もう一度アンテナ回路に戻すことで，発振寸前の状態を作り，受信感度を上げるという検波方式です．

図1（a）のように，《4-1》項で作った再生式中波ラジオでは，FETのドレイン側から高周波信号を再生コイルに戻しましたが，図1（b）のように，ソース側にも同様に高周波信号が現れるので，ここから再生をかけるという方法もあります．短波帯においては，FETのドレインから再生をかけるより，ソースから再生をかけたほうが安定するようです．

再生検波方式の受信機のことをオートダインともいいます．ここで紹介するのは，2SK241GR－LM386の構成で，0-T-1と記号で表すこともあります．これは，高周波増幅-再生検波-低周波増幅の構成を記号化したものです．

最初の数字は高周波増幅の段数を表し，「0」は高周波増幅がない場合で高周波1段では「1」になります．次のTはトランジスタによる再生検波を表します．最後の数字は低周波増幅の段数を表しますが，ここにはLM386を使っていて，増幅素子としては1段なので「1」になります．

なお，真空管による再生検波の記号は「V」で，同じ構成では0-V-1と表します．こちらのほうがなじみの深い方は多いと思います．

回路の説明

図2に回路を示します．アンテナからの信号は，10kΩのボリュームによるアッテネータを介して同調回路に入力されます．

再生ラジオの場合，アッテネータはアンテナとの結合で再生がかかりにくいときや信号の飽和を防ぐためにとても有効です．アッテネータからの信号は12pFを介して直接に同調回路に入ります．同調回路は，インピーダンスが高いために12pF

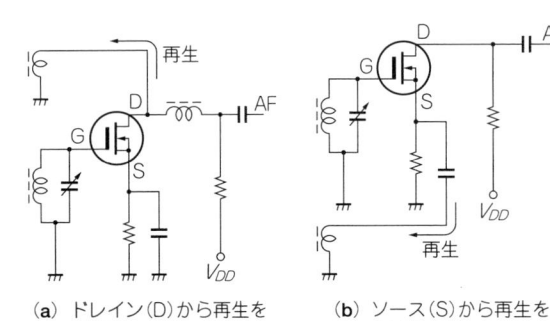

図1 再生をかける
（a）ドレイン（D）から再生をかける
（b）ソース（S）から再生をかける

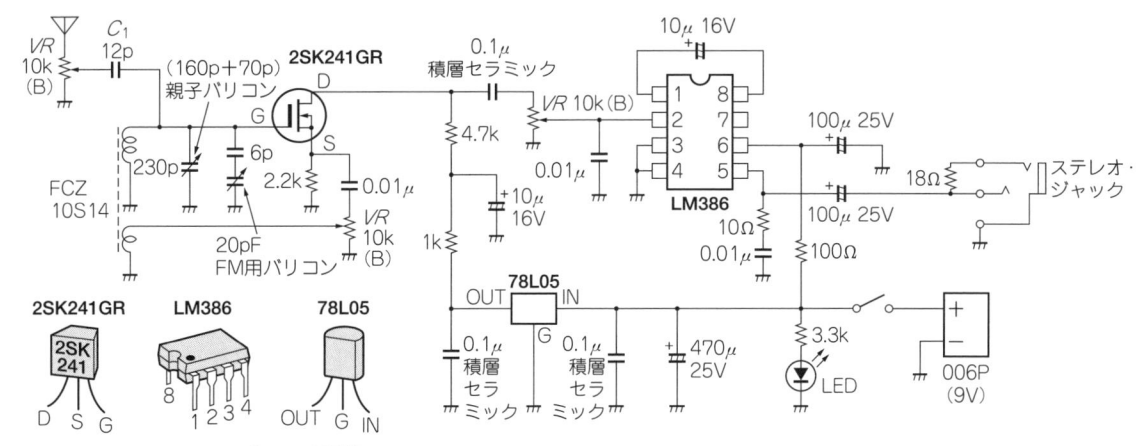

図2 7〜16MHzオートダイン受信機

という小さな容量での結合で信号が受けられます．

同調回路は，14MHz用FCZコイルと160pF＋70pFの親子バリコンをパラレル接続で230pFとして同調を取っています．230pFでは，およそ6.8〜16MHzに同調します．これだけ同調範囲が広いと，チューニングが取りにくいのでメイン・バリコンと並列に周波数の微調整用のスプレッド・バリコンをいれました．

20pFのFM用2連バリコンの片側に6pFを直列に入れて，見かけ上の容量を小さくして周波数を微調整するようにしました．7MHz付近ではおよそ40kHz，15MHzでは350kHzほどの可変幅になります．

同調回路で選択された信号は，2SK241GRで検波すると同時に，ソースに現れた高周波信号をFCZコイル10S14の1次側に戻して再生をかけます．同調コイルに戻す再生量は10kΩのボリュームで調整します．なお，ボリュームと直列に入っている0.01μFのコンデンサは，直流をカットする役目をしています．

再生検波の周波数の安定度をよくするために，2SK241GRに供給する電圧は5Vの3端子レギュレータを入れて安定化しています．

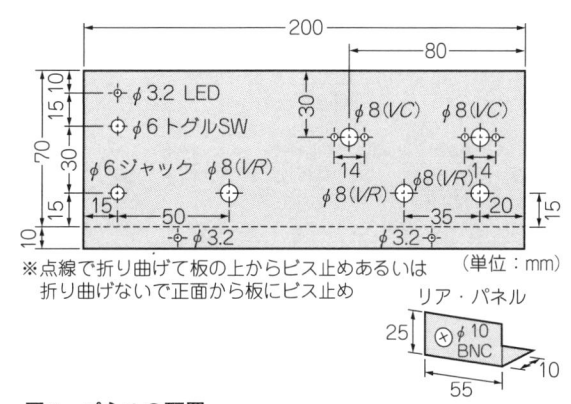

図3 パネルの配置

2SK241GRのドレインからの検波信号は，0.1μFを介してLM386で増幅され，スピーカ(ヘッドホン)を鳴らします．スピーカは外付けとして，出力はステレオ・ジャックを用いて，スピーカ，ステレオ・ヘッドホンどちらも使えるようにしました．

作り方

パネルの配置図を**図3**に，実体配線図を**図4**に示します．なお，バリコンのシャフトは，φ6×10mmのスペーサと2.6×12mmのビスで延長してからパネルに取り付けます．バリコンやボリュームの操作のときにボディ・エフェクトにより周波数が動かないように，パネルとランド基板はた

表1　7〜16MHz用再生式ラジオの製作に必要な部品のリスト

品　名	形式・仕様	数量	参考単価(円)	備　考
FCZコイル	10S14	2	179	
AM用ポリバリコン	230pF	1	210	160p+70p
FM用ポリバリコン	20pF	1	378	2連バリコン
FET	2SK241GR	1	40	
IC	LM386	1	80	
	78L05	1	42	
抵抗	1k	1	10	
	4.7k	1	10	
	3.3k	1	10	
	2.2k	1	10	
	100Ω	1	10	
	18Ω	1	10	
	10Ω	1	10	
セラミック・コンデンサ	6pF	1	10	
	12pF	1	10	
	0.01μF	3	10	
積層セラミック・コンデンサ	0.1μF	3	10	
電解コンデンサ	10μF 16V	2	20	
	100μF 25V	2	20	
	470μF 25V	1	20	
ボリューム	10k（B）	3	120	
LED	高輝度	1	20	
イヤホン・ジャック	φ3.5	1	95	ステレオ・タイプ
トグル・スイッチ	2p	1	120	
電池スナップ	006P用	1	20	
ツマミ	40mm	1	340	
	30mm	1	300	
	15mm	2	160	
BNC-R		1	168	
基板	100×75×1.6mm	1	147	必要な大きさにカット
アルミ板	200×300×0.8mm	1	498	ホームセンターで購入してカット
木片	450×90×12mm	1	105	100円ショップ
ゴム板		若干		ゴム足用
タッピング・ビス	3×8mm	8	20	ホームセンターで購入
ビス	2.6×12mm	2	10	バリコン軸延長
スペーサ	φ6×5mm	1	15	ダイヤル指示固定
	φ6×10mm	2	15	バリコン軸延長
配線用リード線		若干		
同軸ケーブル	1.5D-2V	15cm		

まごラグを使ってアースを取りました．

FCZコイルは，逆さまにしてケースを基板にはんだ付けします．このとき，2SK241GRのソースの再生ラインからコイルへの配線を間違わないようにしてください．これを逆にすると再生がかかりません．

調整

まずLM386の2ピンに指を触れてハム音が出ることを確認します．アンテナ端子に5〜10mのワイヤをつなぎます．ATTボリュームは最大にしておきます．

再生ボリュームをゆっくり回していくと，サーッとノイズが急に増えるところがあります．これが再生のかかった状態です．もし，再生ボリュームをいっぱいに回しても再生がかからないときは，FCZコイル10S14の1次側の再生とアースの配線を入れ替えてください．

再生を軽くかけた状態で，メイン・バリコンをゆっくり回していくと，何がしかの放送が受信できると思います．バリコンの位置によって再生が外れたら，再生ボリュームをさらに回して再生をかけながら信号を探します．

受信周波数を調べる

SSBの受信できるラジオや無線機を用意してください．ラジオ（受信機）は，SSBモードにして7MHz付近に合わせます．

オートダインは，再生を強めにかけた状態でメイン・バリコンをゆっくり回して，ラジオ（受信機）からピーと聞こえるところを探します．ここがオートダインの受信している周波数です．

また，ディップ・メータを発振させて再生を軽くかけながら，ディップ・メータの発振がピーと受信できるところをメイン・バリコンで探しても，受信周波数を確認することができます．

スプレッド・バリコンを中ほどにしておいて，

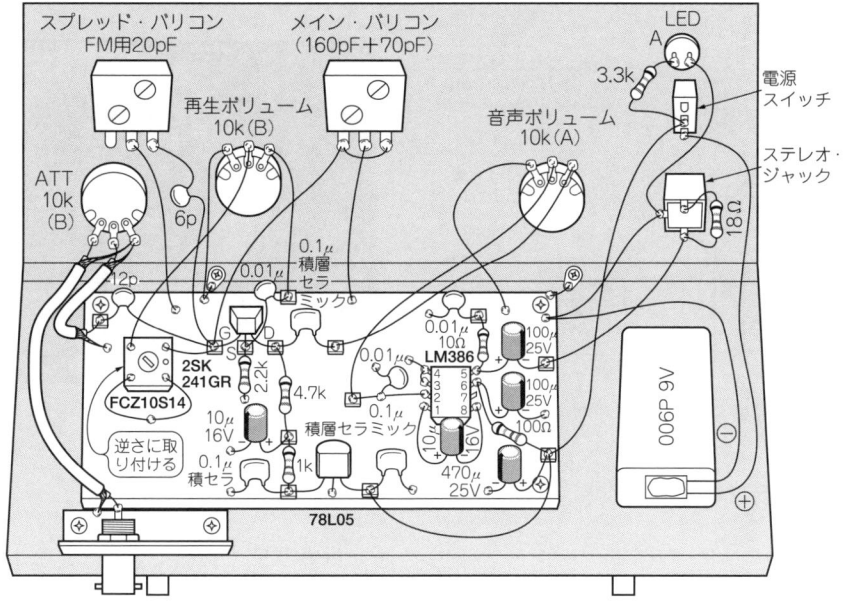

図4 実体配線図（ランド基板は115×60 mm）

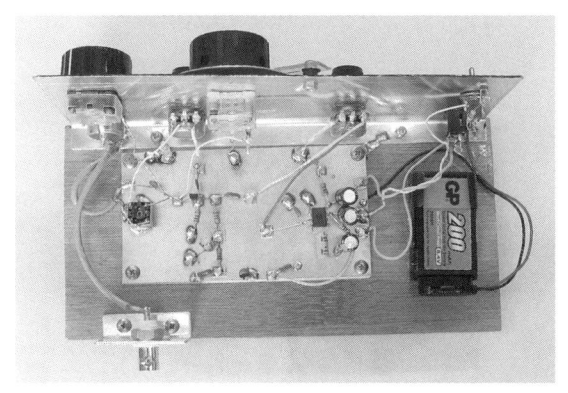

写真1 今回は100円ショップで見つけたまな板風の置き台に組み付けた

メイン・バリコンを左に回し切ったところで，6.8 MHz付近が受信できるようにFCZコイルのコアを調整します．

次に，メイン・バリコンを右に回し切ったところの周波数を同様に確認します．著者の場合，受信周波数は6.8〜17.5 MHzとかなり広範囲になりました．

ダイヤル目盛りをつける

おおよその受信範囲が確認できたら，メイン・ダイヤルに周波数目盛りを付けます．微調整用のスプレッド・バリコンは中ほどにしておくとよいでしょう．目盛り板はφ60 mmの厚紙を両面テープで貼り付けます．

受信機やディップ・メータを使って，周波数の低いほうでは，周波数が高くなるにつれて100 kHz間隔で狭くなるので，1 MHz〜500 kHzおきに鉛筆で目盛りを付けていきます．できたら，清書して目盛り板とします．

ダイヤル指示板は，10×20 mmのアクリル板を**図5**や**写真2**のように加工して，パネルに5 mmのスペーサで取り付けています．

聞いてみよう！

アンテナは，5 m程度の室内アンテナでも受信できないこともないですが，できれば10 m以上

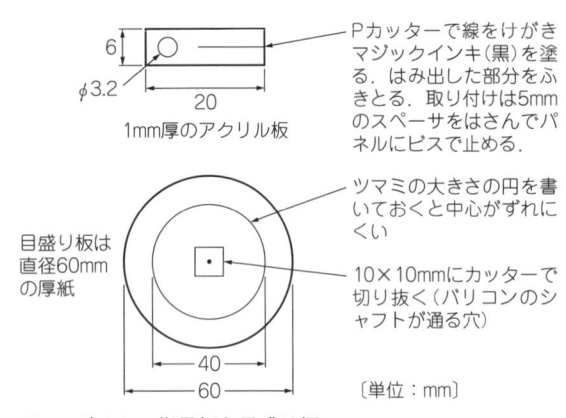

図5 ダイヤル指示板と目盛り板

写真2 ダイヤル指示板周辺のようす

のロング・ワイヤや7MHzのダイポール・アンテナなどを用意してください．海外放送を聞くときは，再生のかかる寸前で感度が上がります．

また，SSBやCWを聞くときは，サーッと再生をかけた状態で復調できます．なお，大きなアンテナをつないだ場合，再生ボリュームをいっぱいに回しても再生がかからないときは，アッテネータ(ATT)を絞ると再生がかかります．

4-5 周波数を直読するための工夫
オートダイン受信機のグレードアップ方法

《4-4》項で作ったオートダイン0-T-1をより使いやすくするために，再生検波段の前に高周波増幅を付加し，受信周波数を直読するために外付けの周波数カウンタ用バッファ・アンプも付加します．これでオートダイン1-T-1にグレードアップします．

高周波増幅器の働き

再生検波は感度は高いのですが，とても不安定なところがあります．アンテナが風で揺れただけでも聞こえ方が変わるほどです．また，再生検波は弱い発振状態で受信するためにアンテナから微弱ながらも電波が漏れることも考えられます．これらの問題は，アンテナ直後に高周波増幅器を入れると改善されます．

ゲート接地(Grounded Gate)増幅回路

図1は2SK241GRの高周波増幅回路です．このような使い方をゲート接地(Grounded Gate＝GG)増幅回路といいます．利得は少ないのですが，広範囲の周波数で増幅ができるという特徴があります．

再生式は十分な感度があるので，高周波増幅は再生検波の動作を安定させるというような目的になります．このような場合は，ゲート接地増幅回路がもってこいです．

作り方としては，図1の点線部分の回路を30×25 mmのランド基板上に組みます．両面テープで本基板の横に貼り付けてから，ATTボリューム，同調コイル，電源との間を結線します．本基板とのアースは忘れずに配線してください．

さっそく，アンテナを付けて聞いてみましょう．筆者は，10 mのロング・ワイヤを使っていますが，高周波増幅がないときよりもグーンと聞こえ方が良くなりました．特に7 MHz帯ハムバンドの感度が上がりました．

また，14 MHz帯では，高周波増幅がないときは感度がいま一つでしたが，国内局のラグチュー

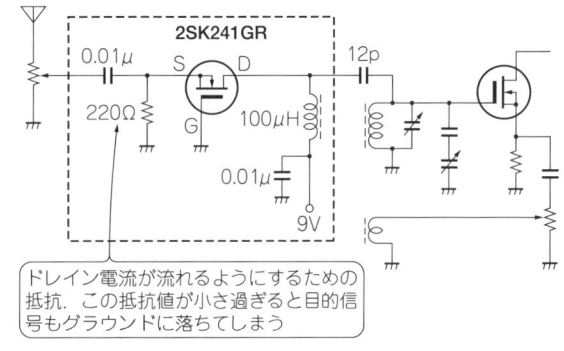

図1 2SK241GRを使ったゲート接地(Grounded Gate＝GG)高周波増幅回路

がきれいに聞こえてきます．感度が上がりすぎて放送波の混信が気になるほどです．

高周波増幅を追加したことで，格段に感度と安定度が良くなりました．高周波増幅1段が追加されたので，1-T-1のオートダインにグレードアップされました．

周波数カウンタで表示する

7～17.5 MHzと広範囲の受信では，ダイヤル目盛りは目安にしかならないので，受信したい放送に周波数を合わせるのがたいへんです．目的の放送局を受信するには，各放送バンドのパイロット局(いつもよく聞こえる放送局)の周波数を覚えて，それを頼りに選局するという方法になります．

裏技として，《4-1》項の再生式中波ラジオで紹介しましたが，デジタル式のラジオやハム用受信機を聞きたい周波数に合わせておいて，再生受信機のビートでチューニングを取るというのが手っ取り早い方法です．しかし，シンプルなオートダインの受信にハム用受信機で周波数を確認するというのも本末転倒です．そこで，受信周波数を周波数カウンタで表示できるように改造します．

再生を強くかけると発振しますから，この発振を周波数カウンタで読むのです．周波数カウンタとして，《2-4》項のディップ・メータの記事内でも使用した秋月電子通商のデジタル・テスタP-16で表示させます．もちろん，手持ちの周波数カウンタでもOKです．

周波数カウンタ用バッファ・アンプを作る

再生コイルから直接，周波数カウンタに表示させた場合，再生がかからなくなったり，大きく周波数がずれるので，再生の影響がないようにバッファ・アンプを入れます．

図2の点線で囲まれた回路を作ります．再生コイルから6 pFと小容量のコンデンサで再生周波数を取り出して，2SK241GRのバッファ・アンプを介して表示させます．

高周波増幅基板と同じ大きさの30×25 mmのランド基板で回路を組みます．リア・パネルのアンテナ・コネクタの横にRCAジャックを取り付けて周波数カウンタ用出力端子とします．

再生を強くかけるとP-16に再生の周波数が表示されます．目的の周波数を表示させたら，再生を

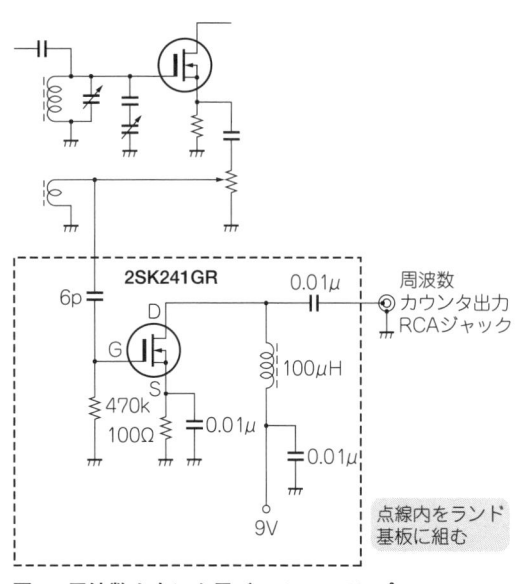

図2 周波数カウンタ用バッファ・アンプ

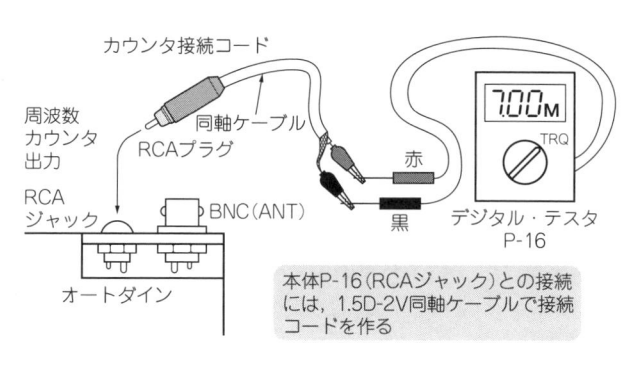

弱くしていくと感度が上がります．ただし，受信状態ではP-16の周波数カウンタ表示ができなくなります．再生を強くかけたときと実際の受信のときでは，7 MHz付近で5 kHz，14 MHzで60 kHzほど上側に周波数がズレてしまいました．しかし，この範囲まで周波数が追い込めるので，ズレを考慮してスプレッド・バリコンで目的の周波数を探すことは簡単です．

図3に，高周波増幅と周波数カウンタ用バッファ・アンプのようすを示します．また，全体の回路を図4に，全体のようすを写真1に示します．

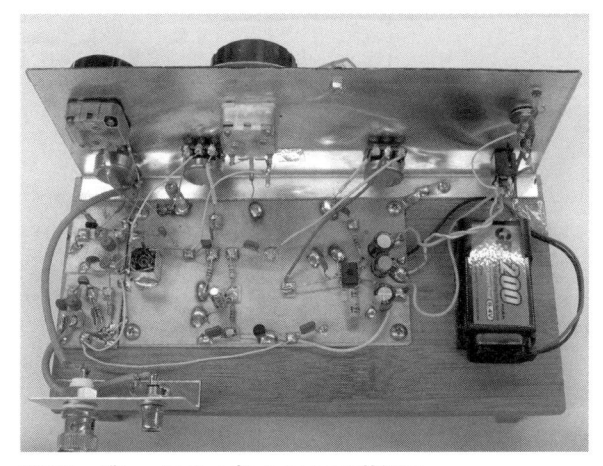

図3 高周波増幅カウンタ用バッファ・アンプ実体配線図

写真1 グレードアップした1-T-1の基板面

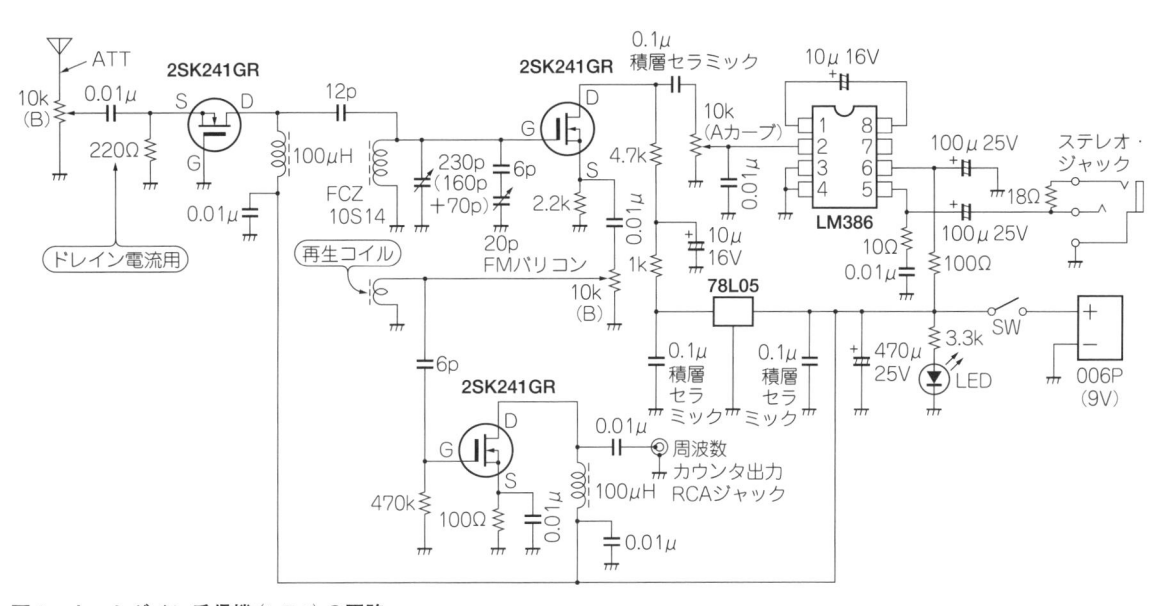

図4 オートダイン受信機(1-T-1)の回路

4-5 オートダイン受信機のグレードアップ方法　　**105**

表1　受信した放送局のリスト

周波数(kHz)	局名	言語	時間(JST)	周波数(kHz)	局名	言語	時間(JST)
7160	ラジオ・タイランド	日本語	2200	9840	ベトナムの声	日本語	2100
7165	Famly radio	英語	2300	11755	AWR-KSDA	日本語	2200
7220	VOA	英語	0700	11840	R.Australia	英語	0700
7275	KBSワールド	日本語	2000	11895	BBC	英語	0700
9425	AIR	英語	0800	11980	AWR-KSDA	日本語	0600
9525	インドネシア	日本語	2100	12020	ベトナムの声	日本語	0700
9590	R.Australia	英語	2100	12085	モンゴルの声	日本語	1700
9590	CRI	英語	0700	13640	CRI	日本語	0800
9650	チョソンの声	日本語	1800	13680	NHKワールド	日本語	0800
9655	R.Newzealand	英語	2200	13690	R.Australia	英語	0800
9690	IRIB	日本語	0600	13755	VOA	英語	0800
9710	R.Australia	英語	1900	15145	VOA	英語	0800
9735	台湾	日本語	2000	15230	R.Australia	英語	0800
9740	BBC	英語	2100	15340	NHKワールド	日本語	1200
9750	ラジオ日本	日本語	2100	15340	VOA	英語	0800
9760	VOA	英語	2100	15525	HCJB(エクアドル)	日本語	0730

オートダイン受信機を使いこなす

　オートダイン受信機の感度は申し分ないのですが，ノイズにとても弱いです．室内の電気機器，パソコンや無線機用のスイッチング電源や蛍光灯などでもノイズを拾ってしまいます．部屋の蛍光灯は消して電球のスタンドにしたり，ノイズが出るような電気製品の電源は切ったほうがよいでしょう！

　短波放送はスピーカを十分に鳴らせますが，アマチュアバンドでは音量が不足気味です．できるだけイヤホンの使用をお勧めします．

　表1は，のちほど紹介する10mのロング・ワイヤ・アンテナを使いオートダイン受信機で受信した放送局リストです．多くの日本語放送が受信できました．また，主だった英語放送も受信できています．

　ヘッドホンで聞くと短波放送とは思えないほどのすばらしい音質で，ポップスや民族音楽などが楽しめます．また，ハムバンドのSSBやCWの受信では，強い信号は再生を強めにかけると復調

がうまくできます．反対に弱いシグナルは再生を弱めにかけるとよいでしょう．再生のかけ方で受信感度が決まるので，腕の見せどころです．

　夜間には，7MHzのダイポールや10mのロング・ワイヤでもゲイン・オーバになるので，アッテネータを絞ってください．7MHzではSSBやCWの信号がガンガン聞こえてきます．14MHz帯はコンディション次第ですが，SSBによる国内のラグチューがよく聞こえてきます．バンドがひらけたときには，DXの信号も受信できるでしょう！

　オートダインは感度は十分ですが，周波数安定度があまりよくありません．再生ボリューム，選局バリコンをこまめに調節しながら最良の状態で受信する，これがまた楽しいところでもあります．

BCL用ロング・ワイヤ・アンテナの工夫

　アンテナは，10m程度のロング・ワイヤでも十分に聞こえます．しかし，ロング・ワイヤは室内でノイズを拾うので，**図5**のようにロング・ワイヤのハイ・インピーダンスを1：9のバランで50Ωに変換して同軸ケーブルで引き込むようにします．

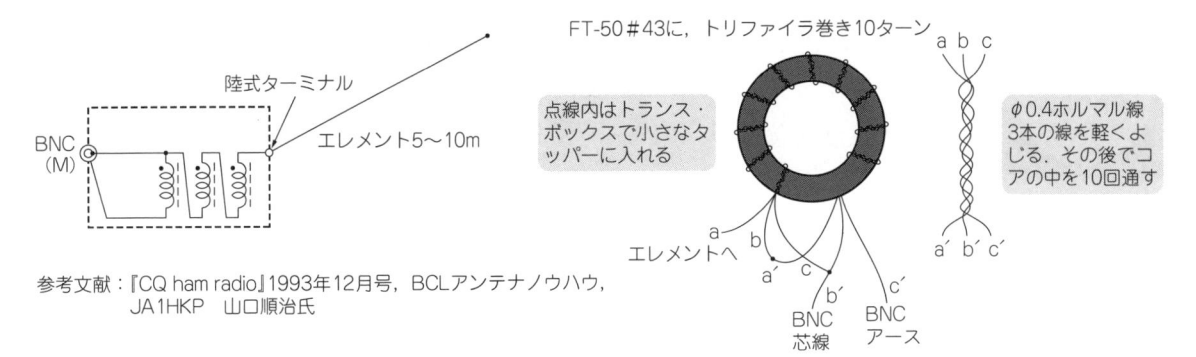

FT-50#43に，トリファイラ巻き10ターン

点線内はトランス・ボックスで小さなタッパーに入れる

φ0.4ホルマル線3本の線を軽くよじる．その後でコアの中を10回通す

陸式ターミナル
エレメント5〜10m
BNC(M)
エレメントへ
BNC芯線
BNCアース

参考文献：『CQ ham radio』1993年12月号，BCLアンテナノウハウ，
　　　　JA1HKP　山口順治氏

図5　BCL用アンテナ

写真2　ロング・ワイヤ用1：9のバラン．タッパーに組んだ

1：9のバランは，防水も考えて小さなタッパーに入れるとよいでしょう(**写真2**)．

アンテナ・エレメントは，屋外に張って同軸ケーブルで引き込むと余計なノイズを拾いにくくなります．余談ですが，筆者は10mのほかに3mのロング・ワイヤをベランダに張ってあり，中国製BCLラジオのアンテナとして使っています．BCLラジオは感度が高いので混変調に弱いために，あまり長いアンテナは使えません．3mのロング・ワイヤであれば混変調もなく，短波帯の受信がとても静かで聞きやすいのです．また，FM放送の受信も高感度です．Eスポ・シーズンには，韓国，台湾，中国，香港などのFM放送が受信できました．

さらに使いやすくするために

こうして改造したオートダインは，とても高感度で多くの放送やハムバンドの受信が楽しめます．今回の問題点としては，ダイヤルがバリコン直結で選局がやりにくいところです．特に高い周波数では，バリコンをちょっと回しただけで大きく周波数が動いてしまいます．メイン・バリコンにバーニア・ダイヤルを使うとチューニングがとてもやりやすくなります．スプレッド・バリコンにもバーニア・ダイヤルを使いたいところです．

また，オートダインは機械的にしっかりとした構造にするところがポイントです．

4-6 再生検波段に，12Vで動作させるMT管を使った 3.5〜4MHz用オートダイン受信機の製作

再生検波（オートダイン）は，AM，SSB，CWの復調ができるすぐれた受信方式です．シンプルな作りは，ハムバンドの入門用SWLレシーバとして最適です．次は，再生検波に真空管（12BA6）を使い，これを12Vで働かせる実用的な3.5MHzのオートダイン受信機を紹介します．

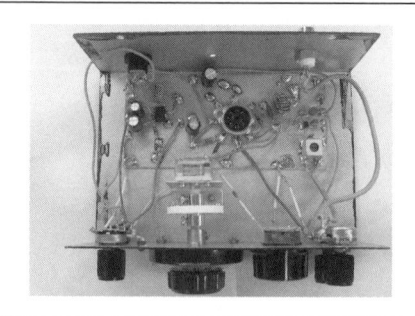

実用レシーバとしての基本構成とは

受信範囲は3.5MHz〜4.0MHzとして，2SK241GRによる高周波増幅，再生検波は真空管の12BA6，低周波アンプはLM386という構成です．

《4-4》，《4-5》項で作った再生式受信機の再生検波部を2SK241GRから真空管（12BA6）に置き換えたもので，いわゆる1-V-1のオートダインです．

オートダイン受信機の感度は文句なしですが，周波数安定度があまり良いとは言えません．周波数が高くなるほどQRH（周波数変動）が大きくなります．

著者の経験では，ハムバンドでの実用性を考えると，7MHz以下のバンドがまずまずのところです．7MHzよりも3.5MHzのほうがより周波数の安定度は良くなります．

そこで，このオートダインを親受信機として，これにクリスタル・コンバータを付加して，高い周波数のハムバンドも受信しようという試みもあります．さらには，小出力の送信機と組み合わせて実用的に使えるオートダインを目指します．

実用レシーバとするために，しっかりとしたケースに入れて，チューニングしやすいようにメイン・バリコンに50mmのバーニア・ダイヤルを使います（写真1）．

真空管による再生検波（オートダイン）

図1（a）は，FETによる再生検波で，図1（b）は真空管の再生検波の原理図です．FETのゲート，ドレイン，ソースは，3極真空管のそれぞれグリッド，プレート，カソードに相当する電極と考えてもよいでしょう．図1（c）は5極管の再生検波です．第二グリッド電圧のコントロールでスムーズな再生がかけられる利点があります．

真空管は，動作のためのA電源，B電源のほかにヒータ電圧（C電源）が必要になります．電源電圧（B電源）が12Vなのでヒータ電圧が12.6Vの真

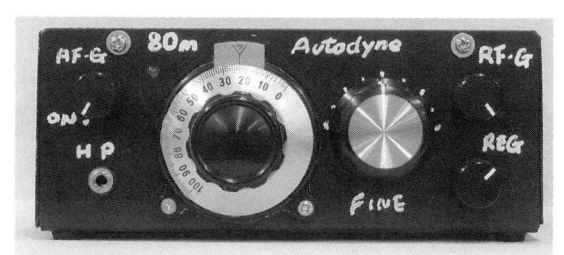

写真1　製作した3.5MHzのオートダイン受信機のパネル面（C電源）

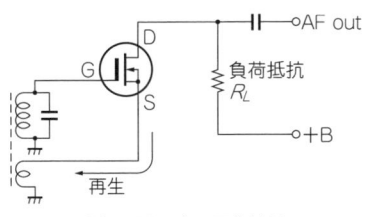

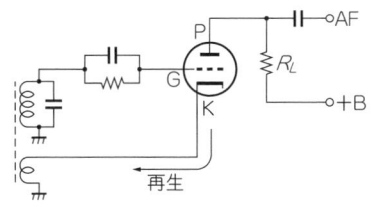

(a) FETによる再生検波   **(b)** 3極管による再生検波   **(c)** 5極管による再生検波

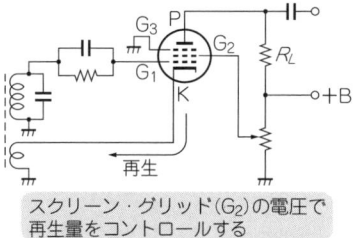

スクリーン・グリッド（G_2）の電圧で再生量をコントロールする

図1　再生検波

写真2　再生検波に使う真空管12BA6

写真3　6BA6を使うこともできる

$$f = \frac{1}{2\pi\sqrt{LC}} \text{ より } C = \frac{1}{(2\pi f)^2 L}$$

f：同調周波数
L：インダクタンス（9.4μH）
C：容量（$= C_1 + VC$）

※　$L = 9.4\mu H$ は，FCZコイル10S3R5のインダクタンスを参考とした．
3.5MHzに同調するCを求めると，

$$C = \frac{1}{(2\pi f)^2 L} = \frac{1}{(2\pi \times 3.5 \times 10^6)^2 \times 9.4 \times 10^{-6}}$$
$$= 220 \times 10^{-12} \text{[F]} = 220 \text{[pF]} \cdots\cdots\cdots(1)$$

同様に4MHzに同調するCは，

$$C = \frac{1}{(2\pi f)^2 L} = \frac{1}{(2\pi \times 4 \times 10^6)^2 \times 9.4 \times 10^{-6}}$$
$$= 168 \times 10^{-12} \text{[F]} = 168 \text{[pF]} \cdots\cdots\cdots(2)$$

(1)，(2)式より3.5～4MHzで同調を取るには，220～168pFの間をバリコンで変化させればよいので固定コンデンサ150pFと70pFのバリコンを並列接続する．

トロイダル・コア T-50#2の巻き数は，
$L = 9.4\mu H$　T-50#2のAL値＝5

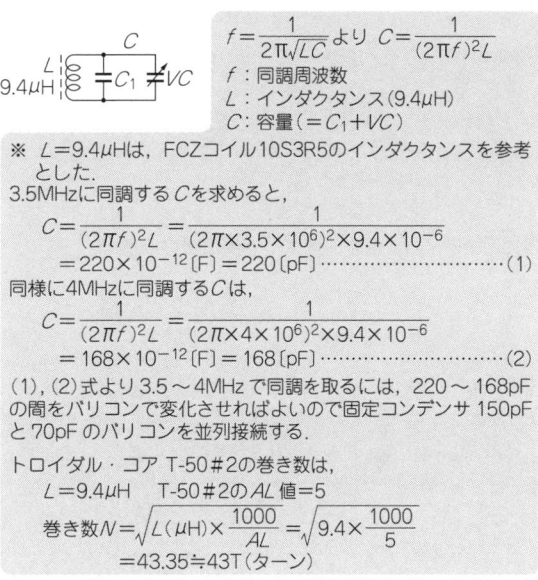

$$\text{巻き数}N = \sqrt{L(\mu H) \times \frac{1000}{AL}} = \sqrt{9.4 \times \frac{1000}{5}}$$
$$= 43.35 \fallingdotseq 43T(\text{ターン})$$

※『トロイダル・コア活用百科』（CQ出版社）を参考とした

図2　同調回路の設計

空管なら，そのままヒータ電圧として使えるのでとても便利です．そこで12BA6を使うことにしました（**写真2**）．同じ規格でヒータ電圧が6.3Vの6BA6も使えます（**写真3**）．その場合，3端子レギュレータの7806で6Vを作りヒータ電源とします．

そのほか，6CB6，6DK6，6AK5などの真空管も使えるので，手持ちの真空管を活用してもよいでしょう．ただし，ヒータ電圧とピン足の配置に注意してください．

再生検波の同調回路がポイント

3.5MHz帯のハムバンドをカバーできるように受信周波数を3.500～4.00MHzの500kHz幅とし

て設計してみましょう．

3.5MHzのFCZコイルのインダクタンス9.4μHを参考にして，500kHzをカバーするためのバリコンの容量を計算してみました（**図2**）．計算から，150pFの固定コンデンサとAM用の親子バリコンの小さい容量のほう，60～70pFを並列にすると500kHzがカバーできそうです．

また，コイルは巻き数の調整ができるようにトロイダル・コアに手巻きします．トロイダル・コアを使うことで，同調回路のQを高くして感度アップにもなります．また，巻き数さえ間違えなければ，ほぼ同じインダクタンスが得られます．

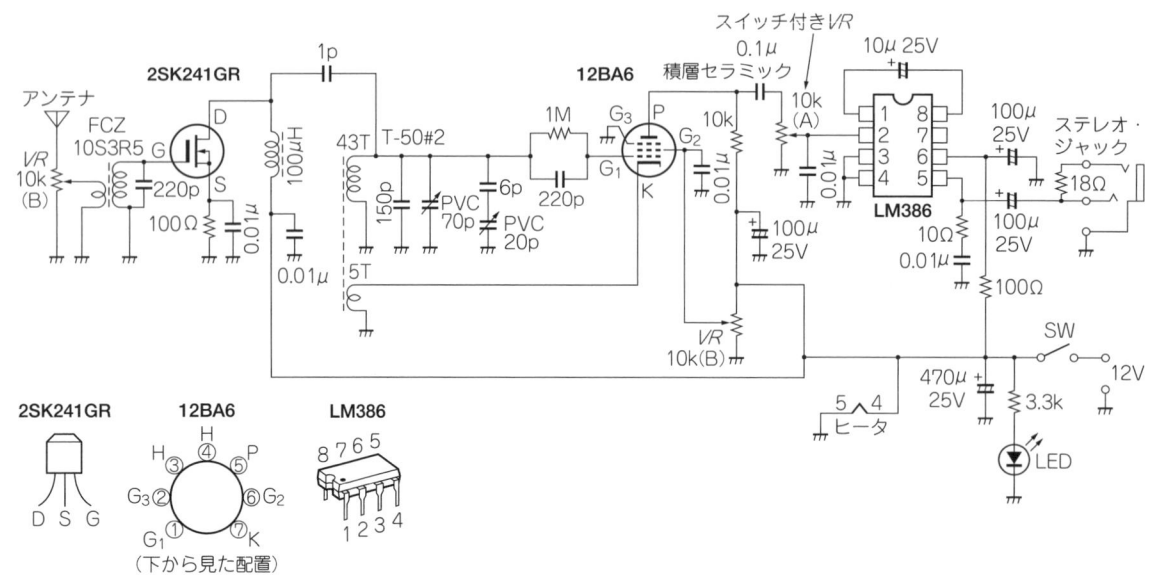

図3　3.5～4MHzオートダイン受信機の回路

表1　パーツ・リスト

品　名	形式・仕様	数量	参考単価(円)	備　考
真空管	12BA6	1	700	ラジオ少年
FET	2SK241GR	1	40	
IC	LM386	1	80	
LED		1	20	高輝度
ボリューム	10k (B)	2	147	
	10K (A)S付	1	147	
抵抗	1M	1	10	
	10K	1	10	
	3.3K	1	10	
	100Ω	2	10	
	10Ω、18Ω	各1	10	
セラミック・コンデンサ	1pF	1	10	
	6pF	1	10	
	150pF	1	10	
	220pF	2	10	
	0.01μF	5	10	
積層セラミック	0.1μF	1	10	
電解コンデンサ	10μF　25V	1	20	
	100μF　25V	2	20	
	470μF　25V	1	20	
RFC	100μH	1	84	

品　名	形式・仕様	数量	参考単価(円)	備　考
トロイダル・コア	T-50-2	1	126	
FCZコイル	10S3R5	1	179	
AM用親子バリコン	160pF+70pF	1	120	ラジオ少年
FM用ポリバリコン	20pF+20pF	1	378	2連
真空管ソケット	MT-7(7ピン)	1	105	サトー電気
バーニア・ダイヤル	50mm	1	1722	サトー電気
タイト・カップリング		1	399	サトー電気
イヤホン・ジャック	3.5Φ	1	95	ステレオ・タイプ
DCジャック	2.1Φ	1	126	
ケース	PL-2	1	893	
ツマミ	30mm	1	300	
	15mm	3	160	
BNC-R		1	168	
基板	100×75mm1.6t	1	147	必要な大きさにカット
ビス	2.6×12mm	2	10	バリコン軸延長
スペーサ	6Φ×10mm	2	15	バリコン軸延長
配線用リード線		若干		
同軸1.5D-2V		15cm		

T-50#2を使って9.4μHの値を計算すると43回の巻き数となります.

回路の説明

図3に回路を示します.アンテナからの信号は,10kΩのボリュームによるアッテネータのあと2SK241GRで高周波増幅されます.出力はチョーク負荷として1pFのコンデンサを介して,再生検波の同調回路に入力されます.

同調コイルはトロイダル・コアT-50#2に43回巻き,再生コイルは5回巻きです.メイン・バリコンは中波用の親子バリコンの小容量側の70pFを使い,3.500MHzから4MHz付近まで同調が取れるように,150pFの固定コンデンサとスプレッド・バリコンを並列にした合成容量になります.

スプレッド・バリコンは,CWやSSBのチューニングをやりやすくするために20kHz程度の周波数可変ができるように入れてあります.FM用ポリバリコン20pFに6pFのコンデンサを直列に入れて見掛けの容量を小さくしています.

再生は,12BA6のスクリーン・グリッドの電圧を10kΩのボリュームでコントロールします.AF出力は,0.1μFの積層セラミック・コンデンサを介してLM386で増幅します.

パーツについて

パーツは,**表1**を参考に集めてください.

メイン・バリコンに使う親子バリコン(160pF+70pF)は160pF+59pFのものでも同様に使えます.

バーニア・ダイヤルとタイト・カップリング(**写真4**),真空管ソケットの入手が大変かもしれません.真空管を使っていますが,電源電圧が12Vなので抵抗,コンデンサなどは,トランジスタ回路用と同じものでOKです.

ケース加工から始める

実用レシーバとするためにしっかりとしたアルミのケースに入れました.ちょうどよい大きさを探して,リードのPL-2(W110×H65×D160mm)を横向きにして,上フタをケースとして使用しました.図4の配置図を参考に穴あけ加工からはじめます.

取り付けは,メイン・バリコンにバーニア・ダイヤルを使うので,まず,バリコンの軸合わせから始めるとよいでしょう.バーニア・ダイヤルとバリコンは,**図5**のようにカップリングを挟んで,回転がスムーズになるようにします.そのあとBNC端子,ボリュームなどを取り付けます.もう

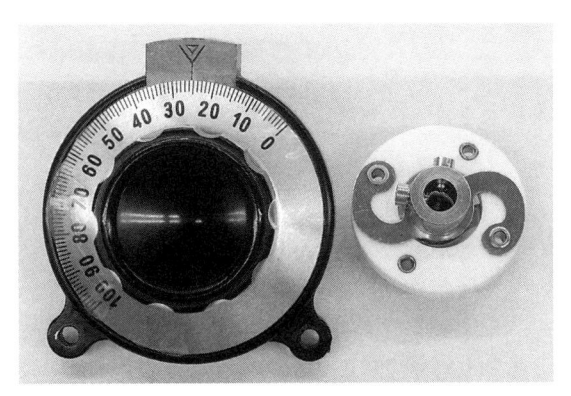

写真4 バーニア・ダイヤル(左)とタイト・カップリング

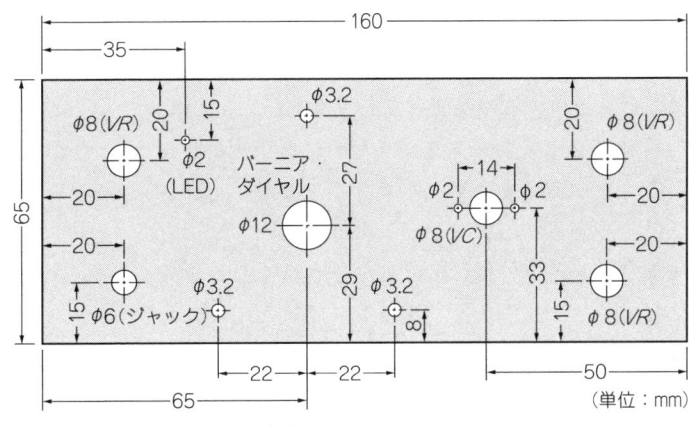

図4 フロント・パネルの寸法

φ6×10mmスペーサでジョイントする

バリコンの軸もφ6×10mmスペーサで延長しておく

バーニア・ダイヤル

タイト・カップリング

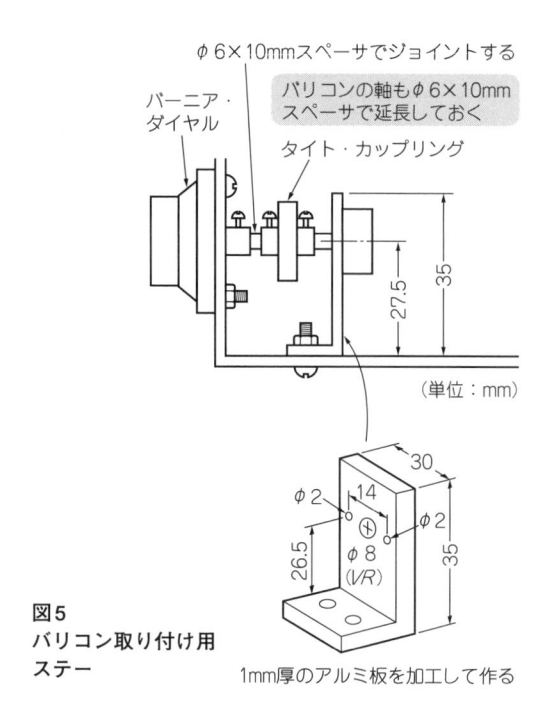

27.5
35
(単位：mm)

図5 バリコン取り付け用ステー

30
14
φ2
φ2
26.5
φ8 (VR)
35

1mm厚のアルミ板を加工して作る

少し大き目のケースにゆったりと組んでもよいでしょう．

真空管もランド基板上に

基板は，ランド法で作ります．真空管を使った工作ではシャーシ加工でひと苦労しますが，ランド法を用いるとソケットの穴あけをする必要がないので手軽に機器を作ることができます．基板にソケットさえ固定することができれば，あとはランド法で作業を進めることができます．

真空管のソケットは，スペーサで持ち上げて基板にビス止めするのが簡単な方法ですが，今回は，高さが65 mmのケースを使うために真空管が収まらなくなってしまいます．そこで，なるべく高さを低く抑えるためにソケットのセンター・ピンを抜き，ピン足を外側に広げて高さが低くなるようにして，ソケットの端子をランドにはんだ付けします．

基板は125×60 mmの大きさです．最初に真空管ソケットの端子をはんだ付けするランドの位置を決めてから，ほかのランドの配置を決めるとよいでしょう．トロイダル・コアは，φ0.5 mmのホルマル線を43回巻いてはんだ付けして基板に固定します．固定した後に，再生コイルを同調コイルと同じ方向になるように注意しながら，重ねて5回巻きます．パーツの配置などは，図6の実体配線図や写真5を参考にしてください．

調整する

アンテナとして3～10 mのワイヤをつなぎ，電源を入れてヒータが温まるまで待ちます．

再生ボリュームを回していき，サーッと再生がかかればOKです．もし，再生がかからないときは，再生コイルのアースとカソードの巻き線の方向を確認してください．アンテナ・コイルと巻き線の方向が同じでないと再生はかかりません．うまく再生がかからないときは，再生コイルの巻き数を1～2ターン増やします．反対に再生が強すぎる場合は，1～2ターン巻き数を減らします．

ボリュームを1/2～3/4くらい回したところで再生がかかるようにするとよいでしょう．なお，中古の真空管などでは，動作電圧が12 Vと低いために再生がかからないこともあります．そのときは，別の真空管と交換してみてください．

受信範囲を確認

メイン・バリコンとスプレッド・バリコンのトリマは，最小容量にしておきます（写真6）．メイン・バリコンの容量を最大にして，3.490 MHz付近が受信できるようにメイン・バリコン70 pFのトリマを調整します．再生をかけて，受信機でビートを取って合わせます．

次は，バーニア・ダイヤルを回して周波数の高いほうを確認します．筆者の場合は4.020 MHzになりました．上限の周波数は，ハムバンドがカバーできればよいので，受信できるところまでとすればよいでしょう．

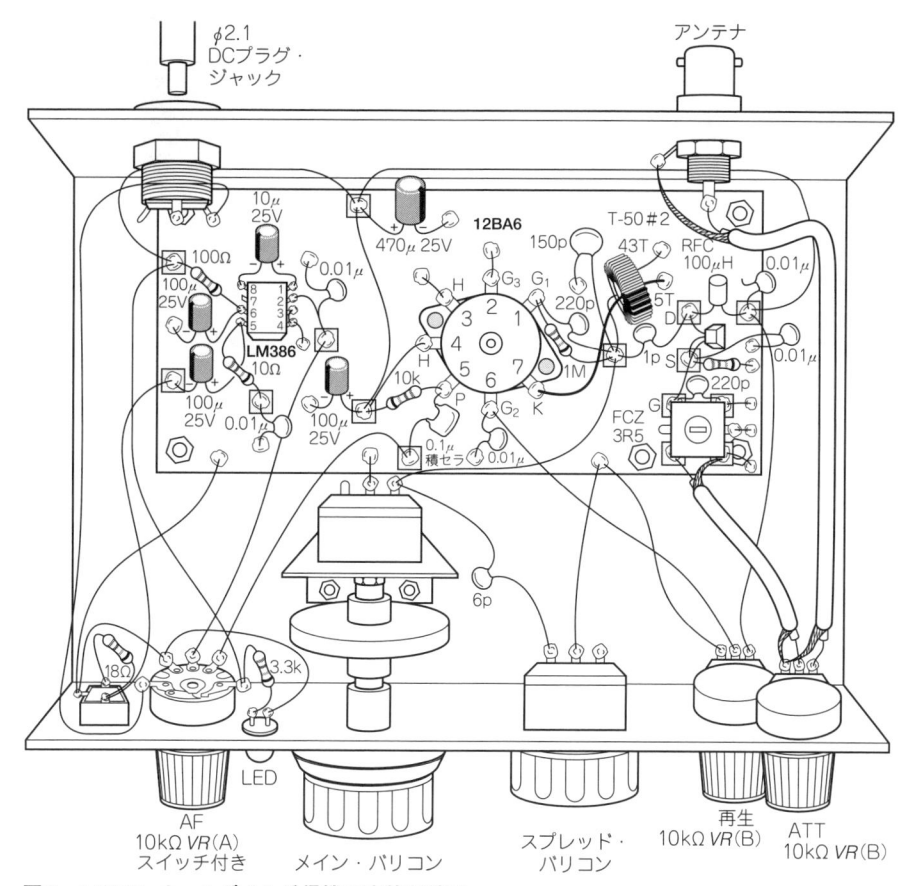

図6 3.5 MHzオートダイン受信機の実体配線図

写真5 コイル周りのようす

写真6 バリコン周辺のようす

　なお，メイン・バリコンに59 pFを使用したときは，3.500 MHzが受信できるようにトリマの容量を大きくすると，上限の周波数は低めになるかもしれません．

　バンド幅を広げたいときは，150 pFの固定コンデンサを100 pFのトリマと47 pFの固定コンデンサに交換して，同調コイルの巻き数を1～2 T増やしトリマの容量を減らすとバンド幅が広がり

4-6　3.5～4 MHz用オートダイン受信機の製作

ます．このときは，バリコンのトリマは最小とした状態で調整してください．

聞いてみる

オートダイン受信機はノイズに弱いため，無線機用のスイッチング電源はまず使えません．乾電池8本を直列にして12Vを得るか，充電式ニッケル水素電池10本直列にしたもの，あるいは車載用バッテリを使ってください．著者は，車に使えなくなった古い車載用バッテリを太陽電池でフローティング充電しながら使っています．

アンテナは，3.5 MHzのダイポール・アンテナがあればいうことなしですが，10m程度のロング・ワイヤでも大丈夫です．

まず，3925 kHzのラジオ日経にバーニア・ダイヤルを合わせるとガツン！と放送が聞こえてきます．また，再生をサーッとかけて，3.5 MHz帯にダイヤルを回すと，CW，SSBによる国内QSOがにぎやかに入感してきます．

メイン・バリコンにバーニア・ダイヤルを使った効果は抜群で，SSBの受信では，ダイヤルをゆっくり回すとファイン・チューニングはいらないくらいです．CWでは，好みのトーン（音調）に簡単に合わせることができるスプレッド・バリコンはとても使い勝手がよいのです．

真空管のエージング

長い間，電気を通していない真空管は，人間で言えば眠っているような状態であり，そのままでは本来の性能が出せません．そこで，オートダインの電源を入れて2～3日の間，そのまま通電して真空管を目覚めさせましょう．このような作業をエージングと言っています．エージングした後では，最初に鳴らしたときと比較して，音色が違うことに気づくでしょう．

なお，エージングのときは，受信が目的ではないので，安定化電源を使用してもかまいません．

写真7 オーディオ用のローパス・フィルタ

オーディオ用LPFを作る

夜間の3.5 MHz帯は国内QSOでとてもにぎやかで混信が気になります．そこでオーディオ・フィルタを作ってみましょう．シンプルな構成のオートダイン受信機では，フィルタもシンプルにしたいところです．

著者は，オーディオ用ローパス・フィルタ（LPF）を愛用しています（**写真7，図7**）．スピーカ出力につなぐLPFですが，コイルとコンデンサだけなので増幅による内部ノイズの発生がなく，とても静かで自然な受信音になります．ただし，減衰がありますからスピーカでは音量不足になりますが，ヘッドホンでは快適な受信ができます．

コイルをフェライト・コアに手巻きすると，Qが高くなり切れのよいフィルタができあがります．**図7**のような2段のローパス・フィルタを作ります．カットオフ周波数f_cを2割ほど低めに設定して，(**a**) CW用は600 Hz，(**b**) SSB用は2.2 kHzとして設計しました．

コンデンサは，入手しやすい10 μFの積層セラミックを用いることとして，コイルのインダクタンスを計算して決めます．その結果，600 Hzでは7.04 mH，インピーダンスは26 Ω，2.2 kHzは

図7 オーディオ用ローパス・フィルタの設計と回路

$$L = \frac{Z}{2\pi f_C}, \quad C = \frac{1}{2\pi f_C Z}$$

$$L = \frac{1}{(2\pi f)^2 C}$$

Z：インピーダンス
f_C：LPFの帯域
L：コイルのインダクタンス
C：コンデンサの容量（10μF 積層セラミックを使う）

(a) $f_C = 600$ Hzのとき（CW用）

$$L = \frac{1}{(2\pi f_C)^2 C} = \frac{1}{(2\pi \times 600)^2 \times 10 \times 10^{-6}}$$
$$= 7.04 \times 10^{-3} = 7.04 \text{ [μH]}$$
$$Z = 2\pi f_C L = 2\pi \times 600 \times 7.04 \times 10^{-3} = 26.5 \text{ [Ω]}$$

(b) $f_C = 2.2$ kHzのとき（SSB用）

$$L = \frac{1}{(2\pi f_C)^2 C} = \frac{1}{(2\pi \times 2.2 \times 10^3)^2 \times 10 \times 10^{-6}}$$
$$= 0.52 \times 10^{-3} = 0.52 \text{ [mH]}$$
$$Z = 2\pi f_C L = 2\pi \times 2.2 \times 10^3 \times 0.52 \times 10^{-3} = 7.1 \text{ [Ω]}$$

※FT-50 #77材（AL値1100）の巻き数Nは，

$$N = \sqrt{\text{mH} \times \frac{10^6}{AL}}$$

7.04 mHのとき… $N = \sqrt{7.04 \times \frac{10^6}{1100}} = 79.7 \fallingdotseq 80$ [T]

0.52 mHのとき… $N = \sqrt{0.52 \times \frac{10^6}{1100}} = 21.7 \fallingdotseq 22$ [T]

(c) CW, SSB用LPFの回路

1：スルー
2：2.2 kHz
3：600 Hz

0.52 mH，7.1 Ωとなります．

このインダクタンスを元に，フェライト・コアのFT-50 #77材の巻き数を求めると7.04 mHでは80回，0.52 mHでは22回となります．それぞれ2個ずつに0.4 mmのホルマル線を巻いてコイルを作ります．筆者は，穴あき万能基板を使って組み立てました．

二つのローパス・フィルタはプラスチック・ケースに入れ，ロータリー・スイッチでスルー，SSB用，CW用と3段階に切り替えられるようにすると便利です．**図7**(c)は全体の回路，**写真8**は内部です．回路図の中の20 Ωの抵抗は，キンキンと耳障りな音への対策として入れました．また，出力側にダイオード1S2076Aによるクリッパを入れました．これは，送信機と組み合せた場合にスタンバイ時のクリック音を減らすためのものです．

応　用

オーディオ用ローパス・フィルタを使うとオートダイン受信機はがぜん実用性が上がります．ここで紹介したオートダイン受信機は，同調コイルを交換すると1.9 MHz，7 MHzでも同様に作るこ

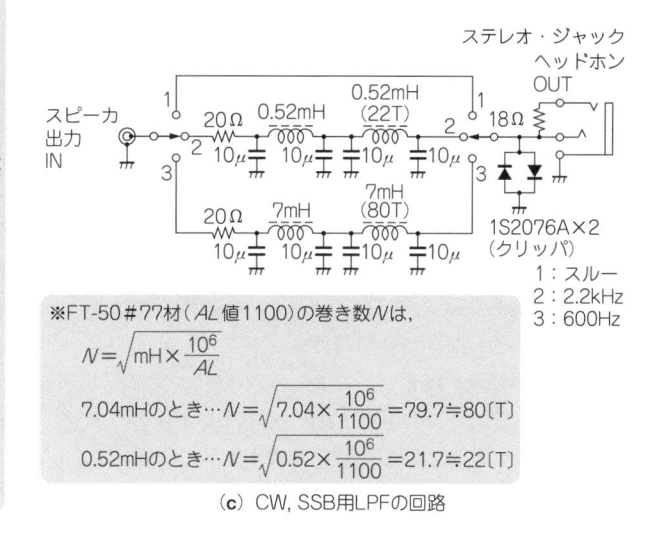

写真8 オーディオ用ローパス・フィルタの内部

とができます．その場合，**図2**の同調回路の設計を参考にコイルの巻き数，バリコンの容量などを求め，再生コイルの巻き数は，実際の再生のかかり具合をみながら決めます．

オートダイン受信機は，7 MHzまではかなり実用的ですが，それ以上のバンドでは感度と周波数安定度が悪くなります．そこで，クリスタル・コンバータを付加して，14～144 MHzの信号を3.5 MHz帯に変換してオートダインで聞くという方法もあります．クリスタル・コンバータの付加で，小出力の送信機と組み合わせたシステムの構成も可能となります．

Column　FETで構成するオートダイン1-T-2

　再生検波部に2SK241GRを使っても同じように作ることができます．図Aにその回路を示します．《4-6》項で紹介したオートダイン受信機をベースに，受信範囲を3.5 MHz帯に変更して高周波増幅を同調型としたものです．

　同調コイルには，FCZコイルの10S3R5を使います．3.5～4.0 MHzの受信範囲にするには，親子バリコンの小容量70 pFとスプレッド・バリコン20 pFは，真空管式と同じものを使います．コイルのコアを動かすことにより周波数の調整ができるので，こちらのほうが簡単でしょう．

　なお，再生検波の後，2SC1815GRで軽く増幅してからLM386に入力します．こうするとスピーカをガンガン鳴らすことができます．

　このような方式の，高周波1段-再生検波-低周波2段の構成を記号で表すと1-T-2となります．

　真空管と比較するとヒータがいらない分，消費電流もとても少なくなります．また，ヒータがないために熱の発生がなくなり，周波数の安定度もよくなります．真空管の使用にこだわらなければ実用的なオートダイン受信機です（写真A）．ケースも真空管を使ったものと同じように使えます．

図A　MOS FETを使った3.5 MHzオートダイン1-T-2

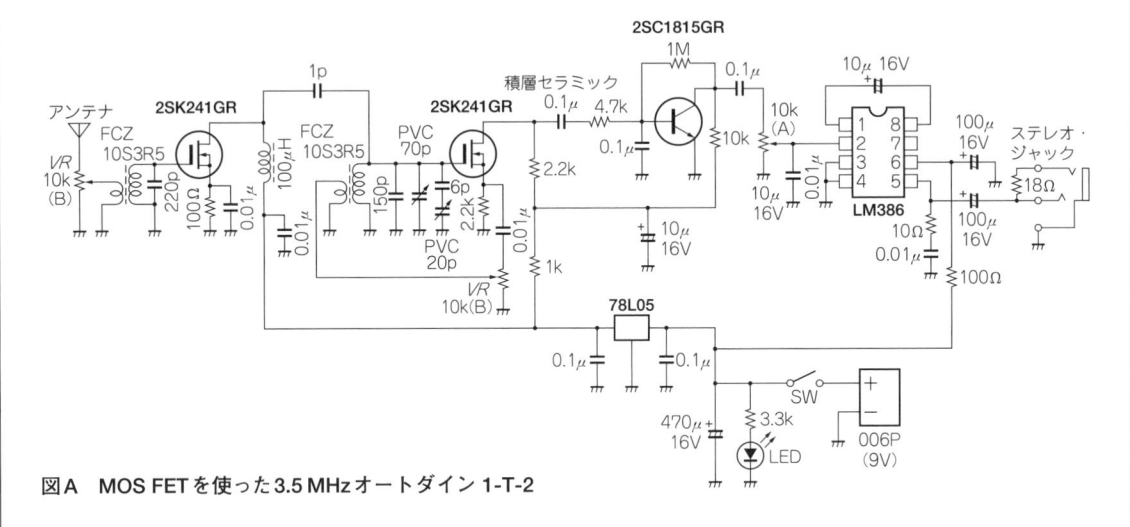

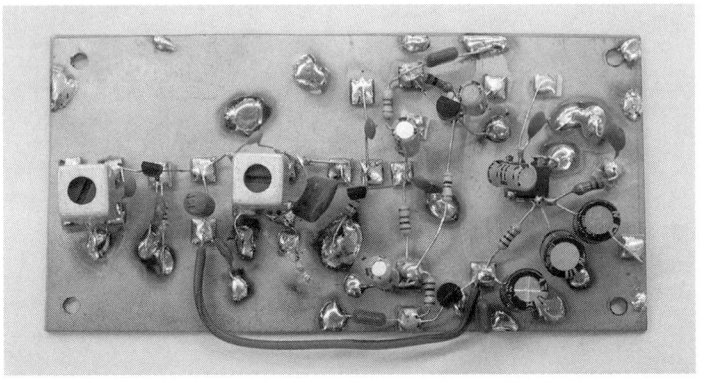

写真A　MOS FETを使ったオートダイン受信機基板

第5章 アマチュア無線機器と周辺アイテムの製作

〜ラジオ受信のためのオプションと電波を出す楽しみ〜

　本章では，前章までに製作した中波ラジオや短波ラジオ，それに市販のBCLラジオなどと組み合わせて使うと便利に使えるアイテムをご紹介しながら，同じ電波を扱うアマチュア無線用の機器製作にも挑戦してみます．少ない素子数で，いかに効率よく機器を動作させるか，どうやってよい音を作り出すか，回路構成などを考えながら製作していきます．

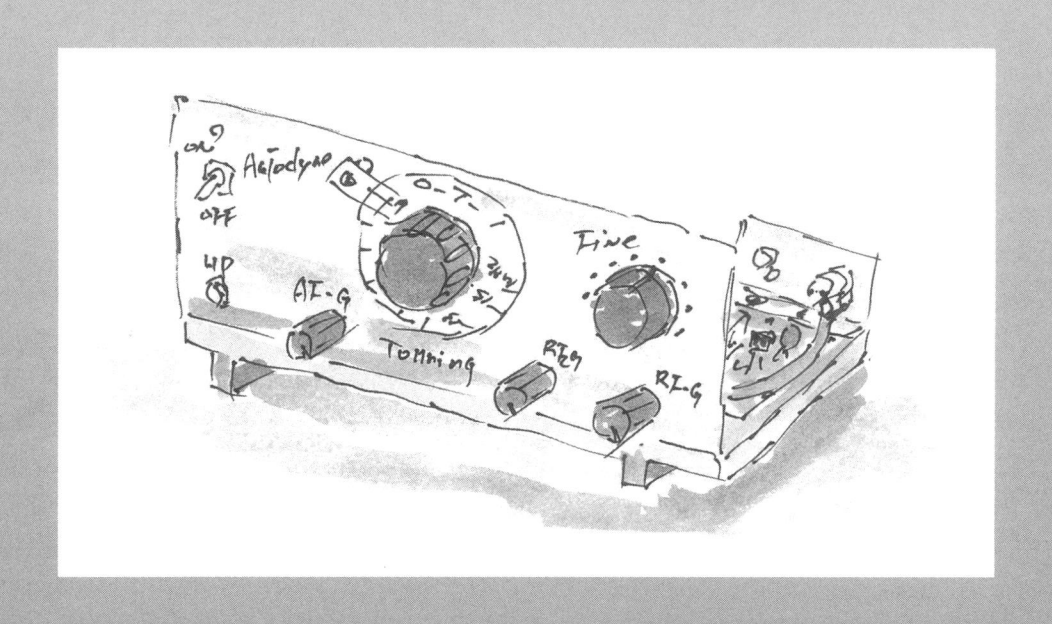

5-1 安価のBCLラジオを目いっぱい活用する方法
親受信機に使うBCLラジオとアクセサリの製作

高性能なBCLラジオが安価に入手できるようになりました．これを受信機に使い，いろいろな付加装置を作り，組み合わせることによって，アマチュア無線を楽しんじゃおうという寸法です．

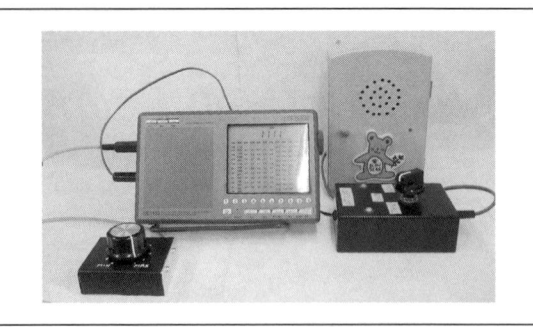

中国DEGEN社の愛好者3号DE1103は，**表1**に示すように長波からFM放送まで，たくさんのバンドの受信ができるラジオです．特に，100kHz～30MHzのCW，SSBの受信ができるので，短波帯アマチュアバンドの交信を聞くことができるところがお勧めのポイントです．

1kHzステップの周波数直読で，その間は周波数微調整ダイヤルによりCWやSSBの受信もらくらくできるラジオです．外部アンテナ・ジャック，DX/Localのゲイン切り替えがあり，フィルタはMUSIC(6kHz)/NEWS(4kHz)の2段階です．SSBやCWを聞くには，帯域がちょっと広めですがうれしい機能です．

これらの機能を活用して付加装置を作り，受信性能をさらに良くしようという楽しみがあります．

ラジオのスタンドを作る

ケースの裏側についたてが収まっていて，引き出すとラジオが斜めに固定されるように作られています．

しかし，いちいちついたてを取り出すのも面倒なので，まずは，ラジオ用のスタンドを作りましょう(**写真1**)．**図1**に示すようにラジオを斜めに立てかけておけるようにアルミ棒を加工して，ス

表1　BCLラジオDE1103の特徴

受信可能周波数範囲			
FM：76.00～108.00MHz			
AM：100kHz～29,999kHz　※SSB, CWの受信もできる			
MW：520kHz～1,710kHz			
SW：1,710kHz～29,999kHz			
90m	3,160～3,455kHz	25m	11,510～12,155kHz
75m	3,860～4,055kHz	22m	13,510～13,950kHz
60m	4,710～5,105kHz	19m	15,010～15,705kHz
49m	5,910～6,255kHz	16m	17,200～18,105kHz
41m	7,010～7,405kHz	13m	21,410～21,9855kHz
31m	9,170～9,995kHz	11m	25,610～26,100kHz

※アマチュアバンド1.9MHz, 3.5MHz, 7MHz, 10MHz, 14MHz, 18MHz, 21MHz, 24MHz, 28MHz／AM, SSB, CWの受信が可能．

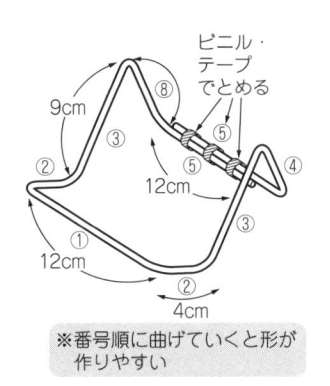

図1　アルミ棒を細工する

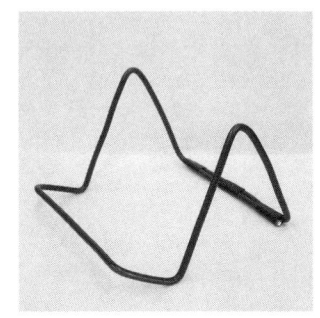

写真1　製作したBCLラジオ用のスタンド

タンドを作ります．

100円ショップで見つけたビニル被覆の直径4mmのアルミ・ワイヤ(カラーワイヤーという商品名)を使いました(**写真2**)．園芸用アルミの針金($\phi3.5〜\phi4$mm)を用いても作れます．アルミ・ワイヤをラジオ・ペンチで**図1**に示すように折り曲げて形を作ります．うまくラジオが固定されるように形を整えて，裏側でビニル・テープで止めれば完成です(**写真3**)．

充電器の製作

DE1103には1300mAhのニッケル水素電池(Ni-MH)4本が付属しているので，次にこれを使うための充電器を作りましょう(**写真4**)．ニッケル水素電池は，定格容量の$\frac{1}{10}$の電流($\frac{1}{10}$C)で15時間程度で充電されます．通常，電池1本の電圧が1.0Vに下がった時点で充電を始めます．DE1103では，電池の容量がなくなると電池切れのサインが出るので，このサインが出たら充電します．

付属の1300mAhの電池では，130mA($\frac{1}{10}$C)の電流により，15時間で充電完了となりますが，今回は充電電流を2倍の260mA($\frac{1}{5}$C)として充電時間を半分にした充電器を作ります．

図2は3端子レギュレータ7805を利用した定電流充電器の回路です．7805の出力電圧が5V一定であることを利用して，定電流を取り出すものです．抵抗Rの値で出力の定電流の値を決めることができます．この充電器の特徴は，電源電圧を電池の直列本数の電圧+5V以上とすれば，何本でもいっぺんに充電できるところです．ここでは，

写真2 直径4mmの「カラーワイヤー」

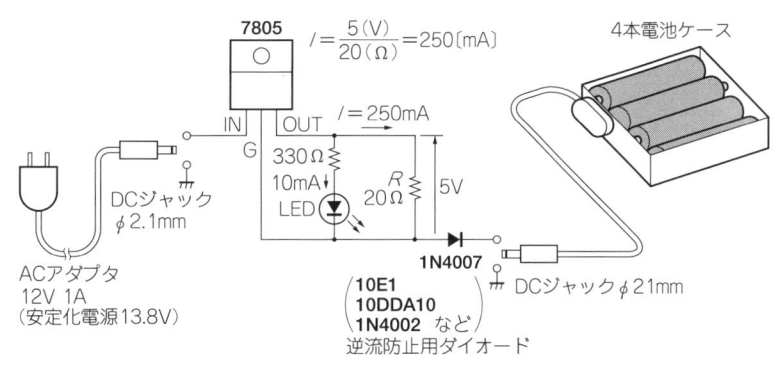

図2 3端子レギュレータ7805を利用した$\frac{1}{5}$C定電流充電器の回路

写真3 スタンドに立てかけたDE1103

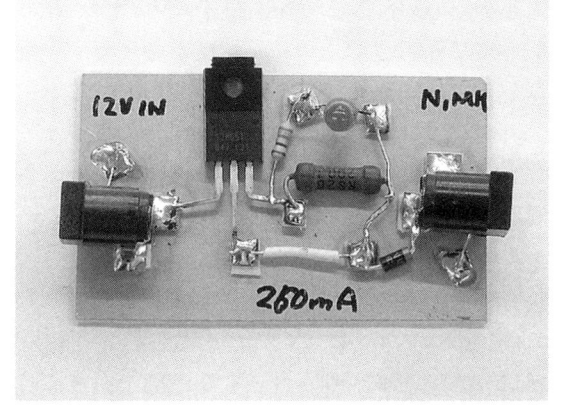

写真4 製作したDE1103用の充電器

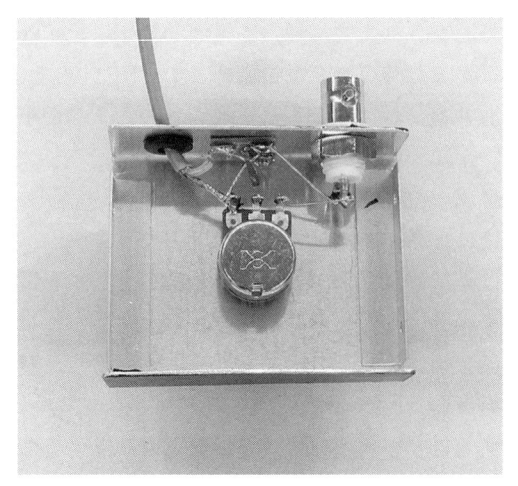

写真5 アッテネータ（内部）

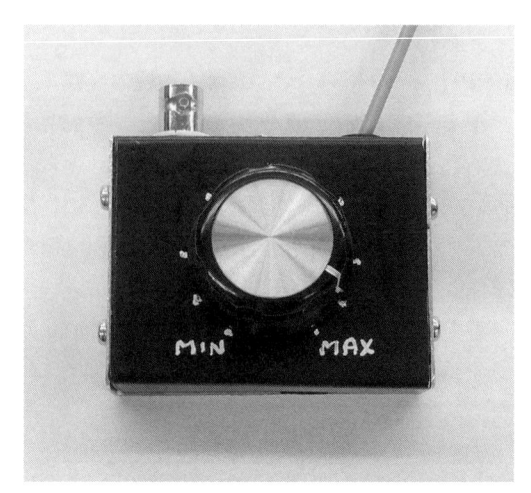

写真6 アッテネータ（外部）

抵抗Rを20Ωとして250mAの電流を取り出します．また，充電表示用のLEDに10mAほど流れますから，トータルで260mAとなります．仮に出力をショートしても，260mA以上の電流は流れません．

なお，1N4007は逆流防止用のダイオードです．他に整流用の100V 1A以上のダイオード10E1，10DDA10，1N4002などが使えます．

充電器の使い方

直流電圧12V以上のACアダプタや安定化電源を用意します．充電器が5Vのレギュレータを使っている関係で，その分，電圧降下が起こります．電池4本の場合には，充電完了を6Vとしたとき，5V+6Vで11V以上の電源電圧が必要です．計算上，7.5時間程度で充電完了になりますが，5〜6時間程度に押さえたほうが過充電の心配がなく安心です．タイマ付きコンセント・タップなどを利用して時間になったら切れるようにしておくのもよいでしょう．

著者は，ほかにサンヨーのNi-MH（ニッケル水素）電池，エネループ（2000mAh）も使っています．260mAでの充電時間を計算すると200mA×15時間＝3000mAh，3000mAh÷260mA＝11.5時間となります．充電時間は短めの9〜10時間ほどで充電完了としています．

なお，エネループ8本（9.6V），10本（12V）を充電する場合は，先ほど計算したように8本で17V，10本で20V以上の電源電圧が必要です．秋月電子通商の24V/0.5AのACアダプタを使用するとよいでしょう．

アッテネータの製作

DE1103には，外部アンテナが使えるジャックがあります．さらにDXとLocalの感度切り替えが選べるようになっています．しかし，二つの感度切り替えだけでは細かく感度が調整できないので，RFゲインの調節ができるように，外付けのアッテネータを作ります（**写真5**，**写真6**）．

図3に回路を示します．外部アンテナからの信号をボリュームにより信号強度を自由に調節する回路です．タカチのアルミ・ケースYM65（W65×D50×H20mm）を通常とは逆にひっくり返して黒の塗装部分をパネル面として使います．

アンテナ端子はBNCコネクタを使います．ラジオに接続する方は，長さ45cm程度の同軸ケーブル1.5D-2Vの先端にϕ3.5mmイヤホン・プラグを付けます．実体配線図も参考にしてください．

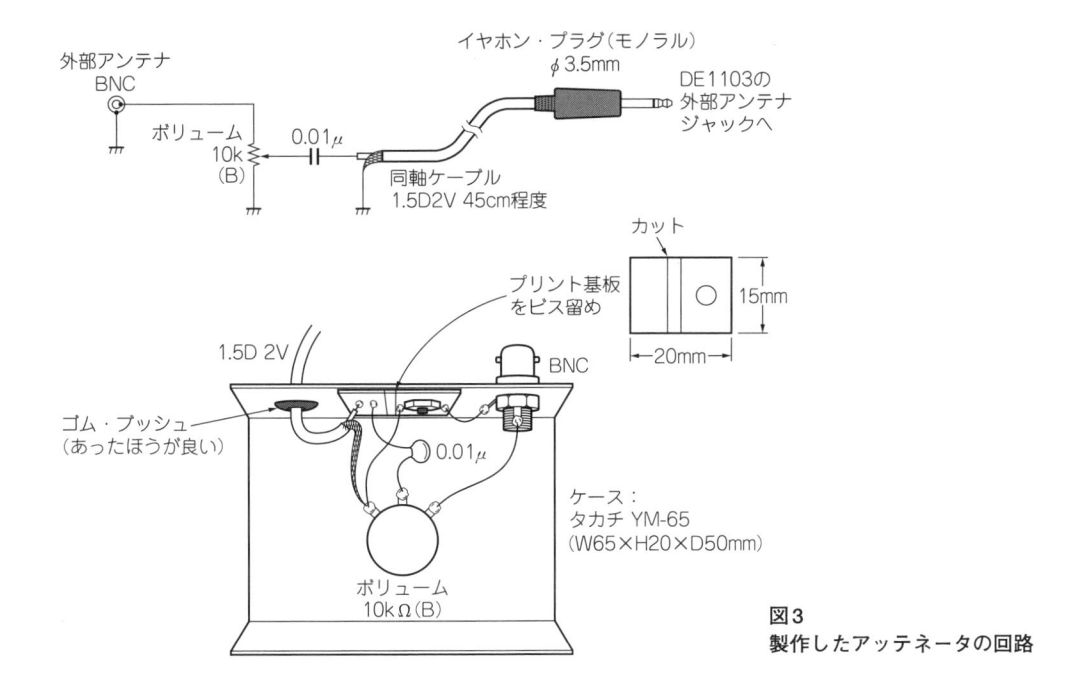

図3 製作したアッテネータの回路

使い方

アッテネータを介して外部アンテナをつなぎます．まず，アッテネータを最大感度のところに合わせておきます．最大感度からボリュームを絞っていくと急にノイズが小さくなるところがあります．ここにボリュームをセットします．

BCLラジオは高感度にできているので，強い信号を受信すると増幅部が飽和して，かえって了解度が落ちてしまいます．ボリュームを絞って静かになったところが適正な入力信号です．信号も弱く感じますが，ノイズが小さくなったぶん，了解度が上がります．なお，放送や交信のないところでノイズを聞くとわかりやすいでしょう．

AFフィルタの音をスピーカで聞く

《4-6》項でオートダインのアクセサリとして，AF（低周波）用のLPF（図4）を紹介しました．これは，BCLラジオでも威力を発揮します．作り方は，《4-6》項を参考にしてください．

3.5 MHzや7 MHzなどハムバンドでSSBやCWを受信するとき，特に弱い信号や混信のある場合に効果的です．ヘッドホンで聞くとスピーカで聞くよりは了解度が上がり切れもよく快適な受信ができます．このフィルタはヘッドホン用なので，スピーカも使えるように100円ショップで見つけた小さな箱にLM386のアンプとスピーカを入れたものを作ってみました（写真7）．図5のような回路を組み込んでいます．

受信のテクニック

中波やFM放送を楽しむときにはあまり気にならない家庭内のノイズですが，短波放送やアマチュアバンドのSSBやCWを聞くときにはノイズが問題となります．BCLラジオは高感度にできているので部屋の蛍光灯，パソコンのノイズなど電気製品からのノイズに弱いのです．受信してみてノイズが気になるときは，電気製品のスイッチを切ると良いでしょう．また，ACアダプタもノイ

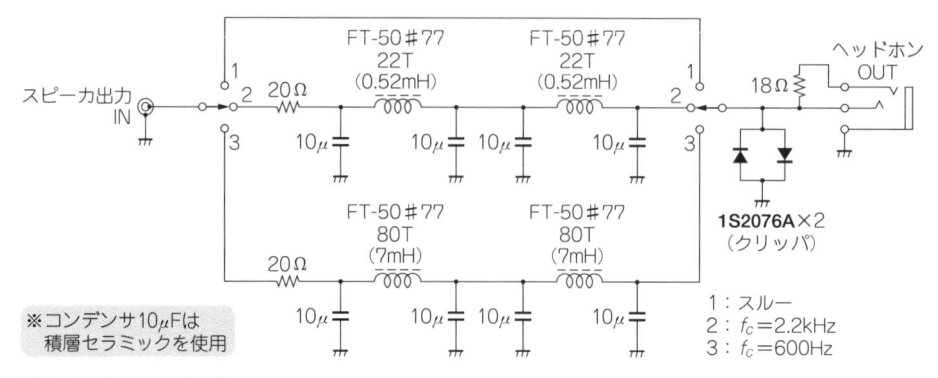

図4 AF用のLPF回路

1：スルー
2：$f_c=2.2$ kHz
3：$f_c=600$ Hz

※コンデンサ10μFは積層セラミックを使用

図5 AFフィルタをスピーカで使えるようにする回路

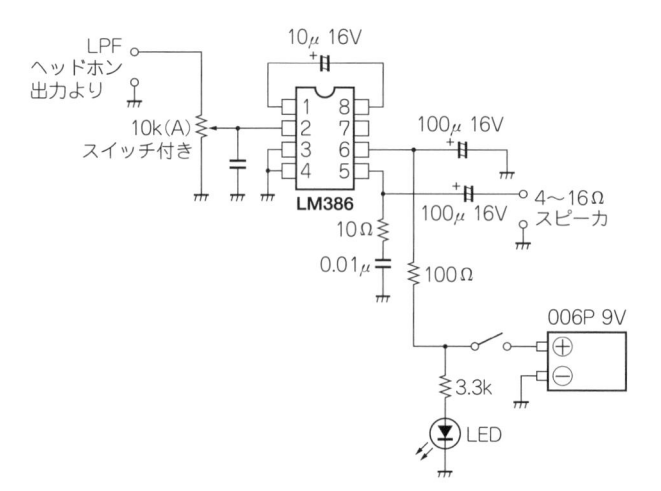

写真7 AFフィルタと箱に組み込んだLM386アンプ

ズ源となるので，できるだけ電池の使用をお勧めします．

BCLラジオで短波を受信するコツとして，アンテナはできるだけ大きいほうがよいでしょう．3.5 MHz，7 MHzのダイポールや，高さが低くとも10〜30 m程度のロング・ワイヤを使うことをお勧めします．

なお，ロング・ワイヤを使う場合は，《4-5》項で紹介しましたが，屋外で9：1のバランを使うことにより，アンテナのインピーダンスを50Ωとして同軸ケーブルで引き込むとノイズを拾いにくくなります．なお，必ずアッテネータを介してから外部アンテナ端子に接続します．DXの信号を

クリアに受信できるかどうかは，このアッテネータの使い方次第です．

DEGEN DE1103の入手先

● アイキャストエンタープライズ
http://icas.to/lineup/de1103.htm
〒111-0056　東京都台東区小島3-18-19-301
TEL 050-5532-8873　FAX 03-5822-0715

● ワールド無線
http://world-musen.com/

● ベストカカク.com
http://bestkakaku.com/

5-2 Eスポで，DX交信ができるか?!
2石29 MHz FM送信機の製作

安価なBCLラジオを親受信機として，それに送信機を組み合わせると，立派なアマチュア無線局が完成します．ここでは29 MHz FM送信機（2石）を作ってみましょう．きわめて小電力のいわゆるQRPp送信機です．

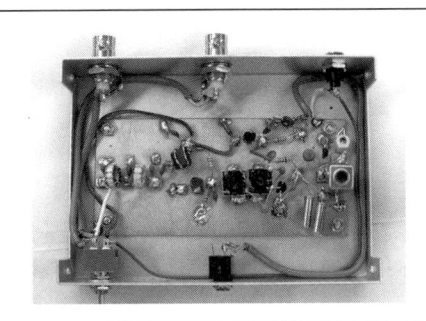

FM波は，図1(c)に示すように搬送波の振幅は変えずに，信号の大きさに応じて周波数を変化させる方式です．

FM波を音声として聞くには，FM専用の検波回路が必要になりますが，実はAM検波でもFMの復調を行うことができます．AMモードで同調周波数からちょっとずらした周波数で受信するとFM波が音声信号として取り出すことができるのです（図2）．このようにFM波をAMモードで検波する方式をスロープ検波と言います．

実際にBCLラジオ「DE1103」を29 MHz帯に合わせ，モードをAMにしてFMの電波を聞いてみると，きちんとFMの電波が復調されて，音声として聞くことができます．BCLラジオを29 MHz

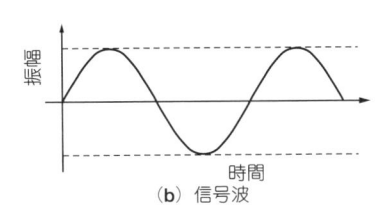

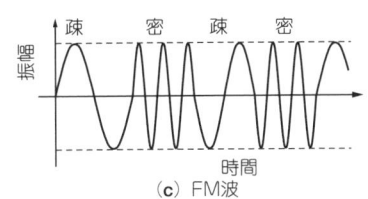

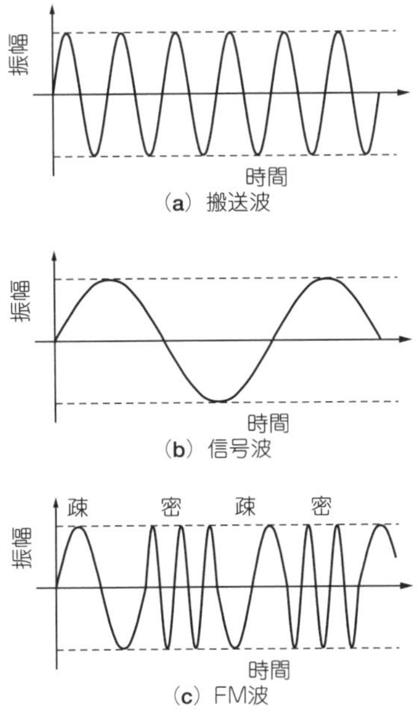

図1 FM波とは？（FM波は，信号の振幅の変化に応じて，周波数が変化する）

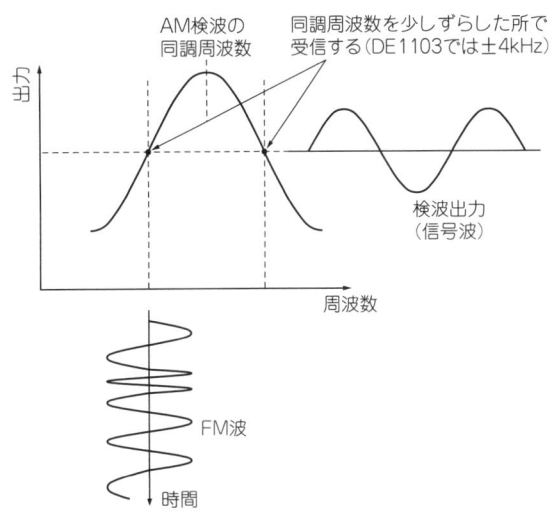

図2 スロープ検波

(a) 基本となるVXO回路

(b) FM変調の回路

発振周波数は
VC＋20pF（バリキャップ・ダイオードの容量）

バリキャップ・ダイオードにかかる5V＋信号波の電圧が容量の変化となりFM変調がかかる

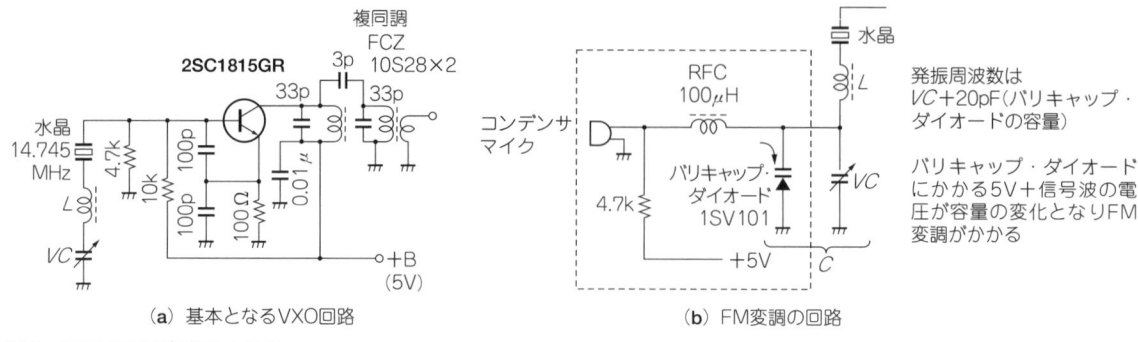

図3 VXOにFM変調をかける

FMの受信機として，次にFM送信機を作ると，交信することが可能になります．

ポイントはVXO回路

図3(a)は，2SC1815GRの無調整VXO回路です．通常，水晶発振子にコイルLとバリコンVCを直列に入れて，バリコン操作で水晶発振子の表示周波数よりも下側に，周波数を動かすことができます．コレクタ出力を複同調の共振回路にすると，1石でVXO発振と同時に3逓倍までの信号を取り出すことができます．

図3(b)はVXOにFM変調を追加した回路です．点線内がFM変調の回路です．コンデンサ・マイクには4.7kΩを介して動作電圧が供給されます．それと同時にRFCを介してバリキャップ・ダイオードにも同じ電圧がかかっています．1SV101は逆方向電圧5Vでは，同ダイオードの電圧－容量特性から約20pFです．したがって，この容量がバリコンの容量に加算されるので，VC＋バリキャップの容量（約20pF）で発振周波数が決まります．

また，コンデンサ・マイクからの音声信号電圧は，RFCを介してバリキャップ・ダイオードに逆方向の直流電圧5Vが加えられます．すると低周波電圧分だけバリキャップ容量の変化となるので発振周波数が変化した結果，FM変調がかかります．なお，RFCはVXO側から見て高周波を阻止する働きをしています．

回路の説明

図4に29MHz FM送信機の回路を示します．発振段は2SC1815GRの無調整発振によるVXO回路で，1石でVXOと同時に2てい倍してFM変調までかけてしまうという欲張った回路です．

水晶発振子は汎用の14.745MHzで，2SC1815GRのコレクタ出力をFCZ10S28の複同調回路として29MHzの信号を取り出します．29.490MHzから下側に周波数を動かします．ところがFMバンド（29.00～29.30MHz）までは200～300kHzも動かさなくてはならなくなり，通常のVXOで動かせる範囲を超えています．

そこで水晶発振子を2個並列接続としたスーパVXOとしました（**写真1**）．こうすると2個の水晶発振子と直列にVX3コイルおよび45pFのトリマにより，29.10MHzくらいまでは引っ張ることができます．しかし，あまり周波数を動かすとQRH（周波数変動）が大きくなるので，29.20MHz以上の範囲にとどめました．

なお，周波数はトリマ・コンデンサの設定で固定チャネルとしましたが，FM用ポリバリコン（15pF×2連）に交換すれば自由に周波数を変更できます．FM変調は先ほど説明した回路で，VXOとバリキャップにかかる電圧を3端子レギュレータ78L05で5Vに安定化しています．

ファイナルは発振段と同様，2SC1815GRです．

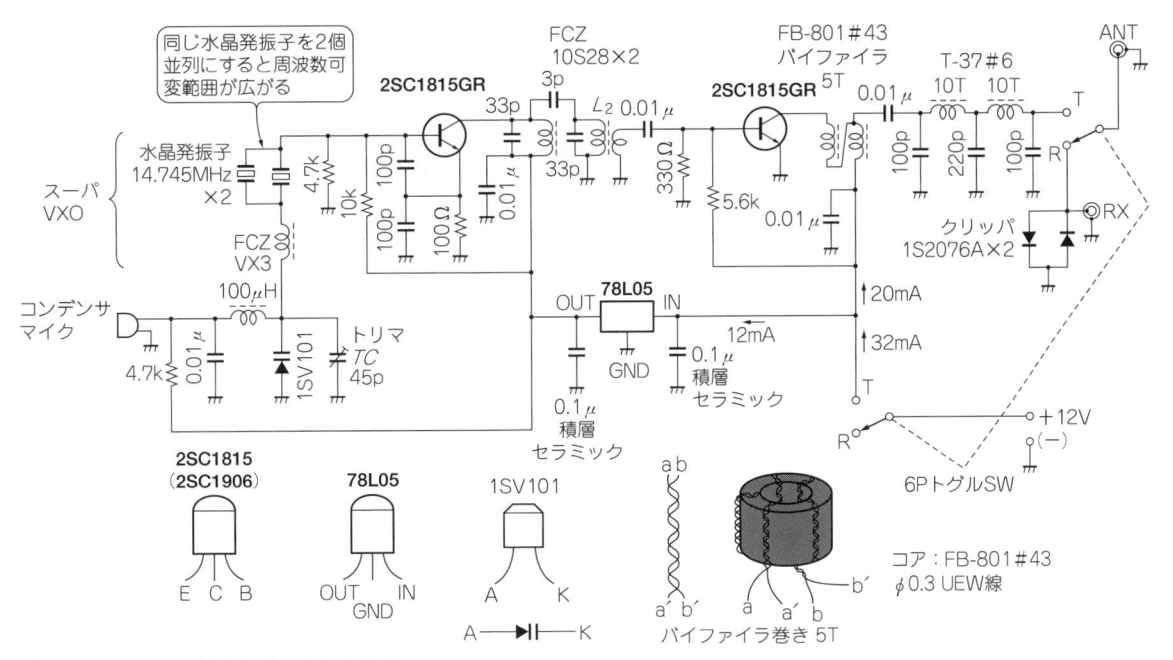

図4 29 MHz FM送信機（鮎10号）の回路

写真1 スーパVXOとして水晶発振子2個を並列につなぐ

コレクタ出力は，4：1のトランスを通して50Ωとしてから LPF で高調波を除去します．出力はおよそ60 mW になります．なお，2SC1815GRの代わりに2SC1906を使うと，100 mWほどに出力アップができます．

送受信の切り替えは，6ピンのトグル・スイッチで送信機の電源オンとアンテナ回路を切り替えま

す．送信時も受信機の電源は切らないので受信機用アンテナ・コネクタに受信機保護の1S2076Aのクリッパを入れてあります．電源電圧は12 V です．

製　作

表1を参考にパーツを集めます．ファイナルは2SC1815GRですが，もう少しパワーが欲しい場合は2SC1906を選んでもよいでしょう．

ランド法で基板（11×5 cm）を作ります．FCZコイル10S28は逆さまにしてケースを基板にはんだ付けします．VXOコイルはピン配置を決めてランドにはんだ付けします．VXOの2SC1815GRは逆さまにして，コレクタをFCZコイルにはんだ付けしてベース，エミッタは空中配線します．ケースはタカチのYM-130を使います．図5の配置図を参考に穴あけします．また，実体配線図を図6に示します．

高周波信号の部分，アンテナからスイッチ，RXコネクタとスイッチ間は，1.5D-2Vの同軸の配線

表1　29 MHz FM送信機のパーツ・リスト

品　名	形式・仕様	数量	参考単価(円)	備　考
トランジスタ	2SC1815GR	2	27	
バリキャップ・ダイオード	1SV101	1	42	
スイッチング・ダイオード	1S2076A	2	21	
3端子レギュレータ	78L05	1	42	
水晶発振子	14.745MHz	2	252	
FCZコイル	VX3	1	179	
	10S28	2	179	
フェライト・ビーズ	FB-801#43	1	50	FT-37#43でもOK. 巻き数は8T
トロイダル・コア	T-37#6	2	105	
RFC	100μH	1	84	
トリマ	45pF (40pF)	1	63	
抵抗	100Ω	1	10	
	330Ω	1	10	
	4.7k	2	10	
	5.6k	1	10	
	10k	1	10	
セラミック・コンデンサ	3pF	1	10	
	33pF	2	10	
	100pF	4	10	
	220pF	1	10	
	0.01μF	5	10	
積層セラミック・コンデンサ	0.1μF	2	20	
ポリウレタン線	0.3mm	1m	90	10m単位
コネクタ	BNC-BR	2	168	
DCジャック	2.1mm	1	126	
イヤホン・ジャック	3.5mm	1	84	
トグル・スイッチ	6p	1	210	
同軸ケーブル	1.5D-2V	1m		1m/120円
ケース	タカチYM-130	1	675	
ビス・ナット	3mm	4	10	基板取り付け用
生基板	110×50mm	1	200	
コンデンサ・マイク・ユニット		1	100	ハンディ・マイク用
プラスチック・ケース	小	1	100	ハンディ・マイク用
イヤホン・プラグ	3.5mm	1	63	ハンディ・マイク用

図5　ケースの配置

フロント・パネル　タカチYM-130 (W130×H30×D90)

になります．送信基板とスイッチ間は短いのでリード線で配線しました．また，マイク・ジャックと基板間の配線は長くなるので同軸ケーブルを使いました．なお，コンデンサ・マイクのユニットは小さなプラスチック・ケースに入れてハンディ・マイクとしました（**写真2**）．

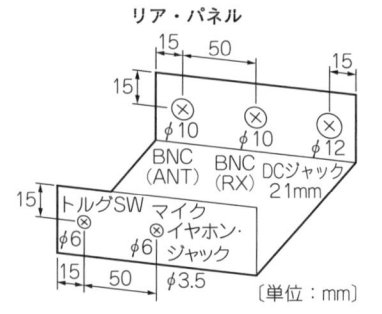

調　整

　ケースに基板を取り付ける前に基板の動作を確認しておきます．まず，消費電流が回路図に示した値と大きく違わないことを確認します．次に，周波数カウンタや受信機のSSBモードでVXO回路の発振を確かめておきます．問題がなければケースに入れて結線します．アンテナ端子にダミーロードか終端型QRPパワー計をつなぎます．また，マイクをつながないとVXOの周波数が違ってくるので，必ずマイクをつないでおいてください．

　送信状態で，最大パワーになるようにL_1，L_2のコアを調整します．出力は50〜60mW程度でしょう．周波数合わせは，TCの容量を一番大きくしたところで29.195MHzになるようにVX3コイルのコアを調整します．その後，TCの容量を小さくしたときの周波数を確かめます．著者の場合，29.330MHzでした．29.200MHz〜29.300MHzのFMバンドがカバーできます．著者は，トリマ調整で29.280MHzに合わせました．

　最後にマイクに向かって声を出して，受信機で変調音が正常に聞こえることを確認します．ラジオの音声をマイクで拾って受信機で聞いてみるのも楽しいでしょう．QRPp（出力0.5W以下）でも立派な送信機です．保証認定のための系統図を**図7**に示します．

図6 実体配線図

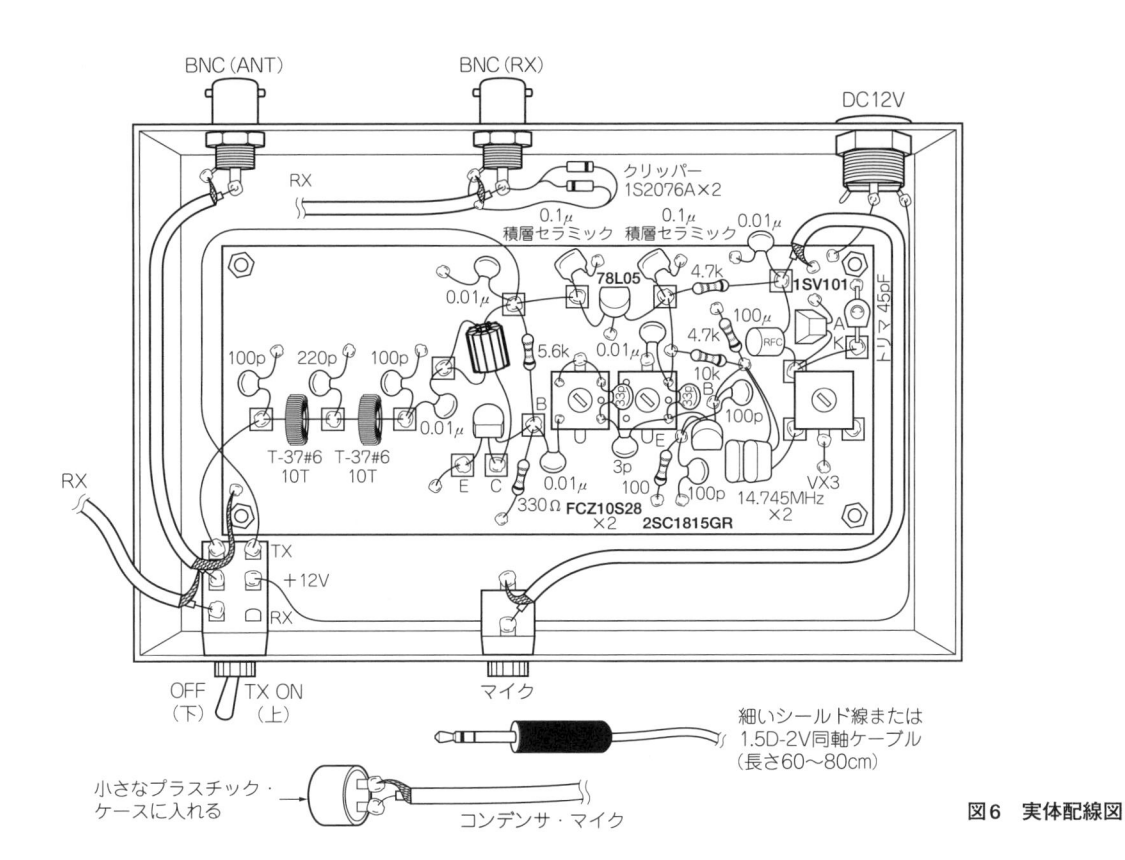

写真2 自作マイク

図7 29MHz FM送信機の系統図

使い方

受信機としてBCLラジオやトランシーバの受信機能を利用します．受信機をFMモードに合わせます．FMモードのない場合はAMとします．DE1103ではWIDE(music)に切り替えるとnarrowよりも聞きやすくなります．なお，受信機の電源は送信時も切らないので，送信の信号が受信機に飛び込んできて，その音をマイクが拾いハウリングを起こしてしまいます．受信音をマイクが拾わないようヘッドホンで聞いてください．

キャリブレーションは，送信機のアンテナ端子にダミーロードを付けて送信し，受信周波数にトリマ・コンデンサの調整でゼロ・インします．SSBモードでキャリアを聞くのがわかりやすいでしょう．

5-2　2石29MHz FM送信機の製作

5-3 BCLラジオで50MHzを聞くための 50MHzクリスタル・コンバータの製作

著者の無線の原点である50MHzのAMに再びチャレンジしてみようと思います．そこで50MHzの信号を14MHz帯に落とすクリスタル・コンバータを作り，BCLラジオを親受信機として50MHzの電波を聞いてみます．

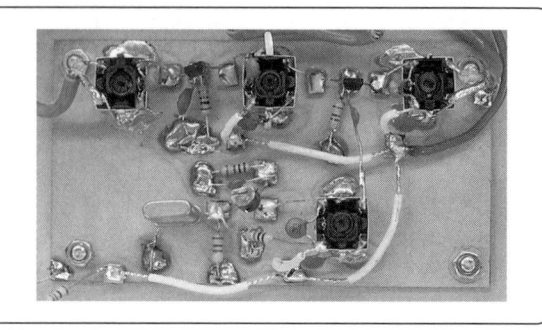

50MHzをBCLラジオで聞くには

50MHzの信号をDE1103で直接受信することはできないので，50MHzの信号を短波帯の信号に変換してから受信することになります．このように受信周波数を変換する装置を（受信）コンバータと言います．**図1**をご覧ください．

50.62MHzの入力信号と局発信号36.00MHzを混合回路に注入すると，14.62MHzまたは86.62MHzの信号が出力されます．二つの出力信号のうち14.62MHzを同調回路で選別してBCLラジオ（受信機）で受けるのです．

局発に水晶発振を用いたコンバータを特にクリスタル・コンバータ（クリコン）と言います．VHF，UHFの受信機が簡単に手に入らなかった時代にはよく使われた手法でしたが，現在は高性能なリグが簡単に手に入るので，ご存じない方も多いでしょう．しかし，BCLラジオで50MHzの信号を聞くにはとても便利な方法です．

図2は実際のコンバータの構成です．混合回路だけではゲインが不足するために，混合器の前段に高周波増幅を入れてあります．

回路の説明

回路を**図3**に示します．50MHzの信号は2SK241GRによる高周波増幅のあと，2SK241GRの混合部に入力されます．50MHzの信号と2SC1815GRの水晶発振回路の36.00MHzの信号を注入して50MHz帯の信号を14MHz帯に変換します．

Tr_3の2SC1815GRの発振回路はピアースBE回

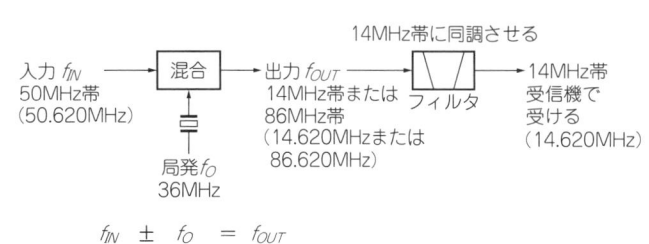

$$f_{IN} \pm f_O = f_{OUT}$$
（50MHz±36MHz＝14MHzまたは86MHz）

図1 50MHzクリスタル・コンバータの概略

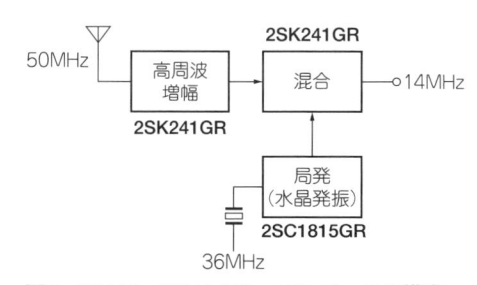

図2 50MHzクリスタル・コンバータの構成

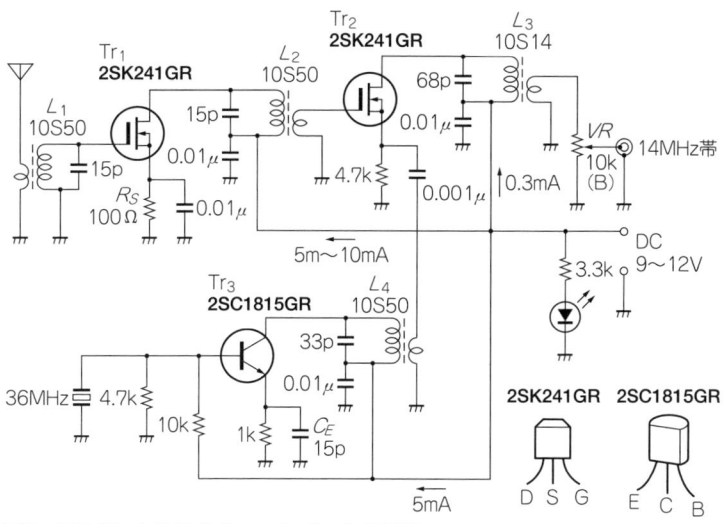

図3 50MHzクリスタル・コンバータの回路

表1 50MHzクリスタル・コンバータの製作に必要な部品一覧

品　名	形式・仕様	数量	参考単価（円）
FET	2SK241GR	2	42
トランジスタ	2SC1815GR	1	27
LED		1	21
水晶発振子	36MHz	1	462
FCZコイル	10S50	3	179
	10S14	1	179
ボリューム	10k (B)	1	147
抵抗	100Ω	1	10
	1k	1	10
	3.3k	1	10
	4.7k	2	10
	10k	1	10
セラミック・コンデンサ	15pF	3	10
	33pF	1	10
	68pF	1	10
	0.001μF	1	10
	0.01μF	4	10
コネクタ	BNC-BR	2	168
DCジャック	2.1mm	1	126
同軸ケーブル	1.5D-2V	20cm	120/m
ケース	タカチYM-130	1	675
基板取り付け用ビス・ナット	3mm	4	10
生基板	110×50mm	1	200

路と呼びます．LCを36MHzに同調させてC_Eの値を15pFとして，36MHzのオーバトーン発振としています．この回路はとても便利でC_Eの値をおよそ100pF以上とすると基本波で発振します．また，数十pFと小さい場合は基本波の水晶発振子でも3rdオーバトーン発振させることができます．

そのとき，同調負荷は基本波かオーバトーンの周波数に合わせます．ただし，基本波の水晶発振子をオーバトーン発振させた場合，数kHz～数十kHz高めで発振します．使用した36MHzの水晶発振子は3rdオーバトーン用のものでC_Eが15pFでうまく発振してくれましたが，発振しないときはC_Eの値をカット＆トライで決めるとよいでしょう．

なおTr_3の出力同調はFCZコイル10S50と33pFで36MHzに同調させています．L_3の出力側にある10kΩのボリュームはゲイン調節です．BCLラジオは高感度なためにオーバゲインで混変調を起こすことがあります．クリスタル・コンバータのゲインを適正信号にする大切な役目を持っています．電源電圧は9～12Vで送信機から電源を供給してコントロールする関係で，電源スイッチは付けてありません．

作り方

まず，表1を参考にパーツを集めましょう．

製作はランド法で行います．90×50mmの基板を使い，最初に全体のバランスを考えながら4個のFCZコイルの位置を決めます．FCZコイルは逆さまにしてケースを基板上にはんだ付けして固定します．L_1, L_2, L_4は10S50，L_3だけ10S14なので，間違わないように取り付けましょう．固定されたコイルを基準に必要なところにランドを瞬間接着剤で貼り付けて，パーツをはんだ付けしていきます．

基板ができ上がったら，発振の確認と消費電流をチェックしておきます．

まず，発振部の消費電流が5mA程度になっているかを確かめます．そしてL_3の出力側にRFプローブをあてて発振を確かめます．周波数カウンタ

写真1　50MHzクリスタル・コンバータをケースに組み込んだようす

があれば周波数を確認します．著者の場合，36.002MHzで発振をしていました．

　L_3のコアで最大感度に合わせます．ここの発振が確認できなければ，絶対に動作しませんから，確実に発振させてください．高周波増幅は5～10mA程度です．もし，異常発振ぎみのときはR_sの100Ωを220～330Ωと大きくしてください．混合器には0.3mA程度の電流が流れていればOKとして，ケースに入れて配線します．

　ケースはタカチのYM-130（130×30×90mm）を使いました（写真1）．図4のケースの配置図，図5の実体配線図を参考にしてください．LEDは瞬間接着剤でケースに固定しました．入出力の高周波信号の部分は同軸ケーブルで配線します．

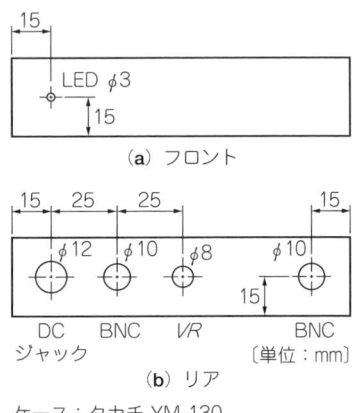

調　整

　著者の場合，発振周波数は36.002MHzで，50.00MHzの電波はBCLラジオでは13.998MHzで受信することになります．

　BCLラジオのアンテナ・ジャックとクリスタル・コンバータのRX出力を同軸ケーブルでつなぎます．もちろん，HFトランシーバや受信機を親受信機としてもOKです．クリスタル・コンバータの感度調節VRは，最大感度としておきます．このとき調整にはディップ・メータが信号源として利用できます．

　アンテナに1mほどのビニル線をつないでおき，写真2のように，ディップ・メータで50.5MHz付近を発振させます．次に受信機で14.5MHz付

図4　ケースの加工寸法
（a）フロント
（b）リア
〔単位：mm〕
ケース：タカチ YM-130
（130×30×90mm）

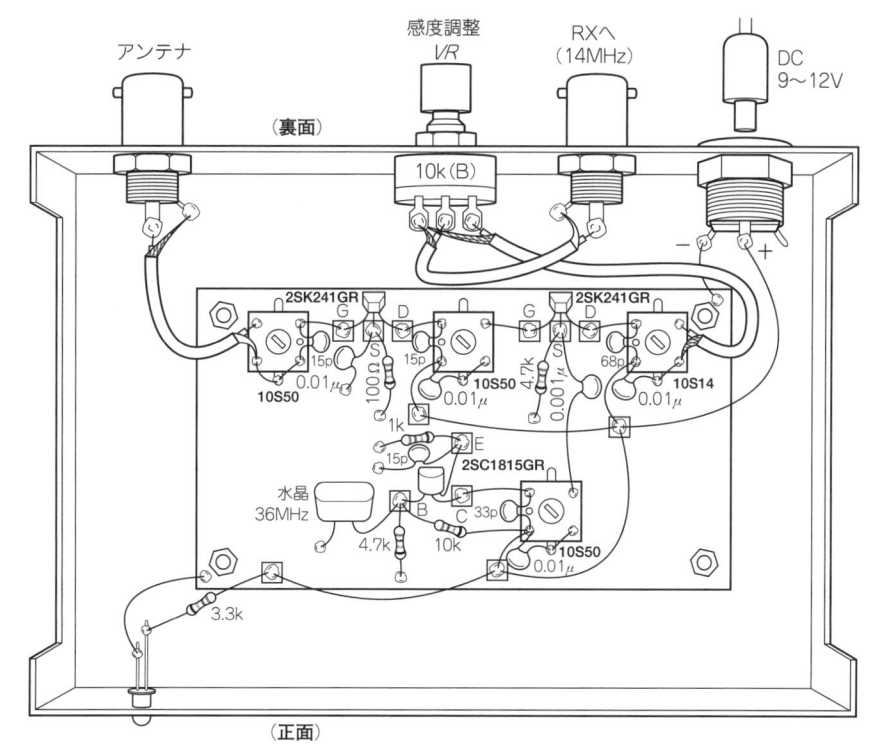

図5 実体配線図

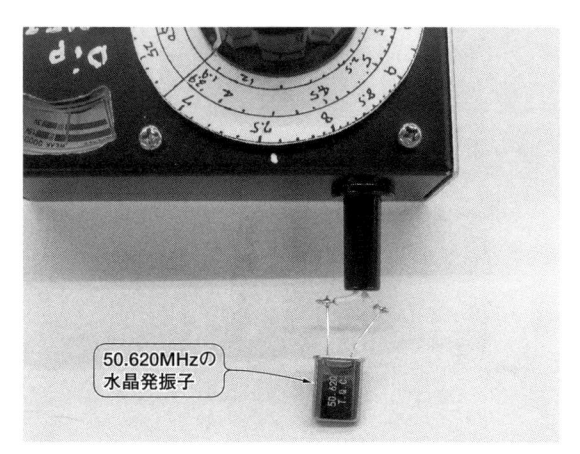

写真2 ディップ・メータで，50.620 MHzを発振させる

近の信号を探して，コイル $L_1 \sim L_3$ のコアを調節して最大感度を取ればOKです．

なお，ディップ・メータの周波数がふらついて調整が難しい場合は，《5-4》項で作る送信機用の50.620 MHzの水晶発振子をディップ・メータで発振させて，DE1103はSSBモードで調整してもよいでしょう．このときは基本波発振の3倍の高調波を利用するので，50.6 MHz付近の発振になりますから注意してください．

もし，信号源がない場合は，ダイポール・アンテナなど50 MHzのアンテナをつないで受信ノイズが大きくなるところに $L_1 \sim L_3$ のコアを調整します．感度調節 VR は最大としたときと絞ってDE1103のノイズと比べると，50 MHzのノイズはわかりやすいでしょう．その後は実際の交信を聞きながら調整を行います．

聞いてみよう！

50 MHzの交信を聞くには外部アンテナを取り付けないと難しいでしょう．

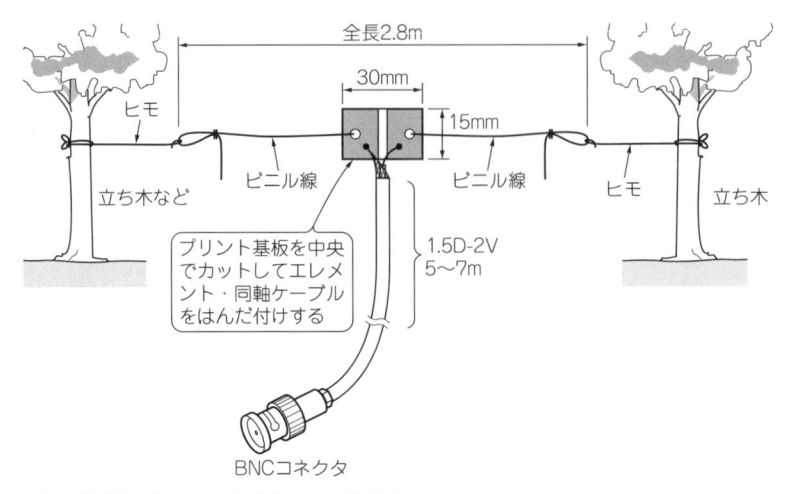

図6 移動用ワイヤ・ダイポールの作り方

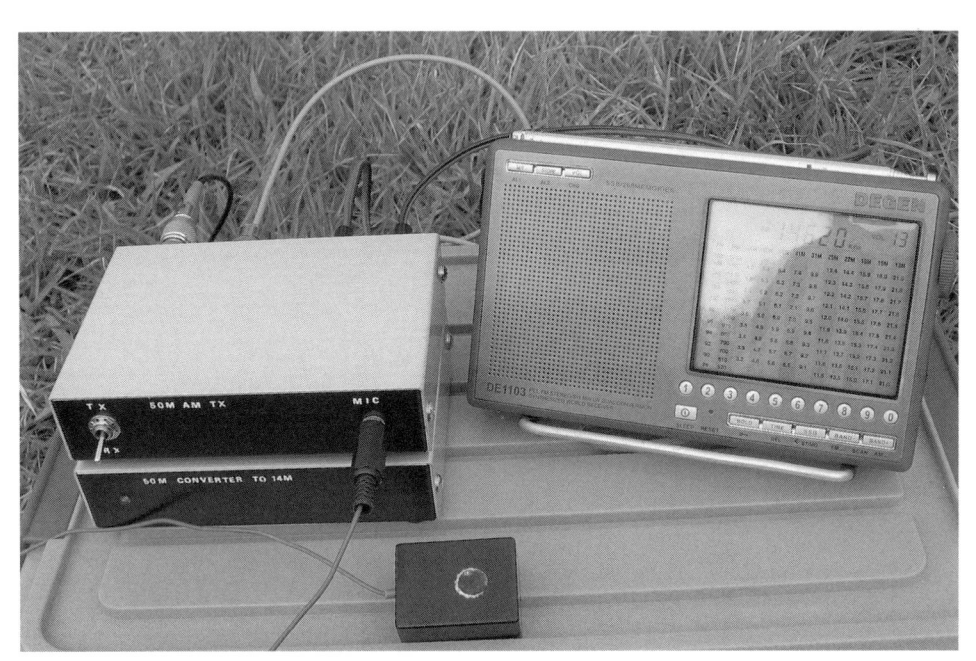

写真3 50 MHz AM送信機と50 MHzクリスタル・コンバータ＋DE1103

図6に移動用の簡単なワイヤ・ダイポールの作り方を示します．平日の50 MHzは閑散としていて，ほとんど出ている局はありませんが，休日には移動運用が盛んで受信のねらい目です．しかし，AMの運用はたまに聞こえる程度なので，50.15～50.25 MHz（受信機では14.15～14.25 MHz）付近でSSBやCW局を受信するとよいでしょう．

写真3のようなスタイルで実際に信号を聞いてみると，感度調整のVRを最大感度からちょっと絞ったところでノイズが減って，了解度が上がるポイントがあります．ここがDE1103の適正な入力レベルです．

5-4 クリスタル・コンバータと組み合わせる
50 MHz AM送信機の製作

著者が自作機で初めて運用したのは，今から30年以上前のことです．当時はAMモードが盛んで，出力100 mWの50 MHz AM送信機で多くの移動局と交信した記憶があります．現在でもとてものんびりとしたラグチューが楽しめるバンドです．50 MHz AM送信機を作って仲間入りしましょう．

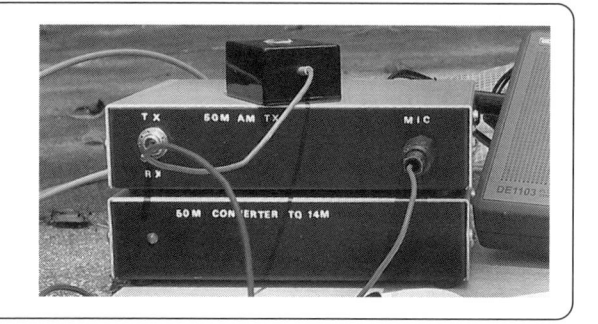

AM変調

AM変調は，図1(a)の搬送波（高周波）の振幅を図1(b)の信号波（低周波）の振幅に応じて変化させた変調方式で，振幅変調ともいいます．

図2に送信機の構成を示します．ファイナルの電源ラインに変調トランスを介して低周波信号の電圧の大きさに応じて終段管のコレクタ電圧を変化させることで，AM変調をかけることができます．終段のコレクタから変調をかけるので終段コレクタ変調といいます．なお，この構成図はTSSの保証認定用の系統図として使えます．

回路の説明

図3に回路を示します．水晶発振子として50.620 MHzを選びました．この周波数は自作機で運用される方が多く，AMバンドのメイン・チャネルといった周波数です．

発振は2SC1815GRを使ったピアースBE回路で，《5-3》項のクリスタル・コンバータの発振部と同じ回路です．違いは出力を大きくするためにエミッタ抵抗を330 Ωと小さくしているところです．ここでの出力はおよそ5 mWです．

水晶発振子と並列のコンデンサC_xは周波数の補正用です．このC_xを取り付けないで50.620 MHz

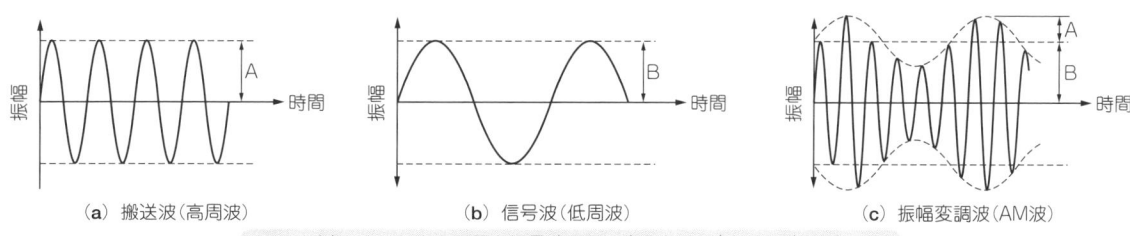

(a) 搬送波（高周波）　(b) 信号波（低周波）　(c) 振幅変調波（AM波）

※ファイナルのコレクタ電圧を信号波電圧で変化させると，AM変調がかかる

図1　振幅変調（AM）とは？

の水晶発振子を発振させると50.622MHzとなり，表示周波数より2kHzほど高めになりました．水晶発振子と並列に10pFを取り付けると，2kHzほど低い周波数で発振させることができます．

C_xとしては5～30pF程度で1～2kHz程度，周波数を低く発振させることができます．AMの場合はキッチリと周波数を合わせる必要もなく，2kHzほどのズレは気にしないという方は，C_xを取り付けないほうが大きな出力が取れます．ファイナルは同じく2SC1815GRで，出力は50～100mW程度になります．

ファイナル後ろのT型フィルタでは，高調波低減とインピーダンス・マッチングを取ります．トリマ・コンデンサTCは50pFを使っていますが，40～60pFでも同様に使えるでしょう．

変調器としてLM386を使います．変調トランスとしてST-32を使います．ST-32（図4）は出力0.2Wのトランジスタ用アウトプット・トランスで，インピーダンスが1.2kΩ：8Ωで8Ωのスピーカを鳴らすためのトランスですが，LM386の出力は8Ωなので，逆接続として変調トランスとして使います．

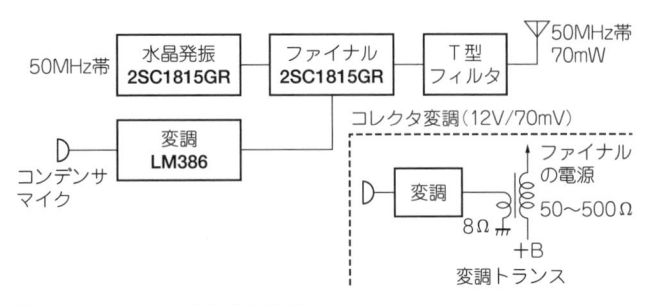

図2　50MHz AM送信機の構成

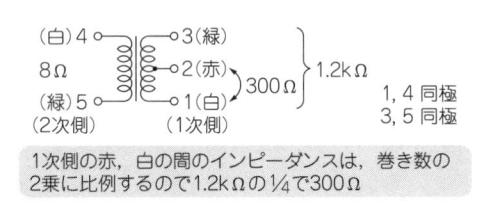

図4　ST-32の接続

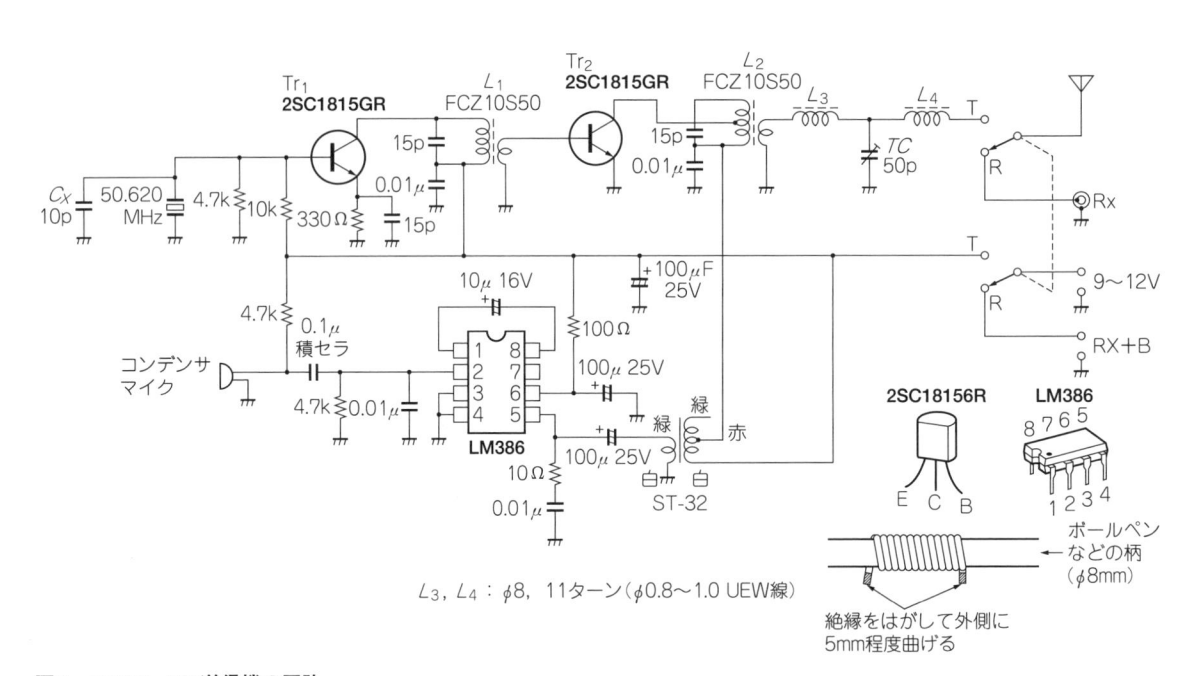

1次側の赤，白の間のインピーダンスは，巻き数の2乗に比例するので1.2kΩの1/4で300Ω

図3　50MHz AM送信機の回路

ファイナルの電源はST-32の1.2kΩ側を介して供給し，また低周波信号は8Ω側からドライブすることでAM変調がかかります．1次側の白リード線が電源ラインで，中点のタップ（赤）をファイナルに接続します．中間端子のインピーダンスは1.2kΩので300Ωです．電源は9〜12Vで，出力は9Vで40mW，12Vで70mW程度です．

送受信の切り替えは6ピンのトグル・スイッチで行い，アンテナ回路と電源を切り替えます．クリスタル・コンバータの電源を送信機から供給して，送信時にはクリスタル・コンバータの電源が切れるようにコントロールします．

なお，周波数が50.620MHzと固定のため，キャリブレーション回路は受信機の周波数を一度確認すればOKなので設けませんでした．

製作する

表1を参考にしてパーツを集めます．基板は10×6cmの大きさの生基板を用いて，ランド法で回路を組み立てます．全体のバランスをみながらFCZコイル，LM386，ST-32の配置を決めます．FCZコイルは逆さまにしてケースを基板にはんだ付けします．LM386は両面テープで逆さまに貼り付けます．このとき，ピン足の区別ができなくなるので1ピンのところにマジックインキで印を付けておくと間違いがないでしょう．

トランスのリード線は長いので，3〜4mmの竹串などを利用してくるくると巻いてコイル状にしおくと処理が楽です．

トランスの取り付け部分を外側に曲げて基板にはんだ付けして固定します．ランドは位置を決めて瞬間接着剤で基板に貼り付けてから，パーツをはんだ付けしていきます．はんだ付けのときにST-32のリード線を溶かさないように注意します．

T型フィルタのコイルは，太さ0.8〜1.0mmのポリウレタン線を鉛筆やボールペンの柄（太さが8mm）を利用して，密巻きに11回巻きます．両側の絶縁をよくはがしてからランドにはんだ付けすると，しっかりと固定することができます（写真1）．

写真1 T型フィルタのクローズアップ

表1 QRPの50mW 50MHz AM送信機の製作に必要な部品表（※基板取り付け用）

品 名	形式・仕様	数量	参考単価(円)
トランジスタ	2SC1815GR	2	27
IC	LM386	1	53
水晶発振子	50.620MHz	1	462
FCZコイル	10S50	2	179
低周波トランス	ST-32	1	609
抵抗	10Ω	1	10
	100Ω	1	10
	330Ω	1	10
	4.7kΩ	3	10
	10kΩ	1	10
セラミック・コンデンサ	10pF	1	10
	15pF	3	10
	0.01μF	4	10
積層セラミック・コンデンサ	0.1μF	1	10
電解コンデンサ	10μF16V	1	20
	100μF25V	3	20
トリマ・コンデンサ	45pF	1	60
ポリウレタン線	φ0.8mm	1m	42
コネクタ	BNC-BR	2	168
DCジャック	2.1mm	2	126
イヤホン・ジャック	3.5mm	1	84
同軸ケーブル	1.5D-2V	30cm	120円(1mあたり)
ケース	タカチYM130	1	675
ビス・ナット(※)	3mm	4	10
生基板	110×50mm	1	200

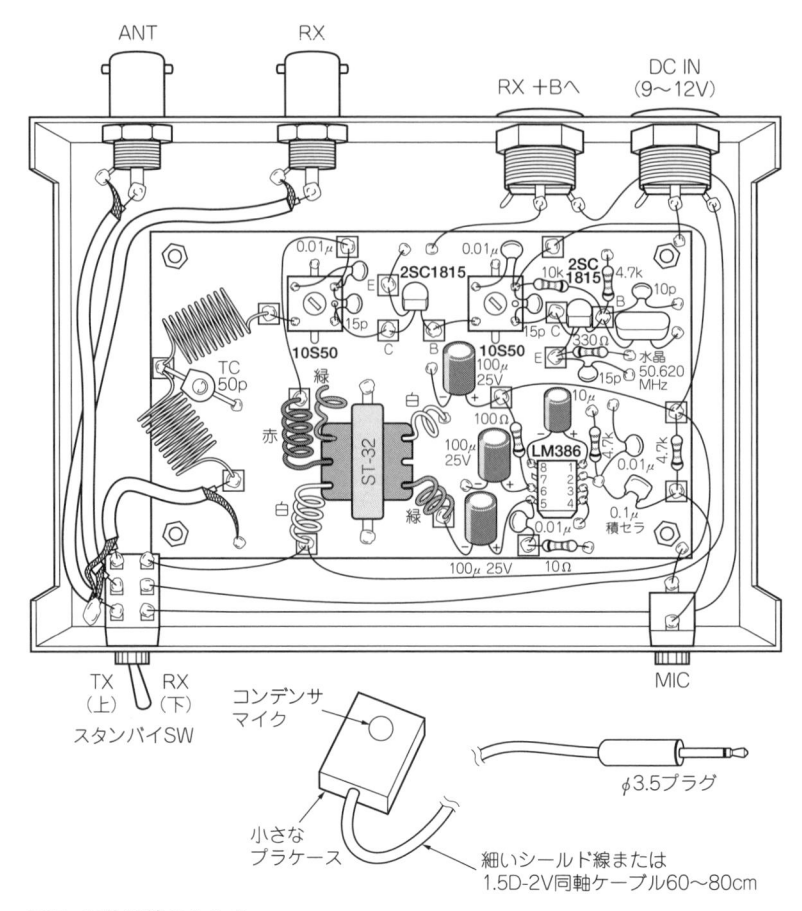

図5　実体配線のようす

　二つのコイルは相互の影響を避けるためにできるだけ直角になるように配置してください．なお，巻き方は，多少ラフでもトリマ・コンデンサで調整できるので，心配はありません．

　配置などは**図5**の実体配線図や**写真2**を参考にしてください．ケースはタカチのYM-130（130×30×90 mm）でクリスタル・コンバータと同じ大きさです．パネル面の穴あけ配置を**図6**に示します．

調整をしよう

　モニタ用としてトランシーバや受信機を用意します．もちろん，クリスタル・コンバータ＋DE1103でOKです．受信機の周波数を50.620 MHzに合わせておいて発振を確認します．

　SSBモードでキャリアを確認するのがわかりやすいでしょう．もし，周波数がずれていたらC_xの値を5～30 pFの間で調節してみてください．C_xの容量が大きいほど周波数は下がりますがパワーは落ち，C_xを取り付けないと50.622 MHz付近で発振しますが，パワーは大きくなります．

　発振が確認できたら，パワー計をアンテナ・コネクタに取り付けて，L_1，L_2およびTCで最大パワーになるように調整します．最後にマイクに向かってしゃべりながら変調音を確認します．なお，調整のときに受信機からの音をマイクが拾ってハウリングを起こしますから，受信機はヘッドホン

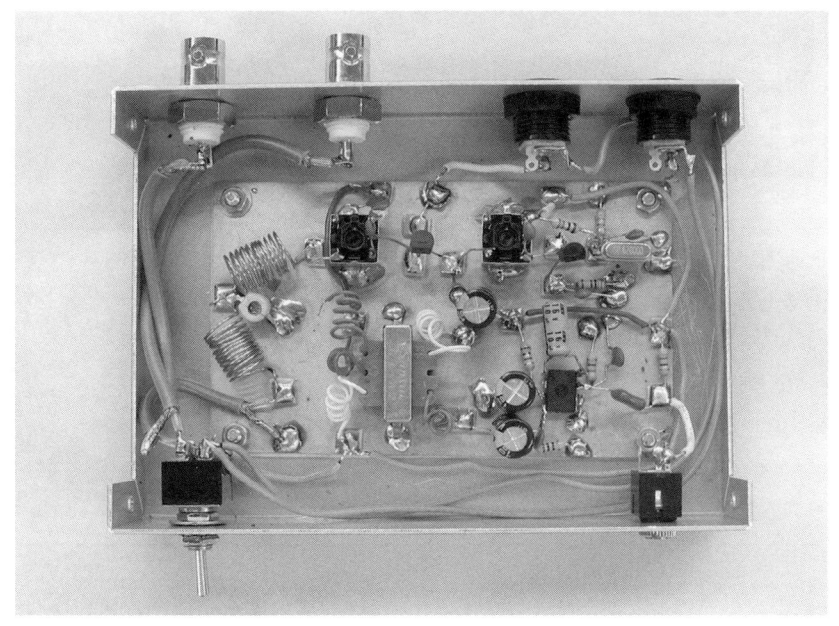

写真2　ケースに入れた50 MHz AM送信機

でモニタしましょう．

　著者はコンデンサ・マイク・ユニットを小さなプラスチック・ケースに入れてハンド・マイクとしています．

運用しよう！

　受信機は《5-3》項で作ったクリスタル・コンバータとBCLラジオDE1103です．BCLラジオの代わりにHFトランシーバや受信機で14 MHzに周波数を合わせてもOKです．

　まず，送信機からクリスタル・コンバータに接続する信号用のケーブル(1.5D-2Vの同軸ケーブル50 cmの両端にBNCメス・コネクタを取り付けたもの)とDC用のケーブル(30 cmの平行ビニル線の両端にφ2.1 mmのDCプラグを取り付けたもの)を用意します．電源として著者はNi-MHのエネループ(サンヨー製)を8本直列にしたものや，乾電池8本を使っています．安定化電源ではノイズが気になるかもしれないので，注意してください．

　アンテナとして$\frac{1}{2}\lambda$ダイポール・アンテナなど

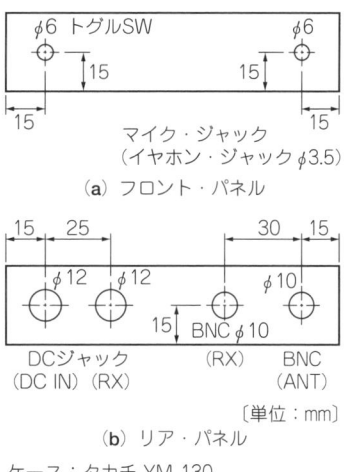

(a) フロント・パネル

(b) リア・パネル

ケース：タカチ YM-130
(130×30×90mm)

〔単位：mm〕

図6　フロントとリア・パネルの寸法

を用意します．50 MHz帯のAMはほとんど聞こえないので丹念にワッチして相手を探すか，ローカル局とスケジュールを組むのが手っ取り早いでしょう．出力が70 mWと小さいためローカル局との交信しかできませんが，標高の高いところではびっくりするほど飛ぶこともあります．

5-5 電子工作キットを利用して作る 「あゆ40」7MHz CW送信機の製作

7MHzバンドが拡張されて，7.0〜7.2MHzの運用が許可になりました．それまでの混信がひどい7MHzというイメージが消え，国内/海外交信もいよいよさかんです．BCLラジオDE1103でもこの7MHzのSSBやCWを聞くことができますが，それに合わせるQRPのCW送信機を作ってみます．手作りの機器で，交信を楽しみましょう．

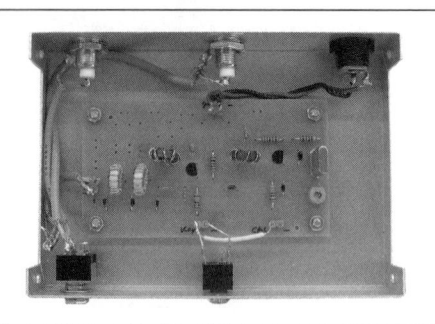

BCLラジオとお似合いなのは，シンプルでかわいい送信機でしょう．送信機として保証認定がとれるもっともシンプルな構成，発振・ファイナルの2ステージの小出力7MHzCW送信機を考えました（図1）．名前を考えていたとき，JL1KRA 中島さんから著者の住んでいる群馬県の県魚である「鮎」（sweetfish）にちなんで付けたらどうだろうと提案がありました．著者も大変気に入り，この送信機が7MHz（40m）であることから「あゆ40」，AYU40（Sweetfish 40）と名付けました．

200mW出力の 7MHz CW送信機の回路

図2の回路をご覧ください．発振段は2SC1815GRによる無調整発振回路です．この回路は，基本波であれば水晶発振，VXO発振のどちらでも，ほぼ間違いなく発振する便利な回路です．

汎用の7.000MHz水晶発振子を使い，多くのQRP局がオン・エアしている7.003MHzに出られるように水晶発振子と直列に20pFのトリマ・コンデンサTCを入れた，L（コイル）なしのVXO（バリアブル・クリスタル・オシレータ）としました．

こうすると水晶発振子の表示周波数よりも3〜5kHzほど上側で発振させることができます．当初，7〜21MHzまで同じ回路で発振するようにC_1の値を100pFとしましたが，7MHzでは水晶発振子によっては安定に発振しない場合があったので，C_1の値を220pFとしました．

発振器の出力はチョーク・コイルを負荷として，220pFを介してファイナル2SC1815GRに信号が送られます．ファイナルは，信号が入力されたときだけ増幅するC級増幅器です．出力インピーダンスがおよそ200Ω程度となるため，4:1のトランスで50Ωに変換した後にローパス・フィルタに信号を送り込みます．ローパス・フィルタは2段として高調波を除去します．

電源スイッチはなく，VXO，ファイナルともにエミッタとグラウンド間にキーを入れて，キーダウンしたときに送信状態となり，電鍵が電源ス

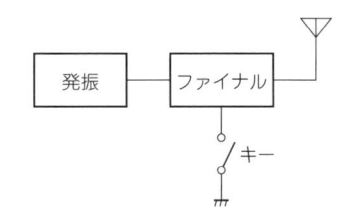

図1 もっともシンプルなCW送信機の系統図

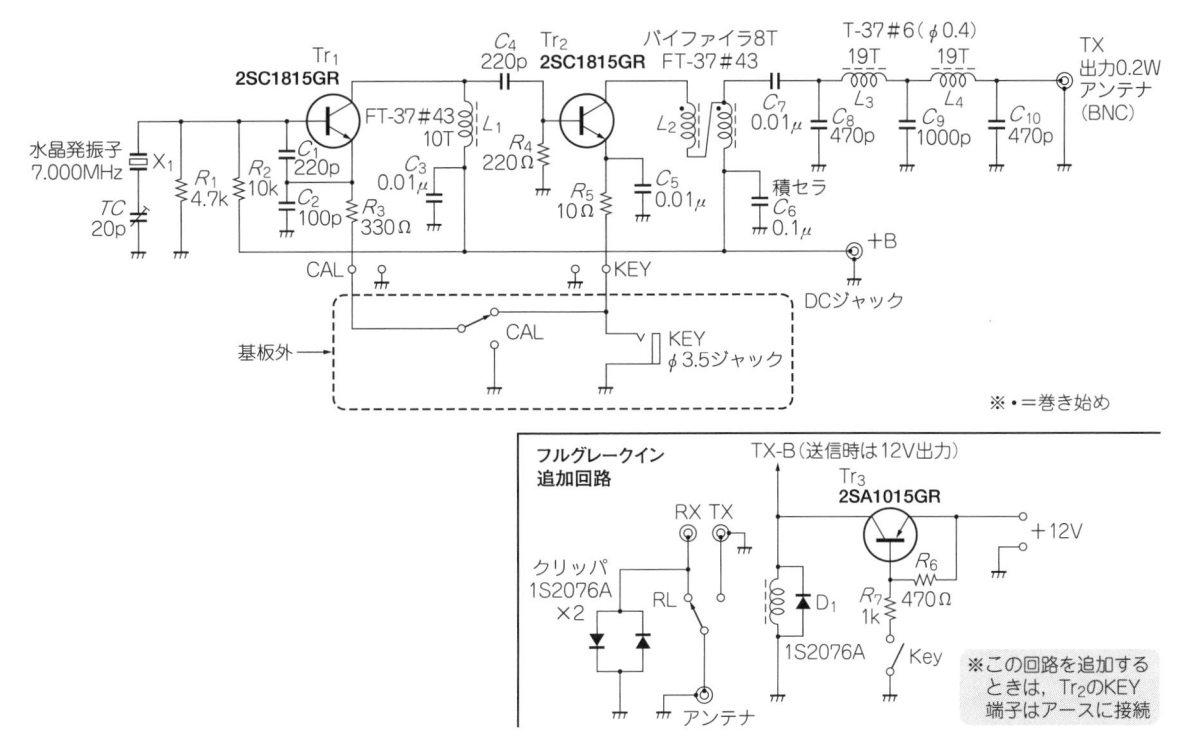

図2 200 mW出力の7 MHz CW送信機（あゆ40）の回路

イッチをかねています．また，受信機の電源は送信時も切らずに送信の信号を受信してサイドトーンとしています．

受信機とのキャリブレーションは，VXOのCAL端子をアースに落とすことで取れますが，固定周波数では特に必要ないので，キャリブレーション・スイッチは省略することもできます．

なお，本送信機は，電源電圧12 Vで200〜300 mW程度の出力となります．

電源について

本CW送信機の発振部は，周波数の可変の幅が少ないためにVXO発振というよりも水晶発振に近い動作をします．そのため，電圧変動によるQRHはわずかだという理由から，発振部の電圧の安定化は行っていません．それでも，電源電圧の変動は少ないほうが安心なので，無線機用の12〜13.8 Vの安定化電源を使いたいところです．

また，移動用としてはバッテリ，ニッケル水素電池，乾電池などを使うことになりますが，電池の容量が減って内部抵抗が上がってきたときにはQRHを起こすこともあるので，十分に余裕のある電池を使ってください．

表1のように電圧と出力を実測しましたが，これからもわかるとおり，本送信機の電源電圧は幅が広くなっています．電圧が6 V程度でもそれほど効率は悪くありません．ただし，電圧が低くなると出力は小さくなりますが，およそ6〜13.8 Vの範囲で使うことができます．

12 Vの鉛シール・バッテリなどを使い，9 Vの3端子レギュレータIC，7809などを通して安定化して使ってもよいでしょう．

パーツをそろえる

図2の回路をもとにパーツを集めても，確認しながら組み立てていけば，あゆ40を完成させる

ことはできます．でも，地方にお住まいの方はたいへんだと思います．

好都合なことに，マルツパーツ館[注1]では，このあゆ40の基板付きパーツ・セットを販売しています．これを利用すると，たいへん楽に手作り送信機を完成させることができます．

部品がそろったら，**写真1**のように，発振段，ファイナル部，ローパス・フィルタ部というようにパーツを仕分けしておくと，間違いがないでしょう．

抵抗器，コンデンサの表示の読み方を**図3**に示します．マルツパーツ館の部品セットでは，すべてのコンデンサが積層セラミックで形状がまったく同じため，表示だけで判断しなくてはなりません．小さい数字なので読みにくい場合は，拡大鏡を使うなどして確実に値を読んでください．コンデンサ類は，積層セラミックのほうが高性能です

が，昔ながらのセラミック・コンデンサを使っても問題ありません．

また，マルツパーツ館のパーツ・セットに入っている抵抗器は，1％誤差の金属皮膜抵抗です．自力でパーツを集める場合には，誤差5％の一般的な抵抗器でもOKです．カラー・コードを確認しながら抵抗値を調べてください．読み方に不安があるときは，テスタの抵抗計で確かめましょう．

コイルを巻く

製作に入る前に，コイルを巻いておきます．こが本送信機を製作するときの，最大の難所と言えるでしょう．

L_1（**写真2**），L_2（**写真3**）は，黒色のFT-37#43のトロイダル・コアに巻きます．一方，L_3，L_4はT-37#6の黄色いコアに巻きます（**写真4**）．

トロイダル・コアには二種類があるので，間違

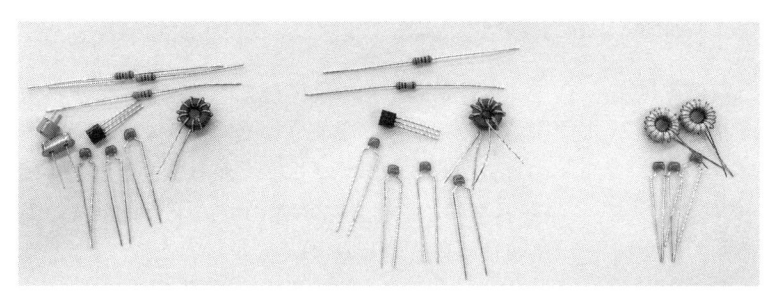

写真1 部品を発振段，ファイナル段，LPF（ローパス・フィルタ）部に仕分けする

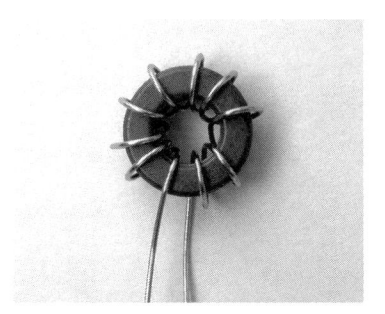

写真2 FT-37#43のトロイダル・コアに巻いたL_1

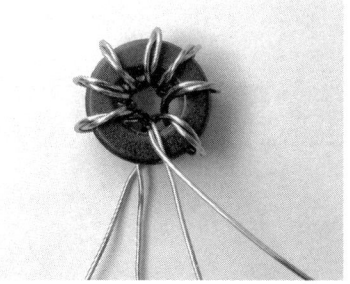

写真3 FT-37#43のトロイダル・コアに，バイファラ巻きしたL_2

抵抗		カラー・コード
R_1	4.7kΩ	黄紫黒茶茶
R_2	10kΩ	茶黒黒赤茶
R_3	330Ω	橙橙黒黒茶
R_4	220Ω	赤赤黒黒茶
R_5	10Ω	茶黒黒金茶

コンデンサ		表示
C_1, C_4	220pF	221
C_2	100pF	101
C_8, C_{10}	470pF	471
C_9	0.001μF	102
C_3, C_5, C_7	0.01μF	103
C_6	0.1μF	104

図3 抵抗とコンデンサ容量の読み

注1) マルツパーツ館秋葉原店…〒101-0021　東京都千代田区外神田3-10-10
Tel.03-5296-7802　Fax.03-5296-7803　Web…http://www.marutsu.co.jp/

わないよう注意してください．

図4のようにL_1，L_3，L_4は，φ0.4mmのポリウレタン線を必要な長さにカットして，巻き始めを20mmほど線を残してから，コアに均等になるように巻いていきます．巻き数は，コアの中を通過した数をカウントします．

ところで，L_2だけはほかのコイルと違って，二本のより線を巻くバイファイラ巻きという方法です．これが製作するときに，ちょっとたいへんかもしれません．

まず，150mmにカットした二本の線を軽くよじります．20mmほどコアから出して，同様にコアの中を8回とおします．

巻き終わったら，巻き始めと巻き終わりをほどき，被覆を紙やすりやカッター・ナイフで，ていねいにはがします．テスタで導通を確認し，間違わないようにしてお互いの巻き始めと巻き終わりをよじって結線します．

製作しよう

マルツパーツ館で販売されている基板上には，送信回路とは別にブレークイン回路も含まれています．まずは先に，送信回路だけを組み立てます．

基板のシルク印刷（パーツ・ナンバー）にしたがってパーツをはんだ付けしていきます．パーツのリード線を基板の穴に入るように形を整えて差し込み，裏面ではんだ付けしていきます．

Tr_1やTr_2のトランジスタのピン足の配置は間違わないように注意してください．コイルのリード線は，絶縁被覆をきれいに取って，基板の裏でリード線を折り曲げて基板に密着させてからはんだ付けすると，うまくできます．

L_2のバイファイラ巻きのリード線の配置にも気をつけてください．コイルの取り付け不良を防ぐために，4個のコイルがしっかりはんだ付けできているかどうか，各コイルの両端の導通を確か

写真4 T-37#6のトロイダル・コアに巻いたL_3とL_4（同じもの）

	線の長さ	巻き数
L_1（黒コア）	180mm	10回
L_3，L_4（黄色コア）	270mm	19回
L_2（黒コア）	150mm×2本	8回

図4 コイル（L_1〜L_4）の巻き方

5-5 「あゆ40」7MHz CW送信機の製作

めておくとよいでしょう．

調整を行う

まず，CAL端子をショートします．図5(a)のように，電源ピンにテスタの電流計を入れて+Bに12Vを通電します．電流が12mA程度であればOKです．大きな電流が流れたときはどこかでショートしていると考えられます．そのときは，すぐに電源を切り離して，回路を見直します．また，電流が極端に少ないときや流れないときは，はんだ付け不良などが疑われます．そのときにも回路をよく確認します．

次は，実際にトランシーバやBCLラジオ（SSBモード）を使って，送信機が発振しているかを確かめます．

7.000〜7.003MHz付近でピーという発振音が聞こえてくるはずです．この発振音が確認できないと，送信機として絶対に動作しません．ここは確認と修正を確実に行ってください．

水晶発振子と直列に入っているトリマ・コンデンサTCで，周波数を数kHz程度，動かすことができます．TCの調整には，小さなマイナス・ドラ

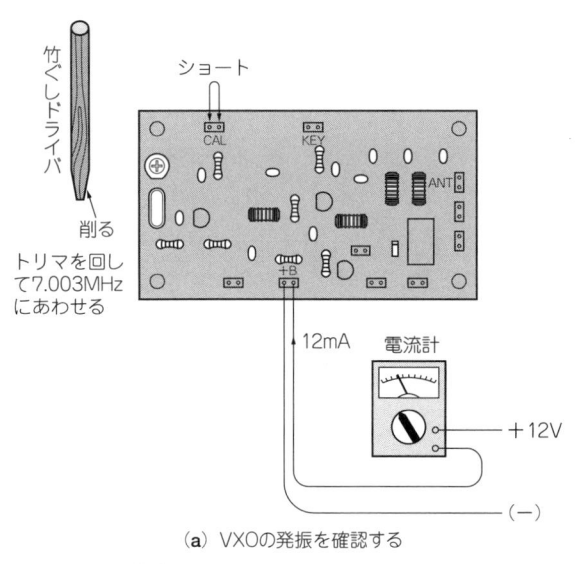

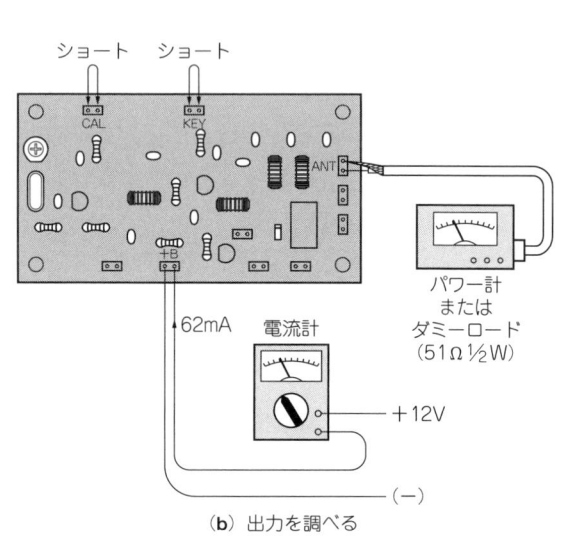

(a) VXOの発振を確認する

(b) 出力を調べる

図5 調整の方法

表1 本送信機の実測した各パラメータ

電圧 [V]	全電流 [mA]	VXO電流 [mA]	ファイナル電流 [mA]	入力電力 P_I [mW]	出力 P_O [mW]	効率 $P_O \div P_I \times 100$ [%]
13.6	70.0	15.0	55.0	748	300	40
13.0	67.0	14.0	53.0	689	270	39
12.0	62.0	12.8	49.2	590	230	39
11.0	56.0	11.7	44.3	487	200	41
10.0	50.5	10.4	40.1	401	180	45
9.0	44.0	9.2	34.8	313	150	48
8.0	38.0	8.0	30.0	240	130	54
7.0	30.0	6.8	23.2	162	100	62
6.0	22.0	5.4	16.6	100	50	50
5.0	10.0	4.1	6.0	30	10	33

イバを使います．持っていない場合は，竹串や割りばしを削って，簡易ドライバを作ってください．

著者の場合，周波数が7.0006〜7.0034 MHzの間で動きましたが，最終的には7 MHzでQRP局がよく集まる7.0030 MHzに合わせました．

次は，**図5**(**b**)のように，テスタの電流計を＋Bに入れた状態でCAL端子，KEY端子をアースします．そして，アンテナ出力端子にパワー計を入れます．

著者の場合，発振段の電流が12.8 mA，全体の消費電流は62 mAでした．計算するとファイナルには49.2 mAが流れていることになります．このとき，パワー計の指示値は230 mWでした．ファイナルの効率はおよそ230 mW÷590 mW（12 V×49.2 mA）となり39％ほどです．パワー計がない場合や免許上の問題がある場合は，アンテナ端子にダミーロードとして51 Ω（½W）の抵抗を取り付けして，電流を測定しながら通電してください．出力は，ファイナルの消費電流から入力電力を求めて，効率40％として計算することで求められます．

表1は，著者が作った送信機の出力と電圧，電流の関係を調べたものです．

実際に使用する方法

本機は，高周波を扱うものなので，基板のままでは使うことはできません．また，せっかく作っても，そのままではいずれジャンク箱行きになってしまいます．

最後はきちんと，金属ケースに入れて使うことをお勧めします．

① **モールス練習機として使う**

出力端子にダミーロード（51 Ω）を取り付けると，オン・エア型のモールス練習機として活用することができます．この場合には，必ずしも金属ケースに入れる必要はありません．

著者は，木の台の上に基板を固定して，電源には006P/9Vの電池を使って組み立ててみました（**写真5**）．図6のようにダミーロードとして，51 Ω（½W）もしくは並列接続した100 Ω ¼W×2個を取り付けます．また，CAL端子とKEY端子はリード線で結線してKEY端子から電鍵用のジャックに配線します．ジャックは瞬間接着剤で固定しました．基板は四隅に5 mm角に3 mm厚のゴム板を両面テープで木の台に貼り付けました．また，電池も両面テープで貼り付けます．

電鍵をつないでキーダウンすると受信機に信号が飛び込んできます．この方法ならば，電信の免許がなくとも大丈夫です．BCLラジオを使い，ダミーロードを付けた二台の送信機でお互いに数m離れたところから，微弱電波による電信の交信を行っても面白いでしょう．

② **手動切り替え送信機としてまとめる**

このCW送信機を実際に使うには，しっかりとした金属ケースに入れましょう．タカチのYM-130（130×30×90 mm）がちょうどよい大きさで

写真5 ANT端子に51 Ωのダミーロードを付けて，微弱電波によるモールス練習器にしてみた

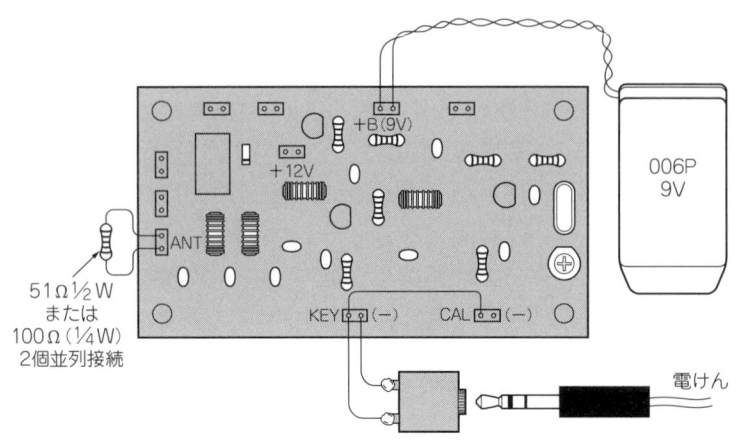

図6 オン・エア式モールス練習器

51Ω1/2W または 100Ω(1/4W) 2個並列接続

006P 9V

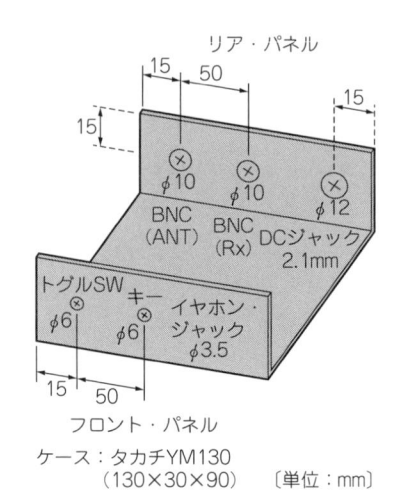

図7 ケースの加工寸法（YM-130）

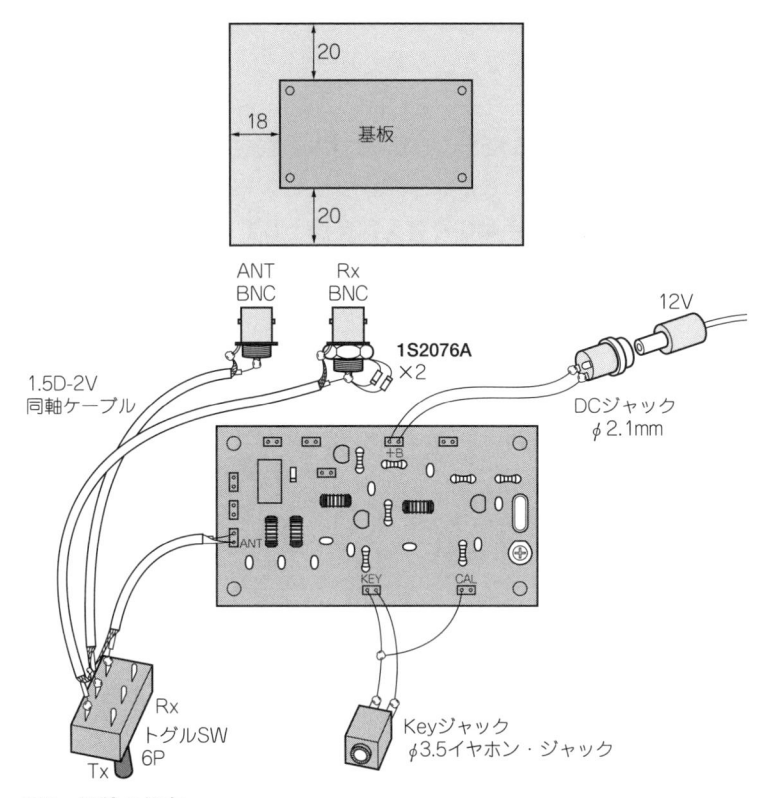

ケース：タカチYM130
（130×30×90）〔単位：mm〕

図8 配線の仕方

す．図7を参考に穴あけをしてください．

なお，穴あけ済みのアルミ・ケースやコネクタなどのケーシングに必要なパーツを含んだオプション・キットもマルツパーツ館で用意されているので，そちらを利用してもよいでしょう．

キャリブレーション・スイッチは付けないことにしました．CAL端子とKEY端子はリード線で結線します．受信の状態でキーダウンすると無負荷状態ですが，これでキャリブレーションを取ることができます．固定周波数ですから，一度キャリブレーションが取れればあとは受信周波数を同じところに合わせればよいので，特に必要性を感じません．

アンテナ切り替えは，6ピンのトグル・スイッチを使い送信と受信の1回路を使い，片側の3ピンは予備用として取っておきます．

基板とコネクタなどの結線は，図8を参考にしてください．基板のアンテナ端子から，トグル・スイッチ，BNCコネクタまでの配線には，必ず1.5D-2Vの同軸ケーブルを使ってください．

受信機へのBNCコネクタのところにスイッチ

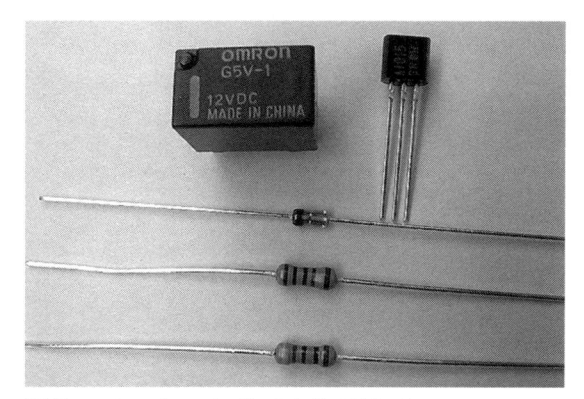

写真6 フルブレークインのための追加パーツ

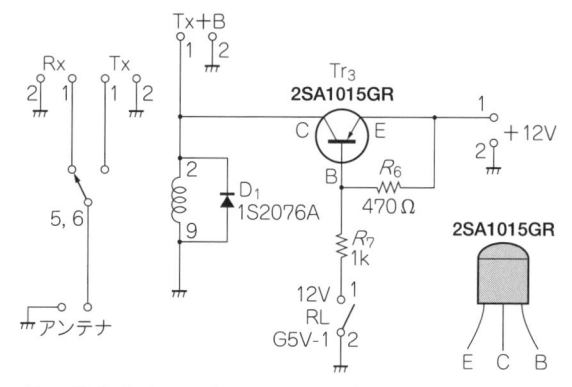

図9 追加するフルブレークイン回路

ング・ダイオード1S2076A×2のクリッパを入れました．これは，何らかの原因でここに過大な高周波電圧がかかったときに，受信機のヘッドアンプを保護するためのものです．

本機の場合，エミッタ・キーイングのために，電鍵に60 mAほどの電流が流れます．そのため使用しているうちに電鍵の接点が汚れてくるとQRH（周波数変動）やパワーロスを起こすことがあるので，接点は常にきれいにしておきましょう．

③ フルブレークイン式に改造する

基板上には，送信機の回路とは独立してフルブレークイン回路が含まれています．フルブレークインは，キー操作に合わせてトランジスタをコントロールして，アンテナを切り替えたりすることができます．**写真6**は，そのために追加するパーツです．

図9がその回路です．Key端子をアースすると2SA1015GRのE-C間がオンとなり，リレーを駆動します．アンテナ回路がRX（受信機）からTX（送信機）に切り替わり，同時にTX＋B端子に12Vが表れます．まず，基板上のフルブレークイン回路を組みます．

アルミ・ケースは手動式と同じものが使えます．また，6ピンのトグル・スイッチは，手動式ではアンテナ切り替えに使いましたが，ブレークイン式では，キャリブレーションに変更します．

図10を参考にしてください．CAL端子，KEY端子をアースして，送信機の＋B端子はブレークインのTX＋Bから供給するように変更します．このとき，キャリブレーションは，6ピンのトグル・スイッチを使って，Tr_2のKEY端子をアースから切り離して，ファイナルの動作を止めて，同時に別回路で送信機の＋B端子に直接12Vがかかるようにします．

キャリブレーション・スイッチがOFFでは，ファイナルのKEY端子はアースされ，＋Bにブレークインの12V出力TX＋Bが表れるようにします．

送信回路の出力ANT端子とリレーのTX端子間の配線は短いので，ビニル線としました．この改造で，縦振り電鍵でもエレクトリック・キーヤどちらでも使用することができます．

キー操作と同時にリレーがカチッ・カチッと動きます．リレーで送受信の切り替えをしているために，高速でパドル操作を行った場合，リレーの動作が追いつかないことも考えられます．リレー音がうるさくて気になる方や高速でパドル操作したいときは，リレーをはずしてしまいトグル・スイッチで手動によりアンテナを切り替えることもできます．

なお，RX（受信機）側のBNC端子内側には，1S2076A×2のクリッパを忘れずに入れてください．

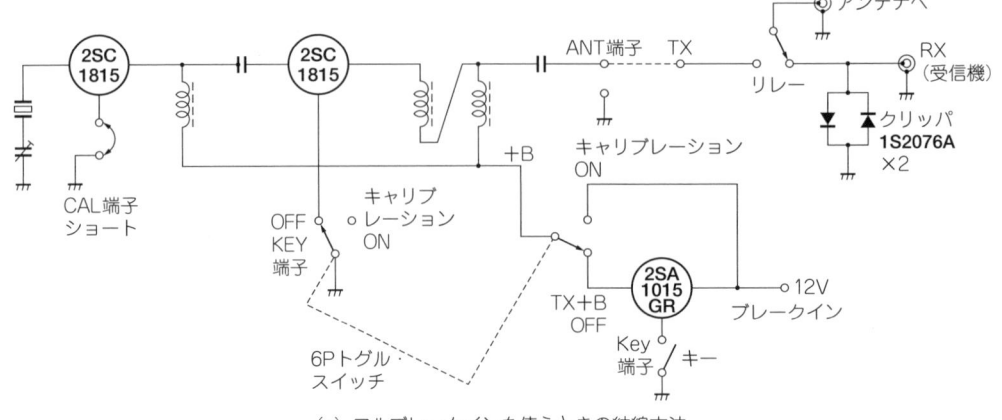

(a) フルブレークインを使うときの結線方法

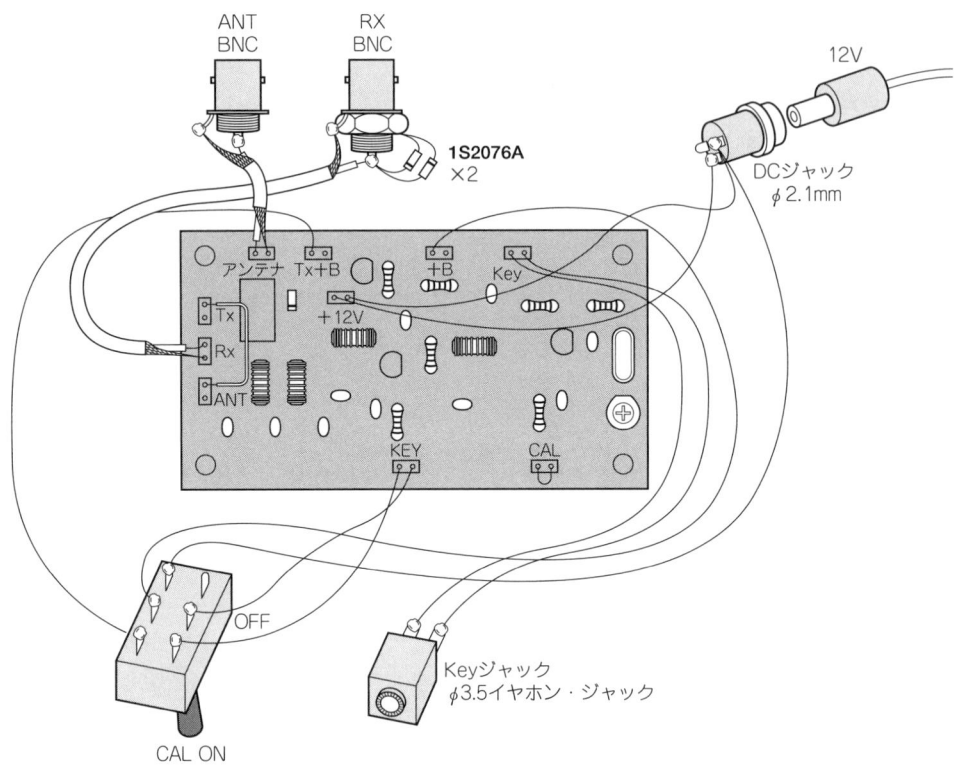

(b) 全体のつなぎ方

図10 フルブレークイン回路を使うときの結線方法と実体図

使い方

7MHzの受信機を用意してください．トランシーバの受信機能だけを利用する方法が手っ取り早いでしょう．

トランシーバは誤送信を防ぐためにマイクや電鍵は取り外しておいたほうが安心です．送信機のRX端子側のコネクタとトランシーバを同軸ケーブルでつなぎます．送信機にアンテナをつないで正常に受信できるか確かめてください．

送信と受信の切り替えが手動式の場合，キャリブレーションがないので，アンテナ切り替えスイッチを受信の状態でキーダウンしながらキャリブレーションを取ります．

フルブレークイン式の場合は，CALスイッチでキャリブレーションを取ります．CALスイッチをOFFにして，キーダウンすると送信状態になり電波が発射されます．

BCLラジオを受信機として使う

BCLラジオなどを受信機として使用する場合，アッテネータを介して送信機と接続します．7 MHzのアンテナをつなぐと感度の高いBCLラジオの初段増幅器が飽和することがあるので，アッテネータは必須です．

なお，混信に弱いため，受信用のフィルタを併用したほうが聞きやすいでしょう．また，フィルタが簡易型のために，一つの信号が二か所で聞こえてきます．

キャリブレーションは，ゼロ・インしてからファイン・チューニングにより，上下どちらかの信号の聞きやすいところに合わせるとよいでしょう．

応用編

本送信機を，もっと使いやすくするアイデアと応用方法を紹介します．

① 周波数をひんぱんに動かしたい

トリマ・コンデンサTCの代わりに20 pFのFM用ポリバリコンを取り付けると，数kHzの周波数を動かすことができます．このとき，バリコンまでの配線はできるだけ短くしてください．長くなると周波数の変化幅が小さくなります．

② 他バンド用にしたい

水晶発振子を変更することによって，7 MHz以外のバンド用送信機も同様に作ることができます．ただし，使用できるのは基本波の水晶発振子

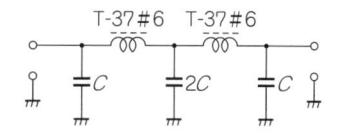

バンド(MHz)	巻き数(回)	C(pF)
10	16T	330
14	14T	220
18	12T	170
21	11T	150

※CQ出版「手作りトランシーバ入門」より抜粋

図11　バンド別ローパス・フィルタの定数

に限られるので，上限は21 MHzといったところです．なお，14 MHz以上の送信機にする場合は，C_1の値を100 pFに変更してください．もちろん，ローパス・フィルタは目的のバンド用に変更します．図11に，各バンド用のローパス・フィルタの定数をあげておきました．

ところで，14 MHz以上ではVXOとファイナルを同時にキーイングするとQRHを起こしてしまいます．送信時にCAL端子をアースに落として，VXOが常時，発振状態となるように結線を変更して，ファイナルだけでキーイングするようにしたほうがきれいな信号となります．

おわりに

著者はこの「あゆ40」の受信機としてBCLラジオDE1103を使っています．「あゆ40」はパワーも小さく7.003 MHzと周波数も固定のためにCQを出しても応答があるよりも空振りのほうが多いようです．その反面，交信できたときの感動はとても大きく，毎回の交信が思い出深いものとなっています．

コンディションの良くないときは，短波放送を聞きながらはんだごてを握ることも多く，のんびりと構えてワッチするのもとてもいいものです．

「あゆ40」は，スローなハムライフの楽しみを与えてくれる，そんな送信機です．

5-6 7 MHz CW送信機「あゆ40」のための
7 MHz 2 Wパワーアンプとクリスタル・コンバータ

《5-5》項で紹介した7 MHz CW送信機「あゆ40」の送信パワーをもう一桁アップさせる2 Wパワーアンプと7 MHzの信号を3.5 MHzに変換してから受信機(トランシーバ)に入力するためのクリスタル・コンバータを紹介します．

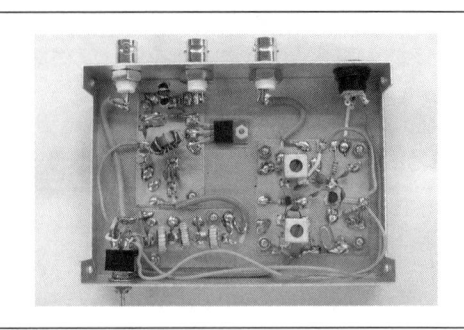

構　成

出力200 mWほどの「あゆ40」では，CQを出してもいま一つ応答がよくありません．ストレスなく交信するには2～3 Wのパワーが欲しいところです．この一桁上のパワーなら交信のチャンスは格段に広がります．また，パワーアンプとしてはトランジスタ1石で増幅できるために気軽にチャレンジできる出力です．

受信について考えると「あゆ40」はパワーが小さいために，受信機(トランシーバ)の電源は切らずにサイドトーンとして送信モニタを行っても受信機を壊すこともなく安心して使えます．しかし，2～3 Wの出力となると，受信機(トランシーバ)にとって直近で受信するには大きすぎるパワーです．大切な受信機(トランシーバ)を壊しては大変です．

そこで，クリスタル・コンバータで7 MHz帯の信号を3.5 MHz帯に変換してから受信機に入力するようにします．こうすれば，受信機に直接7 MHzの信号が飛び込むことがないので安心です．

図1がこれから作ろうとするパワーアンプの構成図です．

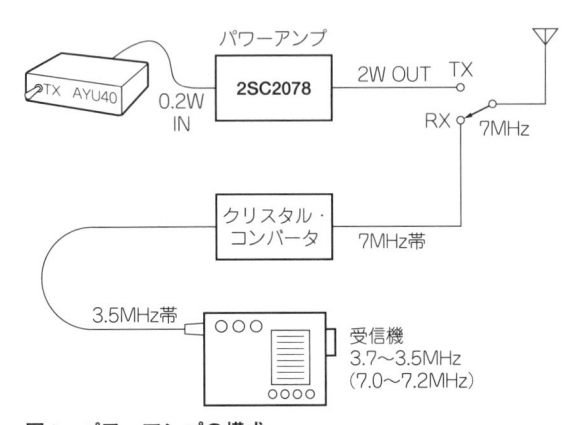

クリスタル・コンバータの構成

クリスタル・コンバータは，周波数変換部と水晶発振部で構成されています(図2)．受信周波数を変換する際は，目的の周波数は発振部の周波数

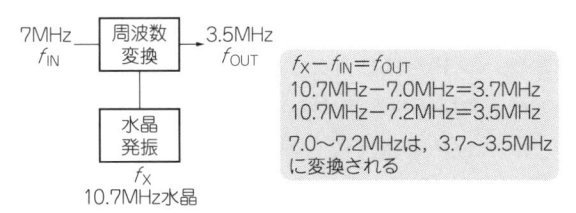

図1　パワーアンプの構成

図2　クリスタル・コンバータの構成

$f_X - f_{IN} = f_{OUT}$
10.7 MHz − 7.0 MHz = 3.7 MHz
10.7 MHz − 7.2 MHz = 3.5 MHz
7.0～7.2 MHzは，3.7～3.5 MHzに変換される

で決まります．

7.000～7.200 MHz を 3.5 MHz 帯に変換するために汎用の 10.7 MHz の水晶発振子を使うと 7.000～7.200 MHz は 3.700～3.500 MHz に変換されます．変換する周波数は自由に選べますが，クリスタル・コンバータの出力を 3.5 MHz 帯に選んだのは，《4-6》項で紹介した 12 V の真空管オートダイン・セットを受信機として使おうという試みもあってのことです．

回路の説明

図3に回路を示します．送信系は 2SC2078 による C 級増幅で，200 mW の入力に対して 2 W 程度の出力が得られます．C 級増幅はある程度の大きさの入力信号が必要ですが，効率が良く，また回路もシンプルで CW の電力増幅によく使われます．ただし，信号がひずむために AM 波や SSB 波などの増幅はできません．

入力インピーダンスはおよそ 20 Ω 程度のために 4：1 のトランスによりステップダウンしてマッチングを取ります．2SC2078 のベースとグラウンド間に入っている 20 Ω の抵抗はインピーダンスのあばれを少なくするための役割をしています．

また，出力インピーダンスも 20 Ω 程度で入力側とは反対に 1：4 のトランスでステップアップして 50 Ω 出力とします．なお，このトランスの後ろに

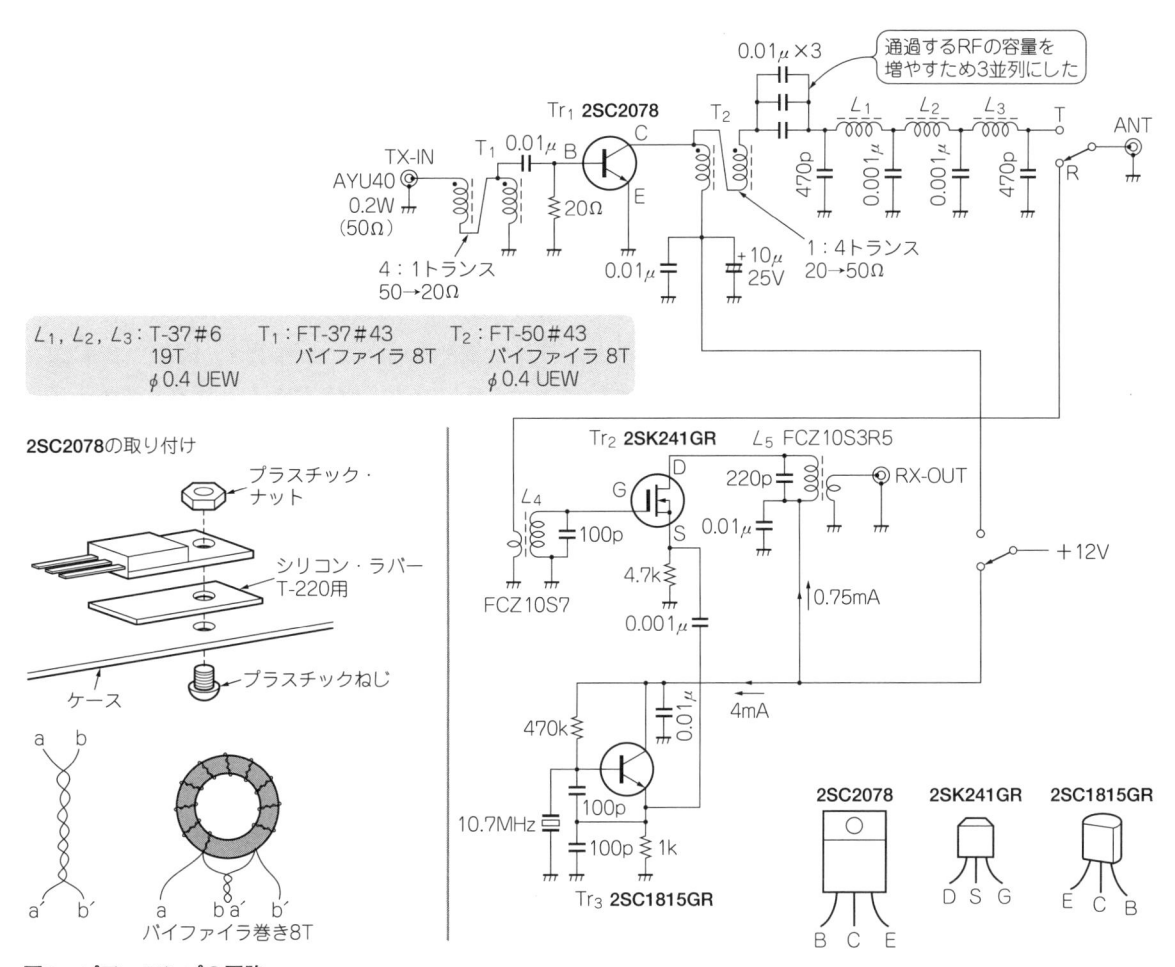

図3　パワーアンプの回路

表1 パーツ・リスト

(a) パワーアンプ部

品 名	形式・仕様	数量	参考単価	備 考
トランジスタ	2SC2078	1	168	
抵抗	20Ω	1	10	
セラミック・コンデンサ	470pF	2	10	
	0.001μF	3	10	
	0.01μF	5	10	
電解コンデンサ	10μF25V	1	20	
フェライト・コア	FT-37#43	1	147	
	FT-50#43	1	168	
トロイダル・コア	T-37#6	3	105	
ポリウレタン線	0.4mm	1m	90	10m単位
シリコンラバー	TO-220	1	10	秋月電子通商 10個で100円
プラスチック ビス・ナット	φ3×6mm	各1	10	秋月電子通商 各10個で100円

(b) クリスタル・コンバータ部

品 名	形式・仕様	数量	参考単価	備 考
FET	2SK241GR	1	40	
トランジスタ	2SC1815GR	1	27	
FCZコイル	10S3R5	1	179	
	10S7	1	179	
水晶発振子	10.7MHz	1	168	サトー電気で購入. 10.695MHz, 10.635MHz代用可(池田電子)
抵抗	4.7k	1	10	
	470k	1	10	
	1k	1	10	
セラミック・コンデンサ	100pF	3	10	
	220pF	1	10	
	0.001μF	1	10	
	0.01μF	2	10	

(c) ケース取り付けパーツ

品 名	形式・仕様	数量	参考単価	備 考
コネクタ	BNC-BR	3	168	
DCジャック	2.1mm	1	126	
トグル・スイッチ	6p	1	210	
同軸ケーブル	1.5D-2V	30cm		1m/120円
ケース	タカチ YM-130	1	675	
ビス・ナット	3mm	8	10	基板取り付け用
生基板	75mm×100mm	1	168	

0.01μFのコンデンサが3個並列に入れてあるのは高周波の電流容量を増やすためです．この後，高調波除去を目的に3段のローパス・フィルタ(LPF)を通過させます．12V電源で2W程度のパワーが得られます．

受信系は2SK241GRの周波数変換と2SC1815GRの水晶発振の構成です．水晶発振は，定数は違いますが「あゆ40」と同じ無調整発振回路です．信号はエミッタ側から取り出しています．水晶発振子は10.7MHzを使いますが，10.695MHz，10.635MHzなどでも同様に使えます．

送受信の切り替えは，6ピンのトグル・スイッチでアンテナ回路と電源を手動で行います．

基板を作る

基板は，パワーアンプ基板(40×30mm)，LPF基板(30×25mm)，クリスタル・コンバータ基板(50×50mm)と3枚に分けてランド法で作ります．**表1**のパーツ・リストを参考にパーツを集めます．

2SC2078はシリコン・ラバー・シート(TO-220用)とプラスチックねじでケースに取り付けする方法で放熱を行います(**写真1**，**図3**)．2SC2078はケースにビス止めしたとき，ぴったりケースに取り付けられるように基板上のランドとはんだ付けしてください(**写真2**)．T_1，T_2はバイファイラ巻きなので配線に注意してください．

クリスタル・コンバータ基板は，FCZコイルを

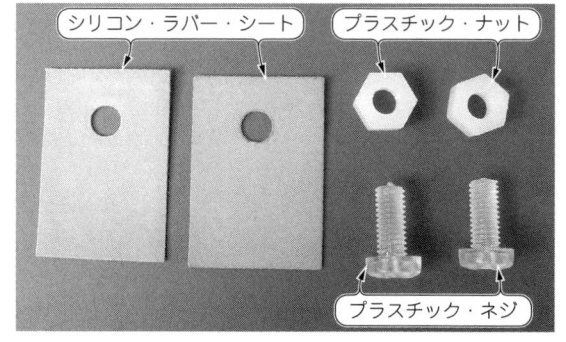

写真1 シリコン・ラバーとプラスチックねじナット

取り付けるランドの位置を最初に決めてから，ほかのランドの配置を決めるとよいでしょう．**図4**や**写真3**の実体配線図の基板を参考にはんだ付けします．

写真2　ファイナルの取り付け

各基板ができたらクリスタル・コンバータ基板の動作を確かめておきます．ファイナルとローパス・フィルタ（LPF）基板はとくに動作確認は不要です．

図5（a）のように発振段の＋Bからテスタの電流計をいれて12Vを加えて，電流がおよそ4mA程度になっていればOKです．電流が大きく違わなければ，ほぼ発振していると思います．発振の周波数は受信機（SSBモード）や周波数カウンタで確認します．著者の場合，10.698MHzでした．

次に2SK241GRの消費電流を測定します．ここは0.75mA程度です．発振の確認，電流確認の後は，FCZコイルのコア調整だけなのでケースに取り付けてから行います．

ケーシングと配線

ケースは，タカチYM-130（130×90×30 mm）

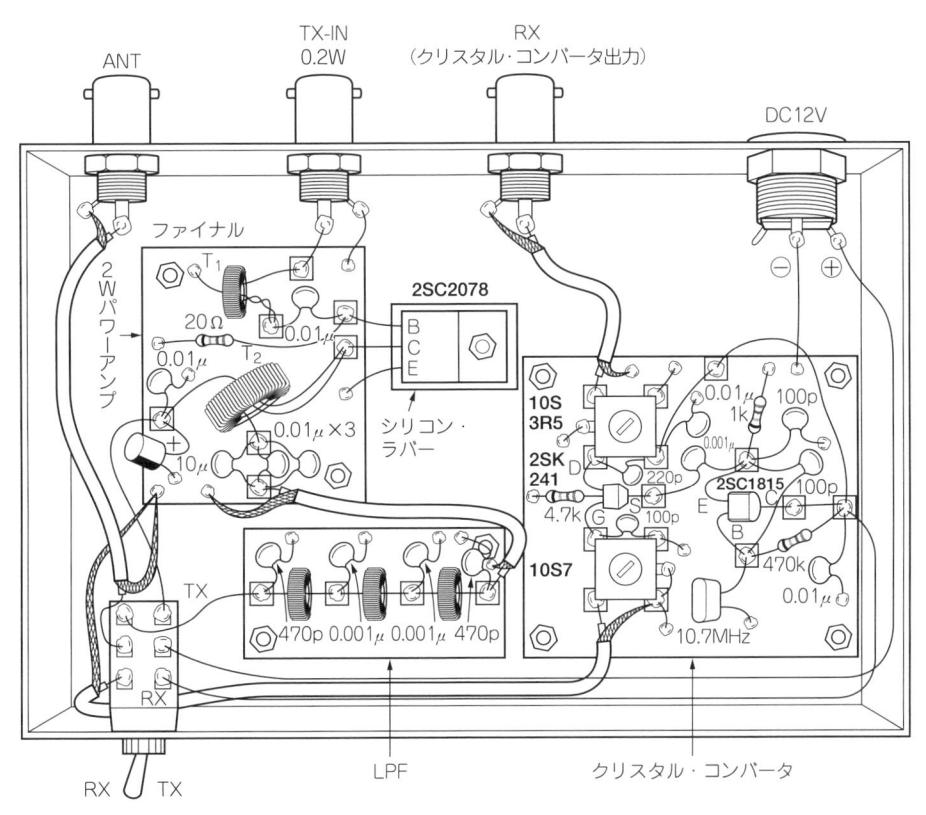

図4　実体配線図

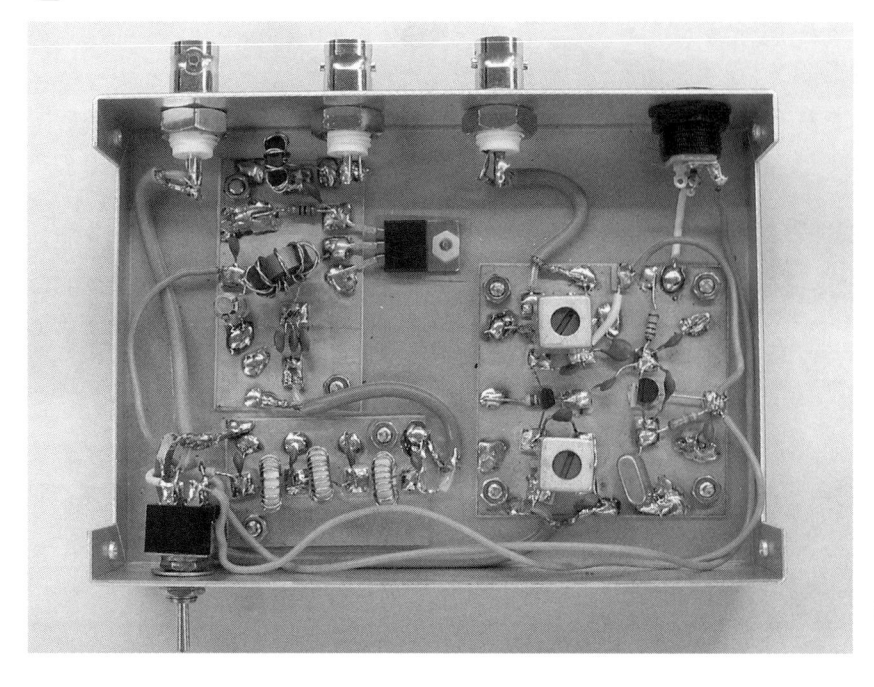

写真3　パワーアンプとクリスタル・コンバータ内部

(a) クリスタル・コンバータ

(b) パワーアンプ

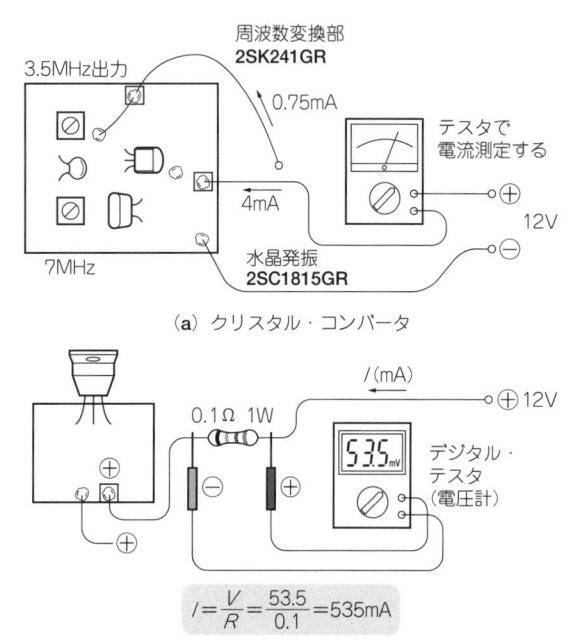

$$I = \frac{V}{R} = \frac{53.5}{0.1} = 535\text{mA}$$

図5　動作電流の測定

図6　パネル面の配置図

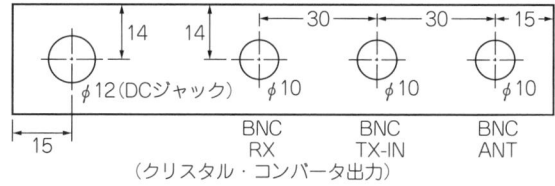

ケース：タカチ YM-130
（130×90×30mm）

〔単位：mm〕

を使います．パネル面の配置は**図6**を参考にしてください．また，**図4**の実体配線図を参考にしながら基板間の結線を行います．高周波信号の配線は，1.5D-2Vの同軸ケーブルで行いますが，パワーアンプ入力とLPFからトグル・スイッチの配線は短いので単線で行いました．

調整と使い方

最初に，あゆ40を信号源としてクリスタル・コンバータの調整を行います．パワーアンプのRX

表2 入力と出力測定の結果

入力〔mW〕	出力〔W〕	電流〔mA〕
100	1.5	378
150	2	553
200	2.3	612
250	2.5	649
300	2.8	708

※電源電圧＝12V

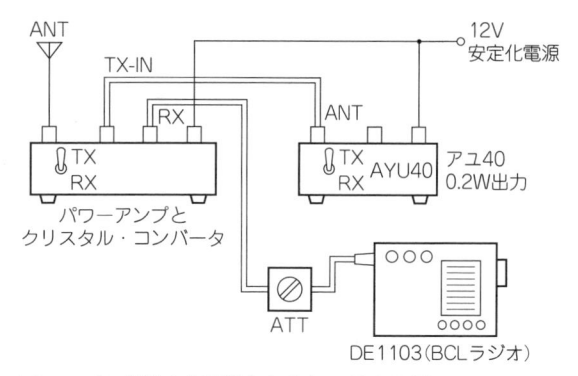

図7 BCLラジオを親機としたシステムの例

コネクタと受信機を同軸ケーブルでつなぎます．アンテナも取り付けておきます．

受信機を3.700 MHz付近に合わせます．あゆ40のキャリブレーションの7.003 MHz信号を受信機で探します．筆者の場合，3.695 MHzで受信できました．見つかったらクリスタル・コンバータのL_4，L_5のコアで最大感度に合わせます．

信号が強すぎるときは，アンテナを外すか実際の7 MHzの信号を受信しながら調整してください．

次に送信です．パワーアンプのTXコネクタとあゆ40をつなぎます．アンテナ・コネクタにパワー計をつなぎます．あゆ40は，手動式ではスイッチを送信側にしておきます．ブレークイン式ではキーイングで送信に切り替わるので，キー操作だけでOKです．

送受信の切り替えは，パワーアンプのトグル・スイッチで行います．トグル・スイッチを送信として，キーダウンしたとき2～3 Wのパワーが出ればOKです．

入力信号に対する出力は，**表2**のようになりました．また，消費電流を測る場合，テスタでは300 mAまでしか測定できないので，図5(b)のように電源ラインに0.1Ω 1Wの抵抗を入れて，その両端の電圧をデジタル・テスタで測り，オームの法則により電流値を計算すればよいでしょう．なお，送信時にクリスタル・コンバータの電源がOFFとなるので受信機でのモニタはできません．

サイドトーンが必要なときは，別に用意した受信機（トランシーバ）の感度を落としてモニタするかキーヤーのモニタで行います．キャリブレーションは受信の状態で「あゆ40」をキーダウンすると取れます．

運　用

著者は，クリスタル・コンバータの出力をBCLラジオDE1103に入力しています（**図7**）．電源はあゆ40とパワーアンプともに安定化電源12Vとしています．電源としてニッケル水素電池などを使う場合は，送信状態で0.5 Aほどの電流が流れるために電池の電圧降下で，あゆ40の発振段でQRHを起こすことがあります．QRHを起こすときは，あゆ40とパワーアンプの電源は別々の電池に分けるとよいでしょう．

アンテナとして3 m高の20 mのロング・ワイヤを使っていますが，CQを出すとぼちぼち応答があり，そこそこ交信ができています．試しにBCLラジオの代わりとして，《4-4》項で紹介したオートダイン受信機を使ってみました．BCLラジオとほぼ同様に聞こえ感度はまずまずです．オートダインは再生の掛け方など多少使い方にコツがいりますが，信号に対してノイズが少ないので聞きやすく受信機として実用性は十分です．このような手作り無線局を作るのも楽しいでしょう！

5-7 真空管ヒータの灯かりに，心もなごむ
6U8×2 ステレオ・アンプの製作

真空管を使ったセットは，現在のデジタル時代にあっても，何か心惹かれるものがあります．それはデジタルにはない，古くて新しいアナログ機器の持つ魅力なのかもしれません．

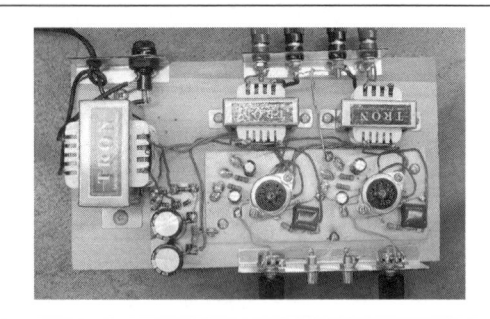

BCLラジオのステレオ出力を利用してステレオ・アンプを鳴らしてみようと思いたちました．最近，真空管アンプ製作が静かなブームとなっているようで，著者も挑戦してみます．

真空管の基本動作

図1に3極管の基本動作の回路を示します．

グリッドにマイナスの電圧 E_c (V) を加えます．この電圧をバイアス電圧といいます．この電圧はプレート電流 I_P が流れたときのカソード抵抗 R_K の両端に生じる電圧で，グリッド側がマイナスとなります．すなわち，$E_c = R_K \times I_P$ がバイアス電圧になります．

図2にグリッド電圧の変化に対するプレート電流の変化を表わした E_G-I_P 曲線を示します．この曲線の直線部分（A点）にバイアス電圧 E_c を設定した増幅動作をA級動作といい，出力波形のひずみが少なくオーディオ・アンプに適した増幅です．

真空管6U8

6U8は，3極管と5極管が一つのパッケージに入っている複合管（**写真1**）で，**図3**がそのピン配置です．

テレビ・チューナの高周波増幅や混合などに使われていました．アマチュア無線でもよく使われて50 MHzや144 MHzのクリスタル・コンバータなどに使った経験がある方もおられるでしょう．本来，ステレオ・アンプの目的に使うという真空

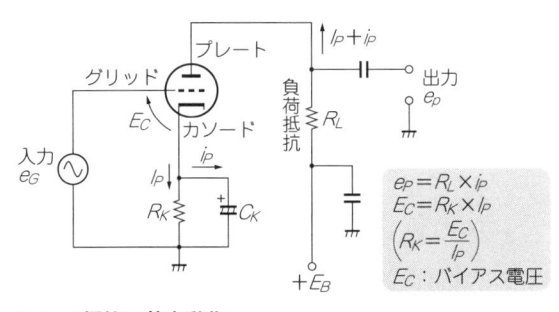

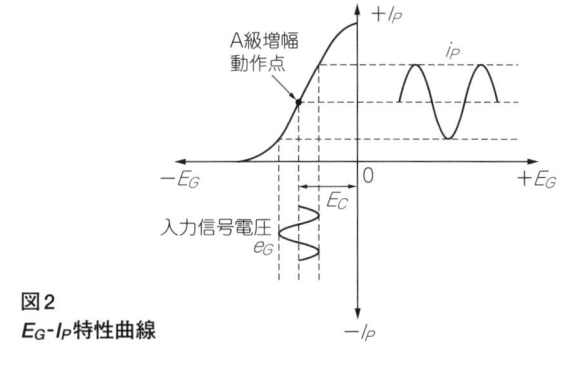

$$e_P = R_L \times i_P$$
$$E_C = R_K \times I_P$$
$$\left(R_K = \frac{E_C}{I_P}\right)$$
E_C：バイアス電圧

図1 3極管の基本動作

図2 E_G-I_P特性曲線

管ではありませんが，ここではミニ・アンプとして使ってみました．同等管として6GH8があります．

回路の説明

図4に回路を示します．BCLラジオのLINE OUTから信号を取り出して，6U8の3極部で電圧増幅を行います．その後に5極部で電力増幅してスピーカを鳴らしますが，5極管による電力増幅をやめて3極管接続としてみました．3極管はとてもピュアな音に定評があり，これに習ってみました．その方法は，5極管のプレートとスクリーン・グリッドを接続して3極管動作とします．電源電圧は，100Vの交流を2次側も100Vのトランスで1S4007のブリッジ整流として140Vを得ています．

真空管アンプというと高電圧による感電がつきものですが，この程度の電圧なら感電も心配なく安心です．平滑回路は510Ωの抵抗と100μFの電解コンデンサ2個で構成しています．電解コンデンサは耐圧400Vタイプを使っていますが，200V以上なら大丈夫です．

アウトプット・トランスには7kΩ：8Ωで2Wタイプを使いました．ステレオ・アンプの場合，アウトプット・トランスは余裕のあるほうが音質的に有利ですが，小さなアウトプット・トランスでも，BGMや深夜放送を一人で聞くには十分な音量です．

なお，電源スイッチはありません．レトロ風にまな板アンプとして組み立てたために配線がむき出しのままです．万が一，ショートしては危険なので使わないときはコンセントから抜くことにしました．

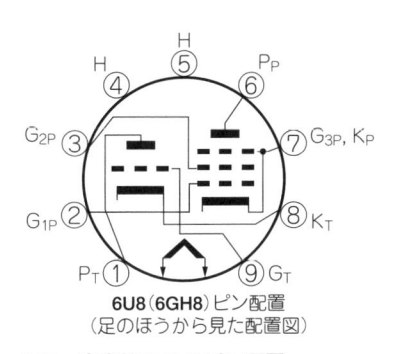

写真1 6U8の外観

図3 真空管6U8のピン配置

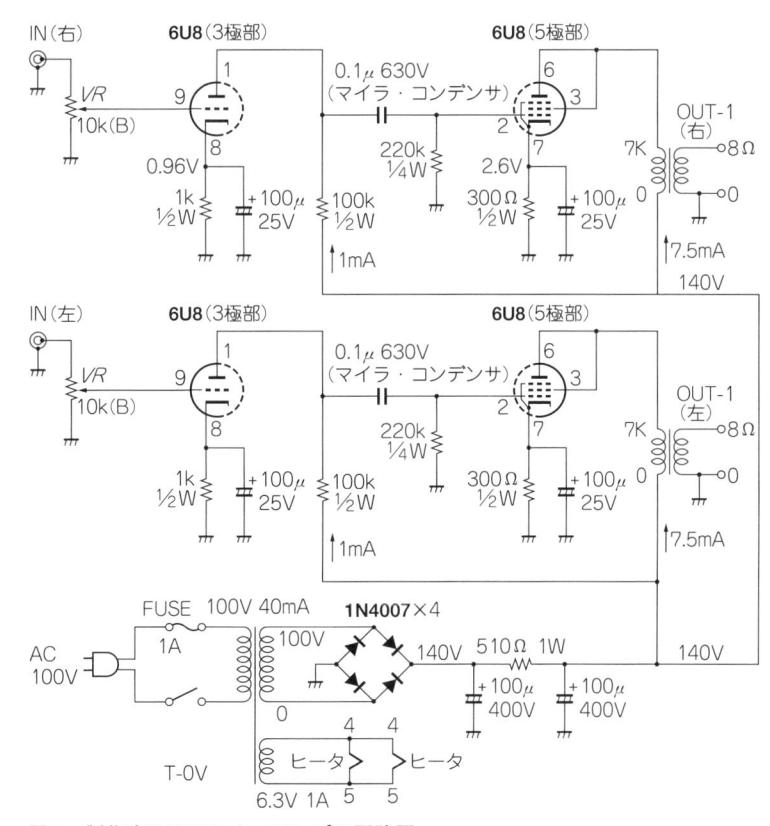

図4 製作するステレオ・アンプの回路図

パーツを集める

表1のパーツ一覧を参考に集めてください．真空管やトランスなどはラジオ少年[注1]で購入できます．電源トランスT-0Vは，2次電圧が70～100Vで，電流40mA，ヒータは6.3V，1Aと小さなアンプにもってこいの容量です．また，アウトプット・トランスOUT-1は定格2Wと小さなものです．

抵抗類は$\frac{1}{4}$～1Wとありますが，指定のワット数以上の大きさのものを使ってください．また，バイアス用の電解コンデンサは耐圧25V 100μFの半導体用のものでOKです．平滑コンデンサは電圧が140Vあるため200V以上の耐圧が必要です．

製 作

ランド基板から作ります．電源部2.5×4.5cmとメイン基板13×5.5cmの2枚の基板に分けます．

メイン基板は，まず，真空管ソケットを取り付ける穴の位置を決めて，15mmのスペーサを挟んで基板にφ3×20mmのビスで取り付けます．ピン配置は，ソケット上面から見て左まわり（反時計方向）に1～9ピンとなるので，間違えないようにしてください．

ランド基板全面をアースとして，どこからでもアースが取れるようにしました．まず，ヒータ・ラインの2本線をよじって配線します．次に9ピンの配線がスペーサの近くでやりにくいので，ランドまでの配線を先に行います．そのあと，8，7ピンにパーツをはんだ付けしていきます．電源部の電解コンデンサが縦型なのでランドで固定して見栄えをよくしました．

木の板（225×120×9mm）には，電源トランス，アウトプット・トランスを全体のバランスを見ながら，タッピング・ビスで固定します．パネルは，三つに分けました．図5に配置図を示します．

また，電源部の基板は，両面テープで貼り付けました．

配線については図6の実態配線図を参考にしてください．特にアース線の配線を忘れないよう気をつけましょう．

火入れの前の注意

スイッチを入れる前にもう一度配線を確認してください．真空管ソケットのピン，トランスの端子のはんだ付け不良，真空管ソケットのピン配置の間違い，電解コンデンサの＋，－の間違いがないかよく確認してから真空管をソケットに挿してください．中古の真空管を使う場合は，ピン足の接触不良がないようによく磨いてから挿します．

表1 製作に必要なパーツ表

品 名	形式・仕様	数量	参考単価（円）	備考
真空管	6U8	2	1,000	注1
電源トランス	T-0V	1	1,600	注1
アウトプット・トランス	OUT-1	2	600	注1
ダイオード	1N4007	4	20	
ボリューム	10k（B）	2	147	
抵抗	1k $\frac{1}{2}$W	2	10	
	100k $\frac{1}{2}$W	2	10	
	300Ω $\frac{1}{2}$W	2	10	
	220k $\frac{1}{4}$W	2	10	
	510Ω 1W	1	10	
電解コンデンサ	100μF 25V	4	50	
	100μF 400V	2	150	注1
マイラ・コンデンサ	0.1μF 630V	2	50	注1
真空管ソケット	MT-9（9ピン）	2	130	注1
陸式ターミナル	赤黒	各2	100	
RCAジャック		2	100	
ツマミ	20mm	2	150	
ヒューズ・ホルダ	小	1	100	注1
ヒューズ	1A	1	40	
ACコード	プラグ付き	1	120	
ゴムブッシュ	中	1	20	
スペーサー	4×15mm	4	40	
ビスナット	φ3×20mm	4	10	
基板	150×100mm	1	273	
アルミ板	200×300×0.8mm	1	498	
木の板	450×120×9mm	1	100	
タッピング・ビス	3.5mm×10mm	16	160	
ゴム足		4	100	

注1） ラジオ少年　http://www.radioboy.org/
〒065-0021　札幌市東区北17条東17丁目3-12
TEL 011-827-2801　FAX 011-827-2848

図5 パネル配置図

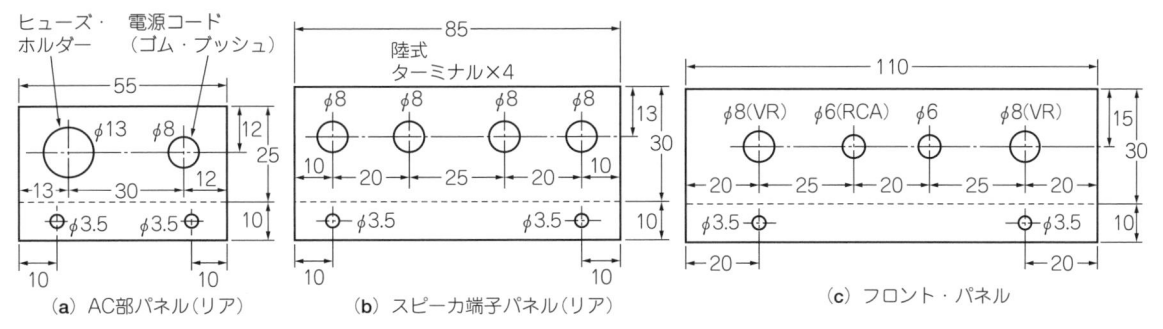

(a) AC部パネル(リア)　(b) スピーカ端子パネル(リア)　(c) フロント・パネル

※点線で折り曲げる　※アルミ板の厚さ0.8mm(1mm)　※φ3.5穴はタッピングビス．φ3.5穴×10mm固定用　〔単位：mm〕

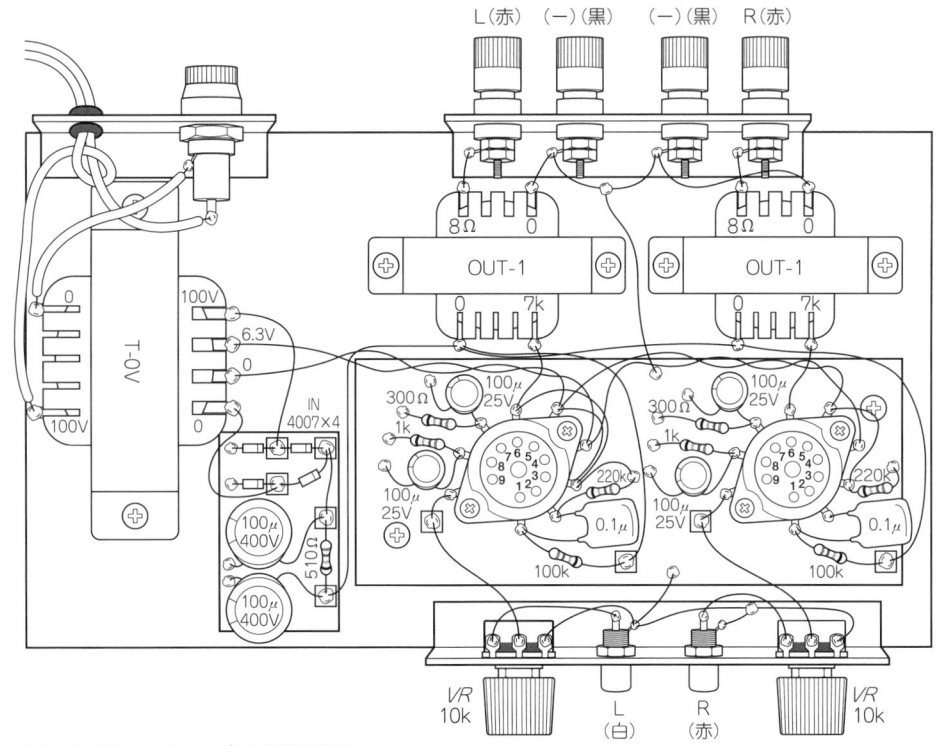

図6 ステレオ・アンプの実体配線図

聞いてみよう！

著者の自宅ではFM放送の電波が弱いので，外部アンテナを使用しています．3.5mmステレオ・ミニ・プラグ⇔RCAステレオ・プラグ・ケーブルでミニ・アンプと接続します．アンプのボリュームで音量を調節しますが，左右別々なので耳で音量のバランスを取ります．ラジオのほかにCDプレーヤーなどの出力をつないでもよいでしょう．

著者はゲルマラジオの出力でミニアンプを鳴らしています．音量は小さいですが雑音がなく，これが中波の放送かと思いたくなるほどにクリアな音が楽しめます．秋の夜長にお勧めのミニ・ステレオ・アンプです．

索引

─── 数字・アルファベット ───

- 0-T-1 ………………………………………… 98
- 0-V-1 ………………………………………… 98
- 10D-1 ………………………………………… 22
- 10D-10 ……………………………………… 22
- 10DDA10 …………………………………… 120
- 10E1 ………………………………………… 120
- 10S14 ……………………………… 99, 100, 129
- 10S28 ……………………………………… 125
- 10S50 ……………………………………… 129
- 12BA6 …………………………… 108, 109, 111
- 1K60 ………………………………………… 22
- 1N4002 ……………………………………… 120
- 1N4007 …………………………………… 22, 120
- 1N4147 ……………………………………… 22
- 1N60 ………………………… 20, 22, 47, 48, 68, 73
- 1S1588 …………………………………… 22, 25
- 1S2076A ……………… 21, 22, 52, 115, 125, 145
- 1S2208 ……………………………………… 25
- 1S4007 ……………………………………… 155
- 1SV101 ……………………………………… 124
- 1SV34 ………………………………………… 23
- 1SV80 ………………………………………… 23
- 1-T-1 ………………………………………… 104
- 1-T-2 ………………………………………… 116
- 1-V-1 ………………………………………… 108
- 2SA1015(GR) ……………………… 28, 30, 145
- 2SC1815(GR) …… 28, 29, 30, 116, 124, 125, 128, 133, 134, 138, 150
- 2SC1906 …………………………………… 125
- 2SC2078 ………………………………… 149, 150
- 2SK241(GR)… 35, 36, 48, 52, 65, 69, 73, 76, 79, 82, 83, 91, 94, 98, 99, 100, 103, 104, 108, 111, 116, 128, 150, 151
- 2乗検波 ………………………………………… 76
- 3極管接続(動作) ……………………………… 155
- 3端子レギュレータ ………… 99, 109, 119, 124, 139
- 6AK5 ………………………………………… 109
- 6BA6 ………………………………………… 109
- 6CB6 ………………………………………… 109
- 6DK6 ………………………………………… 109
- 6GH8 ………………………………………… 155
- 6U8 …………………………………… 154, 155
- 7809 ………………………………………… 139
- 78L05 ……………………………………… 124
- AB級増幅 …………………………………… 30
- A級増幅 …………………………………… 30, 32
- A電源 ……………………………………… 108
- B級増幅 …………………………………… 30
- B電源 ……………………………………… 108
- C級増幅 ………………………… 30, 32, 138, 149
- C電源 ……………………………………… 108
- DE1103 …………… 40, 118, 119, 127, 128, 131, 132, 136, 137, 153
- E12系列 ……………………………………… 8
- E24系列 …………………………………… 8, 62, 63
- E_G-I_P曲線 ……………………………………… 154
- EIAJ ……………………………………… 27, 34
- FCZ10S144 ………………………………… 95
- FCZ10S28 ………………………………… 124
- FCZ10S50 …………………………………… 93
- FCZコイル ……………… 48, 49, 91, 94, 95, 99, 100, 109, 116, 125, 129, 135, 151
- FT-37#43 …………………………………… 140
- h_{FE}ランク …………………………………… 29
- LM386 ……………… 73, 83, 91, 95, 98, 99, 100, 111, 116, 134, 135
- MI-301 …………………………………… 23, 25
- MI-402 ……………………………………… 23
- MOS型FET ………………………………… 33
- N型半導体 ………………………… 19, 26, 27, 33
- Nチャネル ……………………………… 33, 34, 35
- OUT-1 ……………………………………… 156
- PINダイオード ……………………………… 25
- PN接合 ……………………………………… 27
- P型半導体 ………………………… 19, 26, 27, 33
- Pチャネル ……………………………… 33, 34, 35
- QRH ……… 108, 124, 139, 145, 147, 153
- SL-55GT …………………… 68, 73, 74, 83, 84
- ST-32 ………………………………… 134, 135
- T-37#6 ……………………………………… 140
- T型フィルタ ……………………………… 134, 135
- V_{GS}-I_D特性 …………………………………… 77
- V-I特性 ……………………………………… 25
- VX3コイル ……………………………… 124, 126

─── あ・ア行 ───

- アイドリング電流 ……………………………… 32
- アウトプット・トランス … 71, 155, 156
- 安定化電源 ………………………………… 139
- アンテナ・コイル …………… 84, 85, 92, 93
- 異常発振 ………………………………… 82, 130
- インダクタ ………………………… 15, 16, 73
- インピーダンスのあばれ ……………………… 149
- エージング ………………………………… 114
- エサキ・ダイオード ………………………… 24
- エミッタ・キーイング ……………………… 145
- エンハンスメント・タイプ ………………… 35
- オーバトーン ……………………… 65, 66, 129
- オームの法則 ……………………… 7, 8, 153

─── か・カ行 ───

- 回路電流 ………………………………… 38, 41
- カスケード接続 ……………………………… 35
- カットオフ周波数 …………………………… 114
- 可変抵抗器 …………………………………… 8
- 可変容量ダイオード ………………………… 25
- カラー・コード …………………………… 6, 140
- ガン・ダイオード …………………………… 24
- 規格表 ……………………………………… 24
- 逆起電力 ………………………………… 14, 15
- 逆(方向)バイアス …………………………… 24, 25
- 逆方向電圧 ………………………………… 22
- キャリブレーション ……… 139, 145, 147
- 許容誤差 ……………………………………… 7
- 金属皮膜抵抗 …………………………… 63, 140
- 空乏層 ……………………………………… 33
- クエンチング・ノイズ …………… 95, 96, 97
- クエンチング発振 ………………… 90, 91, 92
- クリッパ ……………………… 115, 125, 145
- ゲート接地増幅回路 ……………………… 103
- ゲート-ソース間電圧 …………… 35, 36, 76
- ゲルマニウム・ダイオード ……… 21, 22, 42, 70, 73
- ゲルマニウム・トランジスタ ……………… 27
- 減衰器 ……………………………………… 61
- コイルのQ …………………………………… 75
- 高輝度LED ……………………… 14, 15, 24
- 高周波特性 ……………………… 10, 12, 20
- 高調波 … 25, 47, 96, 125, 131, 134, 150
- コルピッツ発振回路 …………… 51, 52, 89
- コレクタ-エミッタ間電圧 …………………… 31
- コンプリメンタリ …………………………… 35
- 混変調 ……………………………………… 107

─── さ・サ行 ───

- 再生検波 ……… 89, 98, 99, 108, 111, 116
- 再生コイル ……… 83, 98, 104, 112, 115
- 再生バリコン ……………………………… 87, 88
- 最大定格 …………………………………… 24
- サイドトーン ……………… 139, 148, 153
- 差動アンプ ………………………………… 48
- 酸化皮膜抵抗 ……………………………… 62
- 磁化 ………………………………………… 14
- 磁界 ……………………… 13, 14, 15, 17
- 自己バイアス回路 …………………………… 31
- 自己誘導 …………………………………… 14
- 磁性体 ……………………………………… 16
- 周波数変調 ………………………………… 90
- 出力負荷 ………………………………… 75, 94
- 順方向電圧 ………… 7, 8, 9, 15, 21, 22, 24, 27, 29
- 順方向電流 ……………………………… 7, 27
- 順方向バイアス …………………………… 24, 25
- ショート・モード …………………………… 23
- ショットキー・バリア・ダイオード …… 21, 22, 25, 73
- シリコン・ダイオード … 20, 21, 22, 29
- シリコン・ラバー・シート ……………… 150
- 磁力 ……………………………………… 14
- シングル・ゲート …………………………… 34
- 振幅変調 …………………………………… 20
- スイッチング・ダイオード ……… 22, 25, 96, 144
- スーパVXO ……………………………… 66, 124
- スロープ検波 ……………… 90, 97, 123
- 正孔 ……………………………………… 19, 33

索 引

積層セラミック（コンデンサ）…… 10, 11, 12, 73, 114
絶縁物 ……………………………………… 10
接合型FET ……………………………… 33, 35
接合型ダイオード ………………………… 19
ゼロ・イン ………………………… 127, 147
増幅度 ……………………………………… 61
ソース抵抗 ……………………… 76, 78, 90

─────── た・タ行 ───────
タイト・カップリング ………………… 111
ダミーロード ………………………… 46, 143
炭素皮膜抵抗器 …………………………… 8
超再生ノイズ ……………………… 92, 96
チョーク（コイル） … 15, 16, 17, 20, 32, 52, 69, 70, 73, 82, 94, 138
直線検波 ………………………………… 42
直流電流増幅率 ………………………… 29
直列共振回路 ………………… 18, 56, 57
ツェナー・ダイオード ……………… 23, 25
定格電力 …………………………………… 8
ディップ（点） ……………… 40, 55, 60
定電流ダイオード ……………………… 24
ディプリーション・タイプ …………… 35
デシベル ………………………………… 61
デュアル・ゲート ……………………… 34
電圧増幅素子 …………………………… 35
電荷 ………………………… 17, 25, 36
電解液 ………………………………… 10, 11
電界強度 ……………………………… 45, 50
電子 ……………………………………… 19
電磁石 …………………………… 13, 14, 17
電磁誘導 ………………………………… 17
点接触ダイオード ……………………… 19
電波障害 ………………………………… 94
電流帰還バイアス回路 ………………… 31
電流雑音 ………………………………… 36
電流制限抵抗 ……………………… 24, 57
電力容量 ………………………………… 8

電力利得 ………………………………… 61
等価回路 ………………………………… 16
動作級 ……………………………… 30, 36
動作点 …………………………………… 77
同調回路のQ ………………………… 109
トランジスタ・スイッチ ……………… 30
ドレインしゃ断電流 …………………… 35
ドレイン電流 … 33, 35, 36, 70, 76, 79
トロイダル・コア …… 109, 111, 112, 140

─────── な・ナ行 ───────
熱収縮チューブ ………………………… 44

─────── は・ハ行 ───────
バー・アンテナ …… 68, 69, 73, 74, 75, 83, 84, 85, 87
バーニア・ダイヤル … 107, 111, 112, 114
バイアス …… 25, 30, 31, 36, 73, 77, 154
ハイ・インピーダンス ………… 47, 71, 106
倍電圧検波 ………… 42, 47, 48, 70, 73
バイパス・コンデンサ ………… 20, 68, 76
バイファイラ巻き ………………… 141, 150
ハウリング ……………………………… 136
パスコン ………………………………… 52
発振回路 ……………………………… 39, 45
バッファ（アンプ）… 52, 65, 94, 104, 105
バラン ……………………… 106, 107, 122
バリキャップ・ダイオード …………… 124
バリスタ・ダイオード …………………… 24
パワーMOS FET ……………………… 34
パワー・トランジスタ ………………… 27
半波検波（整流） ………………………… 70
ピアースBE回路 ……………… 128, 133
ビート ……………………… 40, 104, 112
フェライト・コア ………………… 16, 52
フォト・ダイオード …………………… 25
フォト・トランジスタ ………………… 27
負荷抵抗 ………… 25, 31, 68, 70, 73, 91
複同調（回路） ………………… 50, 124

不純物半導体 …………………………… 19
プッシュプル …………………………… 32
浮遊容量 ………………………………… 57
プラグイン・コイル …………………… 54, 55
ブレーク・ダウン電圧 ………………… 23
フレミングの右手の法則 ……………… 13
フローティング充電 ………………… 114
ブロッキング発振 ……………………… 90
分圧 ……………………………………… 6
平滑回路 ………………………………… 16
平滑コンデンサ ……………………… 156
並列共振回路 ……………………… 18, 73
ベース-エミッタ間電圧 … 28, 29, 30, 31
変調器 …………………………………… 134
変調トランス ………………………… 134
変調波 …………………………………… 32
放電 ……………………………………… 36
ボディ・エフェクト ……………………… 99

─────── ま・マ行 ───────
右ネジの法則 ……………………………… 13
ミュート ………………………………… 73
無調整発振回路 ……………… 66, 138, 150
無負荷 …………………………………… 32

─────── や・ヤ行 ───────
有効数字 …………………………………… 6
誘電体 …………………………………… 10
誘導起電力 ……………………………… 15

─────── ら・ラ行 ───────
ランド法 ……… 60, 65, 69, 74, 77, 84, 112, 125, 129, 135
利得 ……………………………………… 61
リンク・コイル ………………………… 90
ロー・インピーダンス ………………… 47
ローパス・フィルタ ……… 147, 150, 151

Column　製作に必要な電子パーツの購入先

本書で紹介している製作記事中，特殊なパーツや製品，パーツ・セットなどについては当該記事中で紹介しました．

　それ以外の，一般的な電子部品や機構部品の購入先としては，以下のお店を利用しました．

サトー電気…半導体，CR類，水晶発振子，フェライト・コア，一般電子部品，ヒューズやケース，ボリュームなど．

川崎店（通信販売）
〒210-0001　川崎市川崎区本町2-10-11
電話044-222-1505　FAX044-222-1506
http://www2.cyberoz.net/city/hirosan/guide.html

秋月電子通商…半導体など．
川口通販センター（通信販売）
〒334-0063　埼玉県川口市東本郷252
電話048-287-6611　FAX048-287-6612

◆ 著者略歴

今井　栄（いまい・さかえ）

1953年生まれ．1970年，オートダインでSWL（JA1-13602）活動を始める．1973年，トリオ TR-1200 を使い，50 MHz AM でアマチュア無線局 JF1RNR を開局．しかし，すぐに手作り無線機で運用することを目標にして，「CQ ham radio」誌などを参考にして自作を始める．1976年，2SC32 を使った50 MHzの100 mW AM送信機とBCLラジオ＋クリコンで，初めて自作機による交信を経験する．そのときの感動が忘れられず，以来，無線機を作り続けている．

最近は，自宅で自作オートダイン機によるBCL，SWLを楽しむ傍ら，もう一つの趣味であるサイクリングと無線をペアにした，自転車移動や山登りでの移動運用にもアクティブ．7/10/50 MHzの電信がメイン．リグはすべて自作．保証認定を受けた自作機は31台．JARL QRPクラブ，A1クラブに所属．第2級アマチュア無線技士．

現住所：〒370-0615　群馬県邑楽郡邑楽町篠塚1697-2
電子メール・アドレス：jf1rnr@jarl.com

◆ 参考文献

- 丹羽 一夫 著；『ハムのトランジスタ活用』，CQ出版社．
- 山村 英穂 著；『定本 トロイダル・コア活用百科』，CQ出版社．
- 高田 継男 著；『9R-59とTX-88A物語』，CQ出版社．
- 鈴木 憲次 著；『無線機の設計と製作』，CQ出版社．
- 紺野敦，工藤和穂 共著；『簡単BCL入門』，CQ出版社．
- 『初級アマチュア無線教科書』，日本アマチュア無線連盟．
- 今井 栄 著；『手作りトランシーバ入門』，CQ出版社．
- 「CQ ham radio」誌各号，CQ出版社．
- 「モービルハム」誌各号，電波実験社．
- 「The Fancy Crazy Zippy」各号，FCZ研究所．
- デバイス・メーカー各社データ・シート．

- ●本書記載の社名，製品名について ─ 本書に記載されている社名および製品名は，一般に開発メーカーの登録商標です．なお，本文中では™，®，©の各表示を明記していません．
- ●本書掲載記事の利用についてのご注意 ─ 本書掲載記事は著作権法により保護され，また産業財産権が確立されている場合があります．したがって，記事として掲載された技術情報をもとに製品化をするには，著作権者および産業財産権者の許可が必要です．また，掲載された技術情報を利用することにより発生した損害などに関して，CQ出版社および著作権者ならびに産業財産権者は責任を負いかねますのでご了承ください．
- ●本書に関するご質問について ─ 文章，数式などの記述上の不明点についてのご質問は，必ず往復はがきか返信用封筒を同封した封書でお願いいたします．ご質問は著者に回送し直接回答していただきますので，多少時間がかかります．また，本書の記載範囲を越えるご質問には応じられませんので，ご了承ください．
- ●本書の複製等について ─ 本書のコピー，スキャン，デジタル化等の無断複製は著作権法上での例外を除き禁じられています．本書を代行業者等の第三者に依頼してスキャンやデジタル化することは，たとえ個人や家庭内の利用でも認められておりません．

JCOPY 〈出版者著作権管理機構委託出版物〉
本書の全部または一部を無断で複写複製（コピー）することは，著作権法上での例外を除き，禁じられています．本書からの複製を希望される場合は，出版者著作権管理機構（TEL：03-5244-5088）にご連絡ください．

作りながら理解するラジオと電子回路

2010年9月15日　初版発行
2023年1月1日　第5版発行

© 今井　栄 2010
（無断転載を禁じます）

著　者　今井　栄
発行人　櫻田　洋一
発行所　CQ出版株式会社
〒112-8619 東京都文京区千石4-29-14
☎03-5395-2149（編集）
☎03-5395-2141（販売）
振替　00100-7-10665

ISBN978-4-7898-1560-4
定価はカバーに表示してあります．

乱丁・落丁本はお取り替えいたします．
Printed in Japan

カバー/表紙デザイン　オフィスエムツー
DTP　（有）新生社
印刷・製本　三晃印刷（株）